见识城邦

更新知识地图　拓展认知边界

猿猴的把戏

进化论破解人际潜规则

[美] 达里奥·马埃斯特里皮埃里——著
Dario Maestripieri
吴宝沛——译

Games Primates Play

An Undercover Investigation of the Evolution and Economics

中信出版集团 | 北京

图书在版编目（CIP）数据

猿猴的把戏 / (意) 达里奥 · 马埃斯特里皮埃里著；
吴宝沛译 . -- 北京 : 中信出版社, 2019.5
书名原文: Games Primates Play:An Undercover
Investigation of the Evolution and Economics
ISBN 978-7-5217-0331-3

Ⅰ . ①猿… Ⅱ . ①达… ②吴… Ⅲ . ①灵长目－社会
行为学－研究 Ⅳ . ①Q959.848

中国版本图书馆CIP数据核字(2019)第 059072 号

猿猴的把戏

著　　者 : [意] 达里奥 · 马埃斯特里皮埃里
译　　者 : 吴宝沛
出版发行 : 中信出版集团股份有限公司
（北京市朝阳区惠新东街甲 4 号富盛大厦 2 座　邮编　100029）
承 印 者 : 北京楠萍印刷有限公司

开　　本 : 880mm × 1230mm　1/32　　印　　张 : 11.5　　字　　数 : 310 千字
版　　次 : 2019 年 5 月第 1 版　　印　　次 : 2019 年 5 月第 1 次印刷
京权图字 : 01-2019-2208　　广告经营许可证 : 京朝工商广字第 8087 号
书　　号 : ISBN 978-7-5217-0331-3
定　　价 : 58.00 元

译者的话

写书就像自己生孩子，译书就像收养孩子。如此说来，本书即是我收养的第一个孩子，以后会不会继续收养，要看第一个孩子收养得怎么样。我自己有私心，想多收养，也不知道能否如愿。但谁又能知道呢。

说起收养，我更喜欢收养跟进化心理学有关的优秀孩子。这是我更大的私心。这个私心第一次实现，就是在《猿猴的把戏》里。这是一本探讨人性的书，作者达里奥·马埃斯特里皮埃里以进化生物学和经济学为武器，对人类行为进行了鞭辟入里的分析。这种分析，在某种程度上，带有作者的意大利同乡马基雅维利的风格：辛辣、深刻，对人类这种社会性动物有着敏锐的洞察。

介绍本书之前，读者可尝试回答下面的问题：大学教授跟杀人犯有什么不同？系主任跟黑手党有什么分别？你该如何做，才能击败微软的 CEO（首席执行官）史蒂夫·鲍尔默？两只雄狒狒相互问候的时候，为什么会相互握住彼此的睾丸？布拉德·皮特为什么会跟珍妮弗·安妮斯顿相爱又相别？看似风马牛不相及的两件事，听起来不可思议的一些现象，都可以在本书里找到令人耳目一新的解读。

这种解读，让人捧腹，也让人沉默。

在本书中，达里奥谈论的主题是人类的社会行为。他以搭乘电梯的场景开始，抛出了这样一个议题：在这样的有限空间里发生的夺命惨案格外罕见，可为什么大家如临大敌，行为怪异？猕猴实验和囚徒困境的引入，让我们恍然大悟：有限空间里的人际互动，其实就是一场合作和背叛之间的博弈。影响这场博弈的诸多因素中，社会地位举足轻重：这正是作者在第二章中详细讨论的内容。的确，人类就像猕猴一样，也痴迷于攫取权力，争夺地位。因为权力和地位意味着资源和机会。获取资源，得到机会，通常还需要外援，而我们最重要的外援就是自己的家庭和家族。

在第三章中，作者以意大利的军队和学术圈为例，探讨了亲缘利他和裙带主义的问题。不过，在家门之外更遥远的地方，个人也许要在一个陌生的群体中奋斗。在没有亲人帮助的情况下，他将如何实现自己出人头地的梦想呢？这是第四章的内容，谈的是个体如何在不同情境下使用不同的策略，以便飞黄腾达，完成从奴隶到将军的转变。这种转变常常涉及与其他个体的合作和结盟：拉拢盟友，打击对手，这是成功的政客必备的基本技能。不过，跟人合作常常带有被人欺骗的风险。为了促进合作，个体可以采取的一种策略是：评估潜在同伴的名声，跟他在明处交易。这是作者在第五章中论述的话题：名声和匿名性如何影响人们的合作倾向。正是在这一章里，作者非常大胆地对大学教授进行了分析，认为在匿名性的情况下，这些谦谦君子有可能会变成学术抢劫犯和杀人犯：剽窃他人的成果，打击潜在的对手。因此，作者强烈抨击了匿名同行评议的弊端，认为匿名性可能会助长审稿人的竞争性，而这对许多投稿人和经费申请人非常不利。

在第六章中，作者论述了经济学家和进化生物学家对爱情的理解。在对爱情的理性模型和承诺模型进行批判之后，作者提出了爱情的依恋模型，认为爱情的功能就在于让一对男女结合在一起，形成依恋，一起照料孩子。不过，像其他任何的合作关系一样，爱情关系到底是真是假，是否牢靠，还需要时不时地进行测试。作者在第七章中谈论了联系测试，认为在合作关系中，确认双方联系的强度很重要，而确认的方式有时候带有残忍的性质。这是因为，按照扎哈维的累赘原理，只有有代价的承诺行为才具有诚实的性质。不痛不痒的话，很廉价，但也很容易作假。只有像雄孔雀那样拖着一条沉重的大尾巴，像瞪羚那样以找死的方式跳跃，像雄狒狒怀抱婴儿那样跟其他狒狒厮打，才能向外界传达自己承诺的可靠和诚实。一种令人毛骨悚然的承诺行为——卷尾猴的戳眼球，也将在本章中得到详细解读。

在第八章中，作者讨论了同伴选择问题。根据生物市场理论，达里奥认为选择一个适当的同伴，对形成良好的合作关系格外重要。无论在动物世界，还是在人类社会，同伴选择都要基于选择双方的市场价值，以及双方所需物品的供求关系。除了择偶市场之外，作者花费很多笔墨论述了一种有趣的互助市场，即清洁工鱼跟客户鱼之间的互助与欺骗，这些行为受到诸多市场因素的调节。接着，达里奥也以自己的作品出版为例，讨论了书籍作者和出版商市场。最后一章，作者论述了人类社会行为的进化，认为我们携带着沉重的进化行李，这些行李古老而顽固，具有种属特性。这也许可以解释：为什么很多名人和伟人在智力活动上可能跟普通人截然不同，但是在社会行为层面上，他们几乎没什么不同。达里奥在这一章里谈到了人类中心主义和自由意志，认为这两者妨碍我们承认自身的行为具有生物性和遗传性。在介绍了进化心理学的基本内容，从情绪算法、认知算法和行为算法的角度阐述进化心理学的思路和研究之后，达里奥对进化心理学提出了自己的批评。他认为很多进化心理学家，包括著名的科斯米迪和图比，对于行为算法的重视不够，也许他们认为行为太具有变异性，太容易受影响，不是适当的分析单位。但达里奥明显不能认可，于是他又谈到了行为的种系发生史，不同物种行为之间的协同进化，还以微笑为例，认为这种“露齿展示”具有表达顺从的意味。

在这本书中，达里奥没有空洞抽象地讲道理，而是以案例加分析加论证的方式，提出观点，阐述理论。许多案例来自生活，甚至就跟他自身的经历有关，比如他在意大利空军服役的一波三折，他申请研究经费被无理拒绝，他为了让自己的书能卖出去特地寻找了一个合适的出版市场，诸如此类，读来亲切，容易理解。而他谈及学术圈的案例剖析，更有一种行家里手的畅快淋漓，入木三分，发人深省。比如，在读到意大利学术圈里的裙带风现象时，我就在想中国是不是也有这种类似的情形，也有学阀利用权力为自己的孩子和门生谋取私利。而在论及匿名同行评议时，作者提到把有利害关系的审稿人排除，常常可以提高稿件的录用率，对于经常投稿的研究者，相信这是一个不错的建议。

《猿猴的把戏》是我翻译的第一本书。感谢当时的编辑徐玥、李欣和宋甜。但因为种种原因，这篇文字却可能是我写给自己译作的最后序言。大多数文字未变，稍有修改，不胜感慨。感谢现在的编辑肖尧。从此以后，我不再收养孩子，也难再有这样的私心了。说到底，亲生的始终更好。

吴宝沛

2019 年 2 月 14 日

于北京林业大学心理学系

导论

在第 82 届奥斯卡金像奖提名影片《在云端》中，乔治·克鲁尼扮演的主人公瑞恩·布林厄姆是一位企业裁员专家。他辗转于不同的城市，帮助那些因为经济不景气而需要精减人员的公司解雇职员。在飞机上，在全美各地的机场，布林厄姆日复一日地过着自己的太平日子。他从不托运任何行李，而是把旅行所需全都装在一个很小的行李箱里。每到出门前，他可以不假思索地完成打包，而且这个行李箱带有轮子，携带起来非常方便。对于布林厄姆来说，轻装上阵是他的人生哲学。在繁忙的工作之余，他会利用这份闲暇发表热情洋溢的讲演，告诉自己的听众：没有沉重行李的生活更舒适，也更快乐。因为在布林厄姆看来，无论是拥有个人财产，还是维持社会关系，都会把人拖下水。他没有房子，没有家具，也没有其他任何不能塞进自己行李箱里的物品。他没有妻子，没有女友，既不探望自己的姐妹或其他家人，也从来不与他们交流。最后，毫无疑问，现实生活给了他一个狠狠的教训：没有行李的旅行所带来的快乐原来只是一种错觉。他不可救药地爱上了一个同路人，深深体会到爱情与陪伴所带来的真正幸福。同时，布林厄姆在这段亲密关系结束时备感失落，独自体味着失恋所带来的痛苦。所有这些经历终于使他认识到：孤身一人，其实并没有多少乐趣可言。

许多人并不像瑞恩·布林厄姆那样生活“在云端”——这个特殊人群因为经常辗转奔波，所以倾向于不与他人建立稳定关系。相反，大多数人会与自己的父母、兄弟姐妹、孩子以及其他的亲人维持一种长达一生的联系。我们也会跟自己的情侣、朋友、同事甚至只是在 Facebook（脸书）上结识的人建立关系，保持联系。除此之外，很多人也会对自己的狗狗、猫咪或者其他宠物产生强烈而持久的情感依恋。我的同事、芝加哥大学的约翰·卡乔波（John Cacioppo）写过一本书，书名叫《孤独是可耻的：你我都需要社会联系》（*Loneliness: Human Nature and the Need for Social Connection*）。按照他的说法，我们都需要良好的社会关系，这样才能长寿、健康，拥有幸福的生活。[①] 那些没有良好社会关系的人也许会以为自己同样是幸福的，不过通常来说，事实并非如此。

哪怕在独自一人的时候，人际关系依然在我们的生活中占据着核心地位。举例来说，无论我们是身处出差途中，还是在健身房锻炼身体，或者躺在床上午夜难眠，自己的思绪都会围绕着人际关系展开：我们回想过去，重温往事，思考如何跟人交往，或者担忧未来，害怕自己在社会交往中遭遇挫折。单单这些似乎还不足以填满自己一天里的 24 小时，我们还会时不时地八卦一下自己认识的人，刺探他们的社会关系。此外，我们还会乐此不疲地追踪电视剧里或报刊中陌

---

① Cacioppo and Patrick (2009).

生人的琐事，虽然他们跟自己一点儿关系都没有。人际关系对我们生活的方方面面都有影响，自始至终，它都影响着我们的思想、情感和健康。

人际关系可好可坏，可强可弱，可对等也可不对等，还可以是这些两极状态中的任何一种中间状态。两个人之间的关系状况，绝不只是单纯由双方的人格、以往的交情和当前交往的背景造成的。人际关系拥有属于它们自己的生命：它们以一定的方式开始，沿着一定的轨迹发展，随着时间增强或减弱，最后或者稳定下来，或者以一种可预测的方式被终结。比如，亲子关系、兄弟姐妹关系、同性之间的友谊或异性之间的友谊、有子女或无子女的情侣关系、职业关系、竞争关系，所有这些人际关系都有自身独特的发展模式。

精神病学家埃里克·伯恩（Eric Berne）在其 1964 年的畅销书《人间游戏》（*Games People Play*）中指出，当人们与自己的家人、朋友、同事或陌生人交往的时候，他们所依据的特定模式（伯恩称之为“游戏”）受到特定规则的控制，而他们之间的交往也通常会得到可预测的结果。[①] 根据伯恩的观点，人际关系的模式和结果具有可预测性，这是因为人们倾向于在这些关系中承担特定的社会角色（比如，“儿童”的角色、“父母”的角色，或者“成人”的角色），而这些角色与特定的行为相关联。因此，具有相同角色的关系之间——比如父母跟儿童形成的亲子关系——往往就有许多共同之处。

毫不奇怪，自从伯恩的书发表之后，我们对人类关系的理解在过去的半个世纪里有了明显的变化。心理学和精神病学的研究表明，我

---

① Berne (1964).

们在社会关系中的行为方式非常复杂，是一系列因素之间相互影响的结果。这些因素包括：基因和环境，以及两者对我们大脑、情绪和思想的影响。研究者们对人类关系复杂性的分析，在精确性方面正在不断提高，虽然这种提高有时候是微乎其微的。不过，他们似乎对存在于这些复杂性之下的普遍模式丧失了兴趣。研究者们不再追问：这些模式为什么会存在？或者这些模式来自哪里？因为回答这些问题，实质上就是要辨别这些普遍模式。而为了做到这一点，我们必须走出自己的实验室，在存在其他生命形式及其行为的背景下，对人类和他们的社会关系进行仔细的观察。换句话说，我们必须勇敢地走出心理学的圈子，进入生物学的世界。这是因为，社会关系背后的许多规则和模式是进化过程的结果，而同样的进化过程已经在其他动物那里导致了相似的模式。

作为一名研究动物社会行为将近 30 年的进化生物学家，我必须强调这样一个事实，即许多人类玩的把戏，其他动物也会玩。当然，你并不一定需要相信我的话。我生于 1964 年，正好是《人间游戏》一书出版的年份。从那一年算起到现在，许多研究者对不同物种的动物进行过许多研究，这些聚焦于动物社会行为的研究数以万计。这些研究发现，所有的社会性动物都与它们自己的同类保持着某种社会关系。这些社会关系在数量上可多可少，在结构上可简单可复杂。除去其他因素，这种社会关系的模式差异取决于动物生活的群体规模是大还是小，它们的生命历程是长还是短，以及相对自己的身体而言，它们的大脑容量是比较大还是比较小。跟其他动物相比，人类在这些特征方面都更像与他们有亲缘关系的灵长类动物，比如黑猩猩和大猩猩，甚至包括猕猴和狒狒。因此，相比其他非灵长类动物，人类的社会关系与灵长类动物拥有更多的共同之处。[①] 简而言之，人类参与的游戏不是我们这一物种所独有的。其他的灵长类动物会玩同样的游戏，或玩仿真度很高的游戏。这些游戏既不是我们的发明专利，也不是其他物种的天才创造。相反，早在智人在这个星球上出现之前的很长一段时间里，我们共同的灵长类祖先就已经在玩这些游戏了。因此，为了更全面地理解人类的社会关系，我们必须首先认识到，人类的本性是更一般的灵长类本性的一种特殊版本。不过，准确地说，到底什么是灵长类的本性呢？

我们的灵长类本性

跟通常的流行观念相反，人类绝不是这个星球上最复杂的生命形式。基于自然选择的进化过程制造出不少有机体，它们在许多方面的复杂性都远远超过人类自身。其中包括：有机体的身体构造和功能，它们利用周围环境的策略，以及它们繁殖后代的方式。请想象一下这些令人难以置信的场景：有的鱼类生活在大洋底部完全黑暗的环境中，承受着海底的极端压力；有一种雌雄同体的蠕虫，它们同时具有雌性和雄性的性器官，根据配偶的性别来改变自己的性别……正如进化生物学家斯蒂芬·杰伊·古尔德（Stephen Jay Gould）在他 1990 年出版的《奇妙的生命》（*Wonderful Life*）一书中所说的那样，时不时地，复杂的有机体会因为偶然因素或“运气不好”而灭绝，而复杂性本身

① 最早有关人类以外的灵长类动物社会关系的系统性研究成果之一是罗伯特·欣德（Robert Hinde）的《灵长类社会关系》（*Primate Social Relationships*，1983）。欣德还从比较研究的角度写过一本有关人类社会关系的著作（Hinde，1997）。

并不能保证一个物种的存活或成功。[①] 实际上，复杂性有时候是进化的累赘。

然而，人类的确在某个方面非常特殊，即我们的大脑。相对身体尺寸而言，我们拥有一个很大的大脑，这个大脑的复杂程度也超过了其他生物。因此，我们的心理能力（比如抽象思维的能力或复杂计算的能力）要比现存的其他生物强大得多。不过，对于我们这一物种来说，大脑的增大并不是一个孤立的现象，而是某种进化趋势的一部分，这一趋势存在于这个星球上智人出现之前的灵长类谱系。[②] 事实上，在还不那么遥远的进化史上，跟我们有共同祖先的其他物种，即猴子和类人猿，表现出同样的趋势：它们的大脑容量和复杂程度都在增加，这是其他物种中不曾出现的情况。

当某种格外聪明的物种出现之时，这种灵长类大脑增加的进化趋势达到了高潮。从理论上讲，这种进化趋势可以出现在任何一个动物物种之中——昆虫、爬行动物、鸟类或其他哺乳动物。如果这种情形属实，今日的地球恐怕早已拥挤不堪。这个可怜的蓝色小星球将不仅仅被人类统治着，还会被其他物种统治着：它们可能是巨大的、超级聪明的蟑螂，像怪兽哥斯拉（Godzilla）一样大小的爬行动物，喋喋不休的鹦鹉，或者猫和狗。这些动物在生活方式的许多方面都跟灵长类有着明显的不同，包括它们能活多久、它们如何繁衍、它们以什么为食，以及它们处于什么样的群体中。如果人类不是从灵长类进化而来，而是从昆虫、恐龙、鸟类或其他哺乳动物进化而来，那么人类社

① Gould (1990).

② 可参见此流派的一篇综述：Jerison（1973）。

会将与现在的风格迥异。而且，人们的思维方式以及人与人之间的交往方式也会大为不同。举例来说，如果人类是一种聪明的鹦鹉，男人和女人之间的配对联系（pair bonds）就会比现在更为牢固（离婚率会直线下降），女人会在巢中产卵，而男人则会在嘴里咀嚼食物，然后把它送进婴儿的嘴里。同时，即使我们与其他鸟类一起生活在更大的群体中，也不会出现为了争夺权力而诉诸武力或出现谋杀等情形。与此相反，如果人类是超级聪明的恐龙，那么男人跟女人之间根本就不会存在配对关系，父母对子女的投资微乎其微，同时我们不会生活在高度组织化的复杂社会中。社会联系非常微弱，人们之间的合作也非常少，大家只对自己的事情感兴趣，所有人都是充满攻击性的恐怖分子。在一个漫山遍野都是大脑袋霸王龙的世界里，生活将是日复一日的厮杀，充满紧张和压力。我们永远不知道自己的明天会怎样，是吃掉别人还是被别人吃掉。

当然，在这些虚拟的"人类"社会里，也会有哲学家和科学家追问人类天性和人类行为方面的问题。在进化生物学领域拥有高学历的鹦鹉或恐龙将会主张，因为人类属于鸟类或爬行动物，研究和理解通常的鸟类以及爬行动物对于理解人性和人类行为是一个必要的前提条件。与此形成鲜明对照的是，猴子或类人猿将会被作为宠物圈养在家里或动物园里，或者在"人类"好奇心的驱使下成为野外研究的对象，甚至可能在餐厅里被做成充满异国风情的美味大餐。只是没有人会写出跟下列书名有关的作品：《镜中的猴子》、《裸猿》或《我们内心的黑猩猩》。

正如我们现在看到的那样，人类恰好成为非常聪明的灵长类，于是灵长类而不是臭虫、蜥蜴、鸟类或狗享有了这种特权。相比其他动物，我们在生物特征方面与其他的灵长类拥有更多共同的地方。人类本性是一种特定的灵长类本性，而要理解人类行为就必须研究和理解更一般的灵长类行为，尤其要理解那些与我们亲缘关系最近的灵长类的特征和行为，比如类人猿或旧世界猴（Old World monkey）。

在基本的生存或繁衍方面，灵长类跟其他动物具有相同的目标。它们需要觅食，避免被猎食者吃掉，与同种的异性交配以便繁衍后代。灵长类与其他动物面临的很多问题都是相似的，而大多数解决办法也是相似的。不过，两者之间存在一个重大区别：相比大多数其他动物，灵长类在生存和繁衍方面的成功更大程度上依赖于同类中其他个体的行为。对于类人猿和旧世界猴来说，更是如此。类人猿和旧世界猴的一个主要区别就是它们的社会化程度不同，而这一因素与它们的智力有着密切的关系。

为说明这一点的重要意义，让我简单地对比一下黑猩猩与其他动物在社会化的本质上有何区别。很多动物，包括昆虫、鱼类、鸟类和非灵长类的哺乳动物，跟它们同一物种的其他成员生活在特定的群体中。它们的日常活动，比如旅行、觅食或睡觉，都发生在离其他成员很近的地方。不过，群体成员并不需要为了食物、领地或配偶而你争我夺。很多时候，它们没必要或很少有必要进行群体成员之间的合作。在这些动物群体中，个体通常只在乎自己的事情，不会跟“朋友”有什么交往，也不会跟“敌人”有什么冲突。倘若某一个体失踪或死亡，这样的事件在相当程度上对群体中的其他成员来说无关紧要，甚至可能都不会被注意到。相比之下，黑猩猩的生活则与群体中的其他成员交织在一起，形成了一个严密的、错综复杂的社会网络。一只黑猩猩的任何一个举动都会在它的社会网络中对其他黑猩猩的生活产生影响，不管其他黑猩猩愿不愿意，喜不喜欢。而这，无论是对于个体的行为而言，还是对于个体在群体中获取社会成功所要采取的策略而言，都具有诸多影响。

黑猩猩和人类一样，都生活在具有高度竞争性的社会中。不过，它们会在自己的群体内部建立相对稳定的统治秩序，因此用不着日复一日、一刻不停地厮杀。地位高的个体优先享有食物、住所，也更容易受到魅力非凡的异性青睐。而地位低的个体很难找到食物和配偶，经常面临更多的危险。此外，它们还会遭受来自高地位个体的攻击和恐吓，因而长期面临着身体压力和心理压力。因此，低地位的个体更可能处于亚健康的状态，寿命更短。相比高地位的个体，它们留下的后代数目更少。为了获取较高的社会地位，一只黑猩猩必须与其他的伙伴联合起来，以便在自己采取行动时得到它们的帮助。比如，为了在与群体中其他个体竞争时赢得胜利，雄性黑猩猩会和它们的亲生兄弟建立攻守同盟，有时候也会团结和拉拢没有血缘关系的其他个体，这些家伙通常都是强壮有力的成年雄性黑猩猩。与来自其他群体的个体进行合作或竞争，是黑猩猩、其他类人猿和旧世界猴社会生活中的普遍主题。当然，这一主题在人类社会中同样普遍。除了个别例外，研究者没有在其他动物中发现这种现象。[1]

① 珍·古道尔（Jane Goodall）在她的著作 *The Chimpanzees of Gombe*（1986）中对黑猩猩的群体生活做了详细的描述。

猿猴的把戏

本书讨论的根本主题是：相比其他层面的行为，比如智力活动，人性更多地展现于我们的社会交往层面。这一论断有两个重要含义。第一，鉴于人类的社会行为受到进化过程的强烈影响，比如自然选择和性选择，我们可以使用进化生物学家和行为经济学家提出的成本收益分析法或一些理性行为模型（比如博弈论）来分析这些行为。第二，来自社会环境的同样的选择压力塑造了我们自己以及我们祖先的行为，这些力量可能也塑造了现存的其他灵长类以及它们祖先的行为。因此，我们与其他灵长类在社会行为方面存在明显的相似性，可能是因为我们与它们都适应了相似的社会环境。当然还有一种可能，自然选择过程影响了我们和其他灵长类的共同祖先的行为。而无论是人类还是其他现存的灵长类，两者都会从它们共同的祖先那里直接继承社会行为的某些方面。因此，人类和其他灵长类之间在社会行为方面的相似性，还可能是因为两者具有共同的祖先。在本书中，我将双管齐下，通过两种方法来检验人类的社会行为：一种方法是理性的科学模型，另一种方法是以生活在跟我们类似的社会群体中、具有亲缘关系的灵长类为例，进行进化生物学和比较心理学的论证。

在我之前，已经有其他研究者采用这些方法，试图对人类的天性和行为进行剖析和阐述。进化心理学家的研究发现，人类的很多社会性倾向是自然选择和性选择的进化产物。比如，在选择长期伴侣的时候，男人和女人在判断异性魅力方面存在差异，而这种差异可能是性选择的结果。[1] 类似地，经济学家建立起理性行为模型，用以解释人类的经济行为与社会行为。这些理性行为模型背后的假设是，个体在进行决策时遵循利益最大化和成本最小化原则。由史蒂芬·列维特和史蒂芬·都伯纳两人合著的畅销书《魔鬼经济学》（*Freakonomics*），就采用了这样一种经济学的理论。[2] 最后，灵长类生物学家证实，与在黑猩猩中观察到的情形相似的是，通常来说，人类男性比女性更可能诉诸暴力，更容易做出身体攻击行为。正像理查德·兰厄姆（Richard Wrangham）和戴尔·彼得森（Dale Peterson）在他们 1996 年合著的《雄性恶魔：类人猿与人类暴力的起源》（*Demonic Males: Apes and the Origins of Human Violence*）一书中雄辩论证的那样，也许人类和黑猩猩从他们共同的祖先那里继承了这种攻击性的性别差异。[3]

在本书中，我旨在证明，人类行为的适应性以及它的进化遗产，已经延伸到了现代社会生活中最平凡和最专业的层面。通常我们假设自己在日常生活中的行为只是简单地反映了我们的独特个性、我们的自由决策，或者我们所处环境对我们的影响。而实际上，世界各地的人处于不同的环境中，暴露于不同的文化影响下，他们在这些情境中的行为都非常一致。我们没有意识到这些相似性，一定程度上是因为我们通常并没有意识到自己的行为，或者并不在意别人在做什么。

在过去的 20 年里，我在各种各样的社会场合中观察过人类的行为，把研究其他灵长类的科学热情也应用在我们这样一个物种身上。我就像

① 对性别差异在求偶中的体现以及配偶吸引力的综述，可参见进化心理学家戴维·巴斯（David Buss）的《欲望的演化》（*The Evolution of Desire*，1994）。

② Levitt and Dubner (2005).

③ Wrangham and Peterson (1996).

是一个卧底侦探，记录着我们这个物种的口头禅和某些奇怪的仪式行为，而人们在做这些事的时候通常不知道为什么。此外，我还研究了在公开场合以及在私下里控制人类行为的那些令人好奇的潜在习俗。我专门寻找这些行为类型和习俗，看上去它们似乎纯粹是自由意志的产物，但实际上在不同的个体之间具有高度的相似性，因而这些行为和习俗所揭示的远远不是个人选择所能涵盖的内容。这些行为作为我们灵长类的历史遗留，从没有隐藏起来，它们一直浮于我们生活的表面上，如此本能，如此“自然”，以至于人们都视而不见。不过，我看见了。

为了发现人们在日常的社会交往中到底玩的是什么“把戏”，研究者有必要成为一个优秀的卧底侦探，静悄悄地而不是明目张胆或过于直接地观察人类的行为。为了理解猿猴的“把戏”背后的行为法则，也有必要了解习性学家、心理学家、经济学家和其他行为科学家的研究，了解他们在揭示行为复杂性方面所发现的科学原则。有了这些信息，我尝试揭示人们通常没有意识到的现象，即灵长类的过去如何影响了我们人类的决策和行为。

我们可能会以为，自己早已摆脱了控制其他灵长类生活的那些条件，不再受那些条件的限制和影响。我们不再栖息于丛林中，从一棵树上跃到另一棵树上；相反，我们的家就在大城市里或者附近，我们开车，穿衣服，花费很多年接受正规教育，借助电子技术进行沟通。然而技术与新衣服并不能掩盖我们作为灵长类的历史。它们只是简单地改变了我们表演这些古老仪式的舞台背景。现代技术看起来让人类摆脱了“猿猴的把戏”制约，但事实上这种“把戏”对我们的影响依然强大。[①]

① 后面还有一段被摘录为“Op-Ed: Why the Elevator Floor Is So Interesting”一文，发表在 2009 年 5 月 27 日的《连线》(*Wired*) 杂志上。

目录

第一章

电梯困境

电梯里的大多数行为都不是理性思考的结果，
而是针对这种场景的一种自发的、本能的反应。

穴居人的遗产

在1980年布莱恩·德·帕尔玛导演的电影《剃刀边缘》（*Dressed to Kill*）中，有一个极为恐怖的场景。由女演员安吉·迪金森扮演的剧中人物凯特·米勒站在电梯里，打算去七楼。就在这时候，电梯停了，门开了，一个戴着女人假发的男人走进来，他戴一副墨镜，身披黑风衣。这个男人就是杀手，他的手里捏着一把剃刀。凯特伸出手来想要保护她的脸，但是杀手挥舞剃刀划伤了她的手，然后不停地用剃刀砍削，直到电梯到达底层。有两个人按了电梯按钮，电梯门再次打开，结果看到的是地板上凯特的尸体，满身血污。

在很多电影里，与其他密闭的空间相比，在电梯里被谋杀的人更多（也许淋浴室里死的人跟电梯里不相上下）。而在现实生活中，普通人几乎不可能成为电梯里致命袭击的受害者，这样的概率几乎等于零。不过，当人们一起搭乘电梯时，他们对待别人的方式依然表明人们对于自己的人身安全有着严肃的关切。如果电梯里很拥挤，那么每个人都会静静地站着，眼睛望着天花板、地板、他们的手表或者电梯的按钮，就好像他们从前没见过这些东西一样。如果是两个陌生人一起搭乘电梯，那么他们会站得尽可能的远，避免面对面地跟对方有眼神接触，避免做出什么突然的动作或一不留神发出声响。

你也许会认为，电梯里陌生人的这种举止只是为了在一种尴尬的社会场景中表现得礼貌一点儿，而真相却是：电梯里人们的大多数行为都不是理性思考的结果，而是针对这种场景的一种自发的、本能的反应。被人袭击的威胁并不是真实的，但因为我们的大脑认为危险是存在的，所以会即时启动自我保护的行为。电梯是一种相对晚近的发明，但是电梯导致的社会性威胁却从来不是什么新鲜事。要知道，在一个狭窄的空间里靠近其他人，这样的情形已经在人类历史上反复发生过无数次。

想象一下，旧石器时代的两个穴居人循着一只成年熊的脚印来到一个又黑又暗的洞穴里，这个洞穴跟电梯间差不多大小。结果，洞穴里并没有熊，只有两个饥饿的穴居人，他们恶狠狠地对彼此挥舞着手里的木棒。显然，在这样充满危险、令人棘手的场景中需要一种退出策略。在旧石器时代的日常生活中，杀戮是一种退出社会性棘手场景的可被接受的方式；这种方式就像我们想早点儿离开一个晚会时，告诉别人说自己跟医生约好要明早会面，只不过后者更温和而已。在这样的山洞里，其中一个穴居人用木棒攻击另一个穴居人，要是正好击中对方的脑袋，这个倒霉的穴居人可能就死定了。有时候，作为不速之客的穴居人可能会碰到自己同类中的异性，这就像是天上掉馅饼，命运给他安排了一个繁衍的机会。不过，如果这个闯入者遇到的是跟自己同性的同类，就比较倒霉了。同样，当一群乌干达黑猩猩碰上另外一个群体中的某只雄性黑猩猩时，它们将割开对方的喉咙，撕裂对方的睾丸——为了防止对方可能活下来，也为了防止对方有任何未来繁衍的雄心壮志。

我们的心灵由这些穴居人进化而来，而他们的心灵则由他们的灵长类祖先的心灵进化而来，这些灵长类祖先长得跟黑猩猩差不多。虽然我们的某些心理能力似乎在进化史上出现得比较晚，属于比较新的能力，比如抽象思维的能力、语言能力、爱和信仰的能力，不过在面对可能具有危险的社会场景时，我们大脑的应对方式没有任何新意。身体受伤之后我们会感觉疼痛，这种反应在数百万年的时间里从来没有什么改变；同样，面对社会性威胁的时候，灵长类的大脑做出的反应也没有多少变化。恰恰相反，在这个领域里，进化过程格外保守。虽然早在2500万年前，不同灵长类的祖先就已开始分道扬镳，但是人类、黑猩猩甚至猕猴的心智都依然保留着最初设计图的痕迹。

对于今天的科学研究来说，人们在电梯里的行为表现已经不再是一个流行话题，不过这一话题曾经在20世纪60年代风靡一时。1966年，一个名叫爱德华·霍尔（Edward T. Hall）的人类学家出版了一本书，名叫《隐藏的维度》（*The Hidden Dimension*）。霍尔在这本书中写道，当一个人侵入其他人的个人空间时，所有的麻烦都会随之而来。[①]根据他的观点，个人空间就像一个看不见的肥皂泡一样，每个人都随身携带着它。这个肥皂泡的半径可大可小，取决于他所处社会的个人规范或文化规范。霍尔认为人类的个人空间可以等同于动物的领地；个人空间被侵犯很容易引发攻击性反应，这代表着一种试图捍卫个人领地的意图。

自从《隐藏的维度》出版以来，我们对动物行为已经有了很多

① Hall (1966).

了解，因此把人类个人空间类比成动物领地的隐喻已经不再合适。灵长动物中的领地行为非常罕见，而大多数领地行为也只局限于与人类关系较远的物种，比如狐猴（lemur）或新世界猴（New World monkey）。此外，与领地性动物保护它们的家园不同的是，人类并不会以攻击的方式捍卫个人空间，即那个围绕着自己的看不见的肥皂泡。取而代之的是，一旦潜在的危险分子靠近自己，我们会采取措施，保护自己不受暴力威胁。靠近一个人显而易见地会增加被攻击的可能性，尤其在对方是一个陌生人的情况下。科学家们以其他灵长类为对象，对极为贴近另一个体与遭对方侵犯风险的关系进行过研究，这些研究对象也包括不捍卫自己领地的物种，如猕猴和狒狒；科学家们已经深入地理解了两者的关系。[①] 人类的心智和非人灵长类的心智之间存在进化上的连续性；认识到这一点之后，事情已经变得很清楚：在搭乘电梯时，假如有其他人在场，个体对他们的反应仅仅是为了应对被攻击的风险。

在有限的空间里，因为非常贴近陌生人而引发的种种威胁之中，被一个丧心病狂的杀手用刀片划来划去的危险不是唯一需要人们关心的问题。因为预感有危险而产生的焦虑对我们的身体健康会有损害，这种损害可以像身体受伤一样严重。搭乘电梯时，人们有时候会表现出应激行为：即使不痒他们也会挠头，他们捏自己指甲周围的皮肉，或者会强迫性地查看自己的手表，即使他们知道当时是什么时间。与被持枪歹徒抢劫相比，电梯里的压力是相对温和的，但两者之间的差别不过是程度轻重的问题。就像我们的内心都知道被人攻击是危险的因而会

---

① 有关包括空间接近性在内的灵长类动物攻击行为起因的论述，请参考 Higley（2003）。

“如果电梯坏了导致我们出不来，为了活下去，我会毫不犹豫地把你吃掉”。[卡通图片来自贾森·洛夫（Jason Love）]

采取措施避免它的发生一样，内心也知道应激对我们来说并不是好事，因而也准备去处理这些麻烦。这一情形对于与陌生人一起搭乘电梯的独立个体来说的确如此，对于关在一个笼子里的猴子们来说也是一样。

战，还是不战

想象这样一种情景：有这样一只猕猴，它常常花上好几天时间跟自己的同伴在丛林中漫游。突然之间，它就被一个本科生关进了一个小笼子，因为他急于发表一篇跟猴子行为有关的科学论文。这个雄心勃勃的学生接着把另一只猕猴关进了同一个笼子里，然后就在旁边等待着，观察着。猴子之间发生激烈战斗的风险非常之高。猕猴社会的规则是这样的：每当有一只猴子非常靠近另一只猴子时，它们就会迅速地又抓又咬，这样的情形十分常见。[①] 此外，空间的限制是为了防止猴子在战斗开始之后打退堂鼓，溜之大吉。因此，在一个狭小的笼子里，攻击是很容易被激发的。而一旦启动，冲突也就很难停止下来。

如果两只猴子以前从来没有见过面，那么它们之间进行激烈火拼的可能性就会明显增加。猕猴不喜欢陌生的同伴，除非对方是潜在的性伙伴，否则陌生猕猴的存在通常都会迅速地引发敌意反应。还有——正像我们下面将要看到的那样——虽然两只猴子可以共同努力以降低它们之间的紧张局面，但是彼此素不相识的现实让它们很难掏心掏肺地携手合作。对于一起搭乘电梯的两个陌生人来说，他们在内心里都会悄悄地做一道简单的算术加法题：陌生人 + 有限的空间 = 麻烦。于是，某种情绪警报会立刻响起，就像当我们用手指去触碰火苗会立刻感到疼痛一样。

既然在有限的空间里发生冲突的概率如此之高，那么为什么无论是猴子还是人类都不会不问青红皂白就立马开打呢?

面对自己的同类，无论他们是陌生人，是朋友，还是家人，人类和猴子都善于跟这些同类进行斗争。不过，斗争的频率以及斗争的场所绝不是随机而定的。无论我们是在公园里挑战一个军官跟他决斗，还是在高中学校背后的黑暗小巷里跟当地的混混互殴，这些对抗都会提前经过精心安排和选择。人们之所以会做出这些细节安排，通常是因为这种安排会给自己带来不少好处，比如出其不意地袭击对方，避免被人报复，如果被打败就将可能的损失减到最低，或者从其他人那里得到支持和保护。

---

① 有关猕猴的更多信息，请参考 Maestripieri（2007）。

对于陷在电梯里的人或被关在一个笼子里的猴子来说，这些好处它们一个也得不到。在这些场景下，既不存在胜利的保证，也无法控制失败的代价，倒是很有可能两败俱伤，而且伤得很惨。在猴子和旧石器时代的穴居人当中，就像在现代人当中一样，总有一些倒霉蛋在一个错误的地点错误地做出跟人打斗的决定。当然，自然选择并不会犒赏他们。在我们人类和其他灵长类动物的进化史上，有的人可能拥有这样的基因倾向，他们不会在错误的地点跟其他人在冲动之下进行打斗；相比那些不问青红皂白就大打出手的同伴，他们会活得更长，留下更多的后代。结果，这些聪明个体的后代就从基因上遗传了允许他们在电梯里或在笼子里避免打斗的行为策略。这些行为策略在灵长类动物的进化史上出现得非常早，而且已经成功运作了很长一段时间，于是自然选择让这些反应几乎原封不动地保留在我们灵长类的心智中。

事实证明，当两只猕猴被关在一个小笼子里时，它们会想尽办法避免发生打斗。它们或小心翼翼地移动，或装作对对方无动于衷，还会抑制任何可能引发攻击的行为，这些对于解决笼中相处问题而言都是很好的短期策略。那些猴子会静坐在角落里，避免任何随机运动，因为即使一个简单的触碰都会被理解为恶意行为的开端。相互之间的目光接触也是危险的，因为在猴子的语言中，凝视就是威胁。猴子们会望着天空或望着地面，或盯着笼子外面的一些虚点。但是随着时间的推移，静坐或装作漠不关心都已经不能继续控制局面了。紧张已经在两个笼中囚徒之间产生了，它们中的一个或迟或早总要发怒。为了避免这种迫在眉睫的攻击，同时为了减少应激，它们需要借助于沟通的举动打破坚冰，同时一只猴子有必要让另一只猴子明白自己没有意图伤害它，伤害本身也不会出现。猕猴通过露出牙齿来表达恐惧或友好的意图。作为人类微笑行为的进化先驱，这种“龇牙展示”要是被对方明确接收到，就能发挥类似于理毛行为所具有的作用。其中一只猴子帮另外一只梳理皮毛，打扫卫生，轻轻按摩皮肤的同时吃掉上面的寄生虫。这一行为可以让另一只猴子放松，平静下来，因而从根本上消除擦枪走火的可能性。所以，如果你是一只猕猴，发现自己与另一只猕猴同时被困在一个小笼子里，你就知道该做点儿什么了：露出你的牙齿，开始给对方理毛。[①] 如果你是人类中的一员，发现自己跟另一个陌生人一起搭乘电梯，从理论上说你可以跟猕猴做同样的事情（或对人类而言同样的事）：微笑和闲聊。

然而，真正要做的时候，事情通常要比上述描写更复杂一点儿。

电梯里的困境

当走入一个拥挤不堪的电梯时，你可能没有太多行动的选项。通常情况下，你会转身 180 度，面朝电梯门站立，背对着其他人。每个人都静静地站着，眼睛望着天花板。相比之下，进入只有一个陌生人的电梯里是一件更棘手的事。你应该承认另一个人的存在吗？假装冷漠是危险的——私下里你可以采取这种做法。你应该微笑说一些愉快的事吗？要是这种友好的举动被人误解或不受欢迎怎么办？你应该趾高气扬地盯着那个陌生人，以便让他明白谁能够在一场潜在的冲突中获胜吗？要是那个家伙非常生气，变成了怒气冲冲的绿巨人（Incredible Hulk）怎么办？对于住在高楼大厦较低楼层的人来说，这是他们每个

① 有关露出牙齿和放松理毛，参见 Maestripieri（1996）和 Schino et al.（1988）。

月上班路上必然会遭遇的困境。他们走进电梯里，很可能会发现里面已经有人了。

前一段时间，我碰巧住在芝加哥市一栋公寓楼的20层，在那里我不仅可以俯瞰密歇根湖的美景，还拥有绝佳的机会观察人们，看他们在一个狭小的空间里相遇时会怎么做。每天早晨，电梯在运行的过程中至少会在我的楼层那里停一下，搭上一个等在那里的客人。那栋公寓楼拥有两千多个房间，因此每天早晨我都会遇到自己以前没有遇到过的人。观察人类的行为是我的职责所在，因此我情不自禁地留心观察这些陌生人如何行动，并把观察结果放入我的心理档案中。

下面描述的就是一次典型的人际互动。电梯停在15层，一个30多岁的男人走进电梯里，他胡子拉碴，穿着汗衫。这个陌生人以极快的速度扫了我一眼，然后开始看着电梯的按钮面板。我已经按过下到一层的按钮，而且它是唯一一个亮着的按钮。大概两三秒钟过去了——这个时间足够长，从而容许他做出某个决定——那个陌生人继续按了一下下到一层的按钮，后退一步，站在一个角落里继续盯着布满按钮的面板。不言而喻，对我来说，这个陌生人的行为事出有因，不是因为他没有注意到按钮已经亮着，而他那样做也不是出于习惯。很明显，他看到了按钮面板，还停顿过一下，然后再次故意按了一下下到底层的按钮。问题来了：他为什么这么做呢？

下面是我对这一场景的思考。不可否认的是，这个陌生人和我都意识到了彼此的存在。通过再次按下按钮，这个陌生人拒绝承认我是一个活生生的、有意识的个体——这样的个体拥有自己的目标（到达底层），也会采取行动以便实现目标（按下按钮）。认识到其他人拥有目标和欲望，而且他们的行为是受这些目标的指引，这是一种复杂的认知能力。我们通常拥有这种能力，而其他动物，包括猴子和类人猿，都没有这种能力。[①] 这种能力作为某种心理套件的一部分存在于人类身上，这种心理套件还包括对我们的人类同伴产生共情的能力，即理解他们的情感，感受他们的疼痛。把目标和感受赋予他人，这意味着我们认识到对方是作为人类而存在的——而这是人格的标志，如果你愿意也可以这样说。此外，我们也把同样的特性赋予自己喜爱的宠物。通过再次按下按钮，这个陌生人没有承认我作为他同道中人的地位，也不承认我参与了目标导向的活动。他的行为实际上就是不把我当人看。从他的立场来说，这样会让我显得更无害，也更容易对付。

还有一个早晨，我乘坐另一部电梯要下到底层，有一个陌生人加入进来。这次对方是一位穿着西装、头发花白的男子，提着一个黑色的公文包。这个男人发现底层的按钮已经按下，就没有再碰它。他安静地站在我的对面，目光沿着壁板的边缘上上下下地移动。这个陌生人没有再次按下按钮，意味着他的内心里已经承认我的存在，承认我所做的事情。我们不仅分享了电梯里的空间，也分享了各自的目标。我们一起下到底层。目标分享是社会关系的一个重要方面。亲子关系、友谊或爱情都建立在一个共识上面，那就是两个人拥有同样的目标，愿意共同参与、一起行动去实现这个目标。这个西装男人的行为不是友谊或爱的举动，而是表达友好信号的一个重要步骤。

这个西装男人行为的其他方面则暗示着，和其他人一样，他留意着当时的情况。盯着空间中的某个想象的点是一种不自然的行为，可

---

① 迈克·托马塞洛（Mike Tomasello）和他的同事们撰写了相关文章，内容涉及理解和交换目标、意图的重要性，以及人类同其他灵长类动物在参与这些过程时表现出来的能力的差别。见 Tomasello et al.（2005）。

能会引起其他人的注意，还可能让别人紧张。在电梯里横向凝视的动作是危险的，因为这不可避免地要引起目光接触，除非它发生在腰际线以下的区域——这种情况下存在由其他原因导致的危险。像那位提着公文包的男人所做的沿着墙角纵向凝视的动作，其实是相对安全的，因为在这样的视野中出现人脸的可能性微乎其微。如果那个陌生人那天感到格外紧张，他就可能会对我微笑。然而，在一段漫长的电梯旅途中，漠不关心或者尴尬的微笑并不足以保证和平：两个人必须开始相互理毛。换句话说，他们必须交谈。

猴子的把戏

当两个个体在一种具有潜在危险的情境中相遇时，比如它们都被困在一个密闭的空间里，这时候是什么因素决定了它们以敌意、冷漠或友好的方式对待彼此？根据美国加州大学洛杉矶分校的社会心理学家、写过《照料的本能》（*The Tending Instinct*）一书的谢利·泰勒（Shelley Taylor）的说法，性别起到很大的作用。[①] 泰勒认为，男性在面对社会压力时会表现出一种“战还是逃”的反应：他们要么逃跑，以避开压力来源；要么留在原地进行战斗。另一方面，女性则“照顾他人做朋友”：她们留在原地，表现出友善行为，试图以此战胜敌人或化敌为友。

泰勒很可能是对的。如果两只雄性猕猴一起被困在笼子里，没有逃出去的机会，它们很可能就会自相残杀。而在同样的情境下，两只雌性猕猴可能会尝试着以友善的姿态对待彼此，一起努力化解紧张局

① Taylor (2002).

势。不过，这只是通常情况下雄性和雌性会做出的行为，不是所有的雄性和雌性行为都完全符合泰勒的假设。在现实中，雄性和雌性使用的策略总是交叉在一起的——在两个方向上都是如此。

很久以前，当时我在罗马大学读书，我想对猴子的心理有更加深入的理解，同时也为了发表自己的第一篇学术论文，于是就为研究猴子的行为而专门设计过一个实验。其实我就是前面提到的“电梯”实验的“始作俑者”。我把两只猕猴关在一个小笼子里，在那里它们几乎没有空间站起来或转身，而自己则花了一个小时给它们的行为录像。在这个实验中，我选择了雌性，因为我担心两只雄性猕猴会大打出手，互相残杀至死；另一个原因是当时我们实验室里有更多的雌性成年猕猴。我测试过 25 对猴子。在大约一半的猴子中，两只参与者彼此熟悉，不过它们在参加实验之前的好几个月前就被分开了。另外一半的实验参与者则由两只从来没有见过面的雌猴组成。①

当两只从前见过面的猴子在狭小的笼子里遭遇时，最初它们看起来不怎么舒服，但很快就知道该如化解紧张局面了。它们开始互相理毛，这个行为会持续大约一个小时。它们轮换着给对方服务，因此在一个小时的时间里，彼此给对方按摩的时间跟接受对方按摩的时间是对等的。持续的理毛降低了猴子之间的紧张情绪，消除了潜在冲突的风险。最后，两只猴子皆大欢喜。

当两只陌生的猴子被关在一起时，任何人都能感受到笼中的气氛格外紧张。两只猴的眼睛在所有方向上神经质地瞟来瞟去，好像疯了一样地抓挠自己——这是猕猴焦虑时的一种表现。尽管两只猴子

① 对部分实验和结果的描述见 Schino et al.（1990）。

小心翼翼地避免目光接触，不过它们看起来像是偷偷摸摸地把对方抓在手里进行思考：“它个头比我大吗？它有恶意吗？它会不会踢我的屁股？”这种情形将持续几分钟。在某些配对的猕猴中，其中一只猴子——想必它对上述所有问题的回答都是肯定的——可能就不再矜持，放下身段，态度恭顺地对另一只龇牙“微笑”。其中一只会主动给另一只理毛，而对方则以一副理所当然的样子坐享其成。当最初的护理者理毛的时间太长，猴子觉得手指有点儿痛了，就会停下来休息，此时另一只就转而开始扮演护理者的角色。不过，这种角色扮演仅仅持续了几秒钟的时间，扮演者就要再次享受下一轮的护理了。最后，跟两只熟悉的猴子相比，这对陌生的猴子花在理毛上的时间跟它们差不多，但是两者之间的关系明显是一边倒的：其中一只雌猴差不多承担了所有的重担，而另一只则坐享其成，心安理得地攫取理毛带来的好处。

在不熟悉的猴子中间，也有大概一半的猴子没有表现得好像被对方吓倒了一样；它们没有顺从性的微笑交流。最初的几分钟什么都没有发生，随后，其中一只开始给另一只理毛。不过，几秒钟之后，理毛的一只就停止劳作，立刻躺在对方面前，或把自己的腿、胳膊或屁股放在对方的眼前，要求回报。而另一只猴子呢，既然轮到自己，也就依样画葫芦，做出同样的事情：同样是给对方理毛几秒钟，接着就索要回报。有的猴子不想给对方理毛，只想要求对方提供更多的服务。两只猴子一次次不厌其烦地在玩这样一个把戏，它们好像在不停地讨价还价——“你给我梳理皮毛”，“不，你给我做”。最后，在实验快要结束时，它们在理毛方面提供的相互服务少得可怜。它们看起来不怎么舒服，状态不佳，充满焦虑，跟实验刚开始的时候差不多。

最初，我被这些成对猴子之间的行为差异搞糊涂了。不过，当我发现它们的行为可以完美地被一个叫博弈论的经济学理论解释时，我变得激动万分。我在罗马大学做实验的时候根本没有意识到，我的猕猴被试其实在进行一场特定类型的博弈，经济学家称之为囚徒困境（Prisoners' Dilemma），它能够解释为什么两个素不相识的个体会进行利他行为的交换。①

这个模型最初是由两个美国数学家梅里尔·弗勒德（Merrill Flood）和梅尔文·德雷希尔（Melwin Dresher）于1950年提出的，当时他们都在兰德公司工作。后来，这一模型被另外一位数学家阿尔伯特·塔克（Albert Tucker）采用，并正式命名为囚徒博弈。可以用下面的场景来说明这一模型。两名囚犯因为共同作案被警方逮捕之后分开羁押，他们无法见面，不能相互联系。如果两个人都对对方保持忠诚，拒绝供出同伴，他们将得到一个温和的处罚，每个人在牢里关一年。如果其中一人招供，交代罪行，招供者将被释放而抵赖者将遭受监禁五年的惩罚。当然，如果两个人都招供，他们将各自获刑三年。这个场景可被视为一场博弈，两个囚犯是玩家，而判刑的年数是收益。这个博弈有两种可能的策略：合作或背叛。正如在囚徒博弈的支付矩阵中显示的那样，无论另外一人如何选择，背叛者通常总是得到更少的惩罚。当玩家1背叛，如果玩家2合作，那么玩家1将被无罪释放；如果玩家2也背叛，那么玩家1将判刑

---

① 关于囚徒困境与合作的动力，在罗伯特·阿克塞尔罗德（Robert Axelrod）的著作《合作的进化》（*The Evolution of Cooperation*，1984）以及Dugatkin（1997）当中有详尽的论述。

三年。相反，如果玩家 1 合作，根据玩家 2 的选择，他将被判刑一年或五年（在玩家 2 背叛的情况下，他将被判刑五年，玩家 2 也合作的话他则被判刑一年）。通常来说，背叛是最好的选择，不过要是两个玩家合作，那么他们将得到比两个人都背叛更好的结果。合作，因此可以被称为一种获胜策略，不过这种策略的前提是一个玩家确信另一个玩家也会进行合作，而不是背叛。

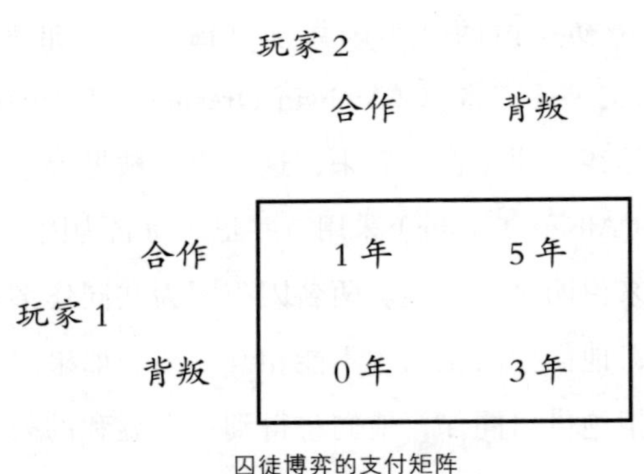

囚徒博弈的支付矩阵

当这种博弈只进行一次，即每个玩家只被允许做出一次选择，或者在陌生人之间进行时，双方都合作的可能性微乎其微，非常渺茫。因为这两个玩家谁也不认识谁，他们没有理由相信对方会合作。更何况，因为这场博弈不会再次进行，通过跟对方合作来获取未来收益的预期就变得毫无意义。在这种情况下，背叛是最佳策略。不过，当这场博弈重复进行时，即所谓的“重复囚徒博弈”，个体就有机会追踪对方以前的选择和表现，因人而异，有针对性地采取行动。写过《合作的进化》一书的政治学家罗伯特·阿克塞尔罗德在 20 世纪 70 年代举办了计算机模拟的程序竞赛。他发现，在重复博弈的情况下，获胜的策略不是单纯的合作或背叛，而是一种新的策略，叫作“一报还一报”（tit-for-tat）。根据这种策略，玩家 1 的第一步是合作，然后简单地重复玩家 2 在此之前的选择：如果玩家 2 合作，那么玩家 1 就合作；如果玩家 2 背叛，玩家 1 也会跟着背叛。阿克塞尔罗德认为，一报还一报成为获胜策略是因为具有三种特征：友好（一报还一报的玩家从不主动背叛）；报复（一报还一报的玩家不是傻子，面对背叛会及时地用背叛来报复）；宽容（一报还一报的玩家只记住前一次对方的选择，而且会“宽恕”一个曾经背叛过自己的玩家，只要他最近一次的选择是合作）。

囚徒困境的动力学受到两个因素的明显影响。其中之一是亲缘关系。如果两个玩家是有血缘关系的家庭成员，他们可能愿意做出利他行为而不期待什么回报。例如，一个母猴会很开心地为它的女儿理毛几小时，哪怕它没有马上得到女儿的任何回报。猴子和人类都会乐意帮助亲戚，因为亲戚跟他（它）们拥有某些共同的基因，通过利他行为，他（它）们就增加了这些基因在群体中保留下来的机会。除了亲缘关系，两个玩家之间的支配关系也会改变囚徒困境的动力学。在这种情况下，作为下属的个体心甘情愿地为处于支配地位的个体做出利他行为，不是为了得到相同的回报，而是为了获取安全和保护。我将在第二章中深入地阐述这一问题。

我的电梯实验为猴子们创设了一个充满危险的场景。这样的场景要求个体采取行动，以减少自己被攻击的风险，同时缓和紧张。正如我们所看到的那样，猴子倾向于使用理毛行为来应对这种情境。理毛恰好是一种利他行为，对接受者有利，而给予者则需要付出时间，消耗精力。在各种各样的实验配对中，理毛行为的动力学证明了囚徒困境是一个用来解释利他交换的伟大模型。这一模型不仅仅适用于人类，在猴子中同样适用。在我早年的实验中，所有的猴子彼此之间都没有亲缘关系。如果笼子里的两只猴子以前见过面，它们对这一情境做出的反应，就好像它们预期彼此未来还会再次见面一样。在熟悉的配对中，两只猴子都会采取合作策略，双方都能从这样的场景中获益良多。然而，在不熟悉的配对中，两只猴子的反应就好像它们在参与单次的囚徒困境：这是它们第一次见面，没理由预期还会相见。在半数这样的配对中，权力分配上存在明显的不对称性。相对脆弱的雌性进行合作，大概是希望通过理毛来换取安全。另一只雌性则利用这样的情境，做出背叛行为，不劳而获。在另外一半的配对中，权力分配相对均衡，没有哪一只猴子觉得自己特别脆弱，于是两个玩家进行一报还一报的博弈：它们在大多数的时间里相互背叛，相互报复，谁也不给谁理毛，或者只是进行少量的理毛交换。在实验结束时，这些猴子看起来非常疲惫——也许一小时对它们来说就像永恒一样漫长。

电梯里的社会策略

通常来说，跟其他人一起搭乘电梯，这种压力再大也不会引发心脏病。面对可能被攻击的风险，我们本能的警报会迅速拉响。不过搭乘电梯也可以变得足够简单，单纯的漠视是用来保证安全的一种有效策略。如果电梯要搭乘一个小时之久，正如在前面的猴子实验中看到的那样，我预期人们会使用诸如微笑或做出礼貌性交谈的社会策略来缓解紧张情绪。就这些策略需要两个人的合作而言，我预期他们之间的交往，会根据囚徒困境的动力学展开，而这种动力学已经在猴子实验中得到了揭示。这种动力学的某些情形，的确可以在人们日常的电梯互动中被观察到。

比如，一天早晨，我跟一个中年人一起搭乘电梯，他看起来特别害怕我的存在。当我进来的时候，他紧张兮兮地对我微笑，然后马上开始跟我搭讪。他絮絮叨叨、一刻不停地说，谈的内容又都是跟他本人的患病经历有关。在到达公寓一楼之前，我们的谈话以“症状”、“诊断”以及“治疗”这些关键词而告终。我怀疑那个人可能认为我是一个医生，或者他预期可以从我这里得到某些医疗建议。不过，他更可能是一个情绪易感的人，很容易就体验到不安全感，因此他通过使用大量的“言语理毛行为”进行应对，试图讨好一个潜在的攻击者——这个攻击者在搭乘电梯这样的危险情境中可能给他造成伤害。

当然，不是我的所有经历都是如此。当我跟一个漂亮的女士一起搭乘电梯的时候，我通常以漠视来应对，而且我很难相信自己的反应是因为恐惧或胁迫。当我的女朋友跟一个陌生的男人搭乘电梯的时候，对方通常会打破沉默，主动跟她搭讪，最后还会索要她的电话号码。人们对于潜在的择偶机会的反应，正像他们对于潜在的危险场景的反应一样，都是可以预测的。

虽然人们的平均行为可以得到科学的预测，不过在平均值的上面或下面依然存在大量不能被科学预测的变化。这，恰恰就是人性的精彩所在。有一次，我独自一人搭乘电梯回自己的公寓房间，一个老太太从 2 层走进了电梯，把从 3 层到 22 层的所有按钮都按了一遍，接着她若无其事，面带微笑，从容不迫地从 3 层走了出去。

第二章

痴迷权力与统治

无论人类还是其他的灵长类，
都不可救药地迷恋支配和统治，
虽然他们不需要意识到这一点。
支配性早已深入人性的最深处，
因此，幻想没有支配性的社会关系是不现实的。

新技术的老用途

早晨醒来的时候，我的大脑迫不及待地需要咖啡，而我的身体则急切地需要糖分。当这些生化需求得到满足，我就要准备例行公事，查看自己的电子邮件了。于是，我登录自己的账户，结果发现收件箱里塞满各种各样的新邮件，这些新邮件可能来自家庭成员、亲密朋友、几年不见的老朋友、同事、某位尼日利亚的商人，也可能来自名字我都不能正确拼读出来的陌生人。这时候，我就感觉自己快要崩溃了。但凡会上网的人都知道电子邮件，这个信息时代的新发明让我们的生活变得更便利，不过它也可能成为心理应激的一个主要来源。我开始删除未阅读的邮件。第一个映入眼帘的就是那些明显用了假名的人，他们自称有一个不曾预料——当然，也不可能——的遗产或中了彩票大奖。更多像是来自陌生人的真实信息将会被随后阅读。接着，我把目光投向自己认识的人发来的邮件。我会阅读其中一些信息，给出回复。我的一些回复很长，带有个人情感，另外一些则很短，公事公办。有的邮件我不会回复，而是让它们在我的收件箱里安安静静地躺上几天，直到我被自己的内疚之情战胜，不得不写点儿什么。于是，我就开始给一些并不期望从我这里得到答复的人写信。某些人有求于我，而我自己也会有求于其他人。作为地球村的一个良民，我为全球的收件箱交通堵塞做出了自己的卓越贡献。

很难否认，电子邮件的确让我们的工作和生活变得更便利，更有效率。但是，电子邮件可不仅仅跟工作有关。真相是，像大多数的其他人一样，我也通过电子邮件保持自己的社会关系。我可以跟自己在意大利的母亲和姐妹用邮件交流，跟全世界的朋友们用邮件交流，跟自己的同事和学生用邮件交流，也跟其他认识的人用邮件交流。

作为研究人类和其他灵长类社会关系的一名学者，我常常在想，是否电子邮件的使用以及所有相关的派生物——Facebook、Twitter（推特）和 Google+（一个 SNS 社交网站）等——已经在某些基本方面改变了人类的社会关系。我们人类从来都是面对面地进行交往。在语言进化之前的几百万年，早期人类以及他们的灵长类祖先只能通过视觉、听觉和触觉来维持他们的社会关系。为了处理这些日复一日、年复一年的社会关系问题，人们会使用他们的面部表情、声音、大量的触摸、理毛、拥抱，甚至偶尔扇人耳光或饱以老拳。目光接触对于非人灵长类来说很重要，对于现代人类来说同样如此，因为它就像是一把有用的量尺，可以用来衡量某一个体的友善或敌意程度，以及他们的支配性或顺从性，甚至用来判断对方是否性感。但是当我们通过电脑来处理我们的社会关系时，这些量尺发生着怎样的变化呢？社交媒体的使用者已经找到跟笑脸、眨眼、皱眉等“情绪图标”进行创造性沟通的方式，以便为某些事实提供信息补充。读者有时候可能不知道我们说某句话时的真实意图，他们会猜我们到底是认真的，还是在开玩笑。比如，“有时候，我真想干掉你”。真是这样吗？情绪图标就够了？数百万年来通过面对面处理社会关系的进化遗产，在阿尔·戈尔（Al Gore）发明了互联网的那一天之后就消失了吗？

我并不这么认为。我们采用高科技的方式进行沟通，这种沟通貌似排除了人类进化的历史对我们行为方式的强烈影响，不过调节灵长类关系的规则非常顽固，即使在我们坐下来敲键盘、跟朋友联系或回复工作备忘录的时候它也会再次出现。举例来说，即使在虚无缥缈的网络空间里，对社会地位的关切这一典型特征，在许多灵长类社会关系中，例如猕猴、狒狒和黑猩猩的日常交往中，并没有消失，而是改头换面，以新的形式出现罢了。

我们对电子邮件的使用存在明确的模式。首先，认识的人之间的电子邮件沟通发生在“对话”式的你来我往中，在几分钟、几小时甚至几天的时间里，一些消息不断地来回交换。谁开始谁结束这段谈话，需要多长时间来回复，以及传输的长度都不是随机的。让我通过一个例子来说明这一点。我将跟一个假想的自己研究小组的研究生进行电子邮件交流，她的名字叫珍妮弗（Jennifer）。珍妮弗好长时间没见过我了，因为我躲在一个咖啡厅里，想要心无旁骛、不被打扰地写一本书。于是，她选择发起跟我之间的电子邮件沟通，首先给我发了一封很长的邮件。邮件中包含数不清的问题，请求我在信息和行动方面给她提供帮助；没办法，作为教授，总是有学生需要自己在某些方面进行指导。很显然，她需要一个稍微紧急的回复。同样可以确定的是，珍妮弗花费了很多努力来写这封电子邮件——时间、精力，以及用以产生语法正确的句子所需的认知资源。但是珍妮弗希望，这些发起行动的成本将被我给她的答复所带来的好处补偿。从点击“发送”按钮的那一刻算起，这一段对话就宣告开始。珍妮弗做出了一项投资，她希望这项投资能带来重大回报。

从我的角度来讲，写信给珍妮弗需要付出代价，比如我将不能专心地写作自己的书！这样做没什么好处，或只有很少的好处，比如我会因为给学生提供建议而得到一份微薄的薪水——可我宁愿把这个事实给忘掉。因此，在给她答复方面，我耽搁了。等到最终回复的时候，我只写下一封简短的公文。在公文中，我提供了所有要求提供的信息，同时又惜墨如金，尽可能地节省自己的字数。珍妮弗发现我的回复深受鼓舞，投资开始产生回报了。可是在点击"回复"按钮的几秒钟里，我又收到她的一封邮件，跟第一封一样长，有更多的问题和更多的要求。我跟珍妮弗的谈话继续这样的模式：她的电子邮件不断地变得越来越快、越来越长，而我的回复则变得越来越短、越来越慢。回复了五次之后，我让珍妮弗的第六封邮件无限期地躺在我的收件箱里而没有采取任何行动。根据电子邮件交流的规则和礼节，没有回复就意味着这场对话已经结束。在极少数情况下，一个心急火燎的学生将试图重启谈话，通过发送一封以下面的文字开头的电子邮件："我不知道您是否收到我最后的电子邮件，但是万一您没有收到，下面是我写的……"紧跟着就是我所忽略的电子邮件的内容。然而，珍妮弗心知肚明，理解和尊重电子邮件交流传统，耐心地等候几天。然后，她又开始了不同主题的新谈话。教授和学生之间通过电子邮件进行交流，他们之间的这种交流方式也存在于学校之外的工作场所：类似的交流发生在老板跟他们的直接下属之间。下属常常给他们的上司主动发电子邮件，这些邮件仿佛不速之客一样不受欢迎，而上司通常不像下属那样喜欢沟通。他们可能对未经同意的电子邮件不做回应，或让邮箱自动回复，或者把那封邮件转发给他们的秘书。

学生和教授以及下属和上司之间存在某种共同之处，即关系双方处于一种明确的支配性关系中，其中一个人是支配者，另一个人则是从属者。对于支配者和从属者而言，电子邮件交流的成本不同，收益也不同，由此导致了电子邮件交流的不同模式。当然，很可能教授和老板只是比学生和雇员有更少的时间写邮件。但我怀疑，当一天结束的时候，教授和老板也会像给他们写信的人那样，花费同样多的时间来回复电子邮件。当然，他们自己也会主动写长邮件，但不是写给他们的学生和雇员。他们是写给其他人的，有可能是自己的上司；因为他们试图从这位高级人士那里得到自己想要的东西。因此，这种电子邮件沟通的不对称性不是时间多少的问题，而是支配结构的问题：下级写得多，上级写得少。

思考一下两只雄性黑猩猩之间的理毛交流情形，其中一只是作为支配者的上级黑猩猩，另一只是作为从属者的下级黑猩猩。[①] 想象一下，一只上级黑猩猩独自坐在角落里，正在考虑它自己的事情。这时，一只下级黑猩猩走近它，友善地对它“微笑”好几次，接着开始给它理毛。下级黑猩猩给上级黑猩猩理毛花了很长时间，费了不少力气。当然，这是一笔能够带来回报的投资，回报的形式包括理毛、容忍，以及来自上级黑猩猩的支持。当下级黑猩猩的手指感到疼痛的时候，它停下来，请求对方给它理毛。那只上级黑猩猩不是立马就做出报答，实际上，它什么都不做，若无其事。最终，那只下级黑猩猩厌倦了等待，不再对上级黑猩猩的回馈抱有幻想，于是继续给上级黑猩猩理毛。过了几分钟，它再次停下来。这一次，那只上级黑猩猩等了

① 雄性黑猩猩之间理毛机制的论述，请参考 Simpson (1973) 。

相互理毛（乌干达的基巴莱国家公园，三只雄猩猩正在相互理毛）。

20秒，然后就开始给下级黑猩猩理毛——但也只是几秒钟的时间！然后它停下来，等着下级黑猩猩做出报答。

两只黑猩猩就这样你来我往好几次，显然它们理毛的交换是不对等的。因为上级黑猩猩需要花越来越长的时间来做出回馈，而它给下级黑猩猩的理毛时间却越来越少。在某个时间点，作为支配者的上级黑猩猩会结束这场对话，它不再做出反应，站起身来径自走开。你看出这种模式了吗？

更有甚者，当两只雄性黑猩猩之间的支配关系逆转的时候——从属者变成了支配者，而支配者变成了从属者——他们的理毛行为也会发生相应的变化。三十年河东，三十年河西，现在昔日的支配者需要承担整个理毛服务，而另一只黑猩猩则很少对它做出相应的酬谢。在人类的工作场合，支配关系的逆转并不多见。不过，随着时间的变化，某些支配关系变得更加平衡、更加对等也并不少见。比如珍妮弗，过去作为我的一个学生经常主动给我写长邮件。假如她现已在某个名牌大学里成了教授。于是，当我们通过电子邮件进行交流的时候，我们在开始还是结束一场交流的问题上具有差不多相同的意愿。珍妮弗还可能会发送只有一行的回复给我，这是她以前从来不会做也不敢做的。随着时间的推移，当她的职业生涯不断前进并且跟我并驾齐驱的时候，珍妮弗收发电子邮件的风格也会慢慢改变。

通过调查黑猩猩的理毛行为能够让我们洞察它们的社会策略。比如，它们是否试图通过对强者谄媚的方式提高自己的社会地位，还是通过挑战强者权威和特权的方式来实现这一目标。类似地，我们使用电子邮件的方式也可以告诉我们一些关于自己地位和提升潜力的信息。把你的电子邮件展示给我，我就可以告诉你：你是不是正走在成为公司领导的快车道上，或者你想要有一个秘书帮你随时回复电子邮件的愿望有没有可能实现。假如想要了解为什么支配性会影响人类的电子邮件使用和黑猩猩的理毛方式，就让我们原路返回，看一看我们在前一章里存而不论的那些问题。

社会关系的问题与策略

在过去数百万年的进化史上，在有限的空间里跟一个来者不善的陌生人遭遇，对于灵长动物来说，代表着一种潜在的、有生命危险的情形。因此，面对这种场景，我们的大脑倾向于让自己做出适当的、保护性的反应，这是说得通的。然而，在人们日常的社会交往中，最常见的并非搭乘电梯时遭遇一个素不相识的陌生人，而是跟某些人进行频繁的交往，互通有无。他们是我们非常熟悉的人：家人、恋人、朋友，还有同事。我们跟这些人建立长期关系，维持这种关系，还从他们那里获得显而易见的好处。

社会关系可以是合作性的，各方齐心协力，也可以是竞争性的，各方剑拔弩张；可以是美好的，令人赏心悦目，也可以是糟糕的，叫人不堪回首。但不管怎么说，任何社会关系都会带来某些问题，这些问题要比与陌生人遭遇而引发的问题更常见、更普遍。其中之一就是利益冲突，也就是人们试图以对自己有利的方式做事，但这种方式却会给他的同伴带来损失。这种情形对于任何一种社会关系都适用，包括亲子关系、手足关系、恋人关系、朋友关系和同事关系。从理论上来说（可能在现实中同样如此），两个人要想解决争端，最简单的方式是干脆利落地打一架。赢的人得到自己想要的，而输的人就只能愿赌服输了。当然，两个人有矛盾，也可以通过谈判的方式解决，双方相互妥协，最终达成一致。简单地说，一种是武斗，一种是文斗。

不过，无论是武斗还是文斗，两种策略都会带来一些问题，即解决争端的方式代价高昂，而且不会屡试不爽每次都有效。无论在身体上还是在心理上，打斗都可能对参与者造成严重伤害，同时损害他们之间的关系，有可能导致关系解体。而谈判则需要在时间、精力、认知和情绪资源方面付出巨大代价，比如，谈判者常常处于担忧状态，殚精竭虑，反复思量。持续的打斗或不断的谈判还有另外一个代价，它们使得双方的关系变得不稳定，动荡不安，充满压力。自然母亲，也就是通过自然选择塑造现存有机体的心智与行为的那种力量，总是试图找到符合成本收益原则的解决方案，以便更好地解决这些有机体在它们所处环境中经常遇到的问题。人类和许多其他的灵长类都生活在错综复杂的社会群体中。身处其中，即使是最亲密和最强大的社会关系，也可能带有强烈竞争的成分。拥有紧密关系的个体经常互动，它们之间的利益冲突一天之中会发生很多次。不过，我也知道这样一个事实，即没有任何一种灵长类会整天打斗或谈判。是的，自然母亲已经发现了一种更好的解决方案，这种方案被称作支配结构。

一段关系中的两个个体建立起相互之间的支配结构，就能保证双方在潜在冲突初露端倪时，没必要进行伤筋断骨的打斗，或开始遥遥无期的谈判。事情的结果总是预先知道的，因为每一次都没有什么变化：支配者得到自己想要的，而从属者则没有。这样的预定安排使得双方既没有受伤的危险，也没有时间、精力、认知或情绪资源的浪费。这种关系是稳定的、可以预测的，对心理健康也有好处。通过支配结构解决争端有一个代价，但是正如我们后面要看到的那样，这个代价完全是由从属者承担的。如果处于这种关系中的支配者很聪明，它们就会发发慈悲，减轻从属者所要承担的失败代价。支配者可能会向从属者做出保证，让这些失败者也可以得到些许好处；或者好言安慰，让失败者明白这就是现实。在深入讨论支配结构之前，我觉得有必要澄清一下：支配结构不是把某一个体的观念和利益强加到另一个体身上的唯一机制。其他社会控制的机制，比如强制或恐吓，同样是存在的，当然那已经是另一回事了。

人类和其他动物的支配关系

在我们出生后的几年里，支配结构逐渐成为我们社会关系中的一个重要组成部分。婴儿不需要通过支配结构来控制他们的父母，因为他只要哇哇大哭、大喊大叫，就能让父母心甘情愿地俯首称臣，想尽一切办法来平息他们的无理吵闹。不过，在孩子开始理解语言的时候，父母就会利用这一机会建立他们的支配地位，告诉孩子该做什么不该做什么。父母开始发出命令，在孩子哭喊的时候会要求他们住嘴。在随后的几年里，孩子还会继续臣服于自己的父母，因为这最符合他们的利益——在这个时期，他们完全依赖自己的父母，没有父母的支持他们很难做好什么事情。当然，孩子也不是特别心甘情愿地臣服于自己的父母，可是他们不能发动有效的反叛，因为他们缺少必要的社会技能，同样也缺乏勇气。早年行之有效的心理战术，比如哭鼻子或小题大做，孩子有时候也会尝试使用。但是，心理战术的成功使用有赖于某些支撑因素，比如幼小的孩子会在父母面前威胁伤害自己，这是一种有效的敲诈。不幸的是，年长的孩子已经没有了这些杠杆式的支撑因素。[①] 哭得太多对于一个婴儿是有害的，可是对于一个八岁孩子的影响则可以放心地忽略不计，至少是忽略一阵子。

在亲子关系中，父母的支配地位面临的真正挑战开始于孩子的青春期。那时的孩子已经意识到，曾经的娃娃战术不再起作用，而他们也能够跟自己的父母进行地盘争夺战了。从进化的角度看，此时争取自己的独立性，符合青少年的最佳利益，挑战父母对他们来说似乎是一种必然。因此，当他们发起抗争的时候，自然母亲就会为这些孩子撑腰。当然，在青春期，孩子为了支配性而进行的斗争，不会以同样的方式发生在每一对亲子关系中。某些父母对孩子做出让步，变得不那么专断，但是依然在随后的岁月中保持着对孩子的支配性。某些孩子成功地逆转了跟父母之间的支配关系，他们自己开始发号施令，而

---

① 特里弗斯（Trivers，1985）讨论了亲子冲突发生时，亲代和子代使用的心理和行为策略。

他们的父母则默许和接受了自己成为从属者的新角色。最后，在某些情况下，任何一方都拒绝让步，支配问题依然无解，父母和孩子在他们的余生中继续争吵不休——或者，根本不再说话。

当我迈出家门上大学时，对母亲的权威发动过一次严重的挑战。现在我已经 47 岁，但是我那 78 岁的母亲依然会在很多事情上发号施令：我应该穿哪条裤子，我应该吃哪些食物，还有我应该什么时候去哪里度假。很明显，这些都是鸡毛蒜皮的问题，我们不会为这些小事而斗争。人们不会为这件事或那件事而斗争：人们是在为这件事或那件事上谁说了算而斗争。换句话说，我们在为决定支配权而斗争。尽管我和母亲现在居住于不同的大洲上，一年也只能见一次面（虽然我们的确通过电子邮件沟通……），但对于支配权的争夺依然发生着，依然存在着。

亲子之间的支配结构绝不是人类独有的现象。在所有子女跟它们的双亲（通常是它们的母亲）维持长期关系的动物物种中，这样的关系都带有强烈的支配性成分。无论是对于社会性昆虫，比如蚂蚁和蜜蜂（蚁后或蜂后支配着它的女儿们）来说，还是对于许多脊椎动物（当然也包括其他的灵长类）而言，支配结构的存在都是确凿无疑的事实。猕猴能活 20~30 年，在绝大多数的时间里，女儿都跟自己的母亲待在一起。作为惯例，母亲是支配者，而女儿是从属者，这使得它们之间的关系非常稳定。然而，随着母亲变得年老虚弱，某些女儿觉得它们已经被自己的母亲统治得够久了，于是发动叛乱，打败它们，一劳永逸地逆转了这种支配关系。[①]

---

① Chikazawa et al. (1979).

支配结构同样也是手足关系的一个典型特征。正如动物学家道格拉斯·莫克（Douglas Mock）在《亲有余，情不足：家庭冲突的进化》（*More than Kin and Less than Kind: The Evolution of Family Conflict*）一书中所描述的那样，手足冲突在动物界非常普遍。[①] 在跟我们关系较远的物种，如鹈鹕和斑鬣狗中，手足冲突表现为自相残杀的极端形式。鹈鹕母亲会产下两只蛋，但只能养得起一只雏鸟。当蛋孵化成功之后，两只雏鸟就展开厮杀，结局通常以其中一只杀死另一只而告终。同样的行为也发生在斑鬣狗身上。斑鬣狗母亲生下两只幼崽，出生之后的几个小时或几天里，其中一只幼崽会杀死或试图杀死另一只。

在其他物种中，手足冲突不是通过谋杀而是通过支配结构来解决的。在鸟类中，父母把食物带回巢，直接把食物放进雏鸟讨饭吃的嘴巴里。雏鸟之间的支配结构会影响到自己能不能从父母那里得到食物。对于白鹭来说，一只雌白鹭产下三只蛋，这些蛋的孵化并不是同步的。因此第一只孵化出来的雏鸟总是比较晚孵化出来的雏鸟长得更大。雏鸟中的老大总是能够打赢它的兄弟姐妹。当父母返回鸟巢准备把嘴里的食物送给孩子们时，老大总是能得到其中的大部分，而另外两只雏鸟会为了争夺残羹冷炙而斗争。同样，在产下一窝幼崽的哺乳动物中，手足之间的支配结构决定了它们能从母亲那里吃到多少母乳。出生之后几个小时，小猪仔就开始为支配地位展开竞争。那些生得又高大又强壮的猪仔成为支配者，占据着母亲产奶最多的前乳头。个头较小的小猪仔被迫吮吸产奶较少的后乳头。这些乳头的分配次序

① Mock (2004).

将保持到断奶期，因此作为支配者的小猪仔长得越来越壮，而作为从属者的小猪仔则依然身材弱小。正如在各行各业一样，富者愈富，穷者愈穷……

在人类中，双生子之间会争夺母亲的乳汁，而同胞手足之间的支配性竞争绝不局限于这一个项目。所有的兄弟姐妹都会为了争夺父母的关注以及其他资源而斗争，而建立支配结构则是未雨绸缪，能够有效地平息争端。在一对手足同胞之中，支配性可能依赖于年龄、性别或者父母偏爱的差异。通常来说，年长的孩子利用他们的身体、力气或社会技能方面的优势来支配年幼的孩子。然而，对于年龄接近的手足来说，青春期之前双方的关系通常剑拔弩张、充满斗争，支配结构也带有不稳定性。青春期之前是一个竞争父母关注特别激烈的时期，也是年幼的孩子挑战年长孩子能够取得些许胜利的时期。年长的孩子当然意识到了这一点，因此很多手足同胞之间的斗争都带有“官逼民反”的色彩：身居高位的支配者试图维持自己的统治，于是借故打压心怀不满的从属者。最稳定、最长久的手足关系是支配结构一开始就明确建立起来，而且从来没有被挑战过的那种。比如，其中一个孩子比另一个年长许多。我的一个朋友有一个比她小 10 岁的弟弟。他们一直保持着稳定和亲密的关系，几乎从来没发生过争吵和不快。这个朋友从来没有感觉到自己的地位被她弟弟威胁，也没有感觉到需要做点儿什么来维持自己的支配地位。相反，因为他们具有非常明确和稳定的支配关系，我的朋友对她弟弟承担起了支持性和保护性的角色。证据就是他们一天居然会打 10 次电话！

朋友之间的支配结构可能是微妙的，也可能格外明显，儿童之间的情形则倾向于后者。早在两岁的时候，儿童就开始竞争地位，试图拥有对其他儿童的支配地位。[1]这种支配结构对儿童来说非常重要，因为它决定了谁能得到来自成人和心仪伙伴的关注，谁有资格得到大家都想要的玩具，以及谁能获得其他重要的资源。当孩子们结交到自己人生中的第一个朋友时，他们就走上了漫长的斗争之路，试图在这段关系中占据支配地位。孩子，尤其是男孩子，常常使用身体攻击的方式来实现这一目标。还是在读小学的时候，我有一个名叫马西莫（Massimo）的好朋友，几乎每天放学之后我们都一起玩耍。显然，我们都很喜欢对方，很享受在一起游戏的快乐，但是我们之间也充满了竞争。我们经常为一个东西而争得不可开交：比如说我们两个人都想得到一个名叫瓦莱里奥（Valerio）的男孩的关注。每天，马西莫跟我像野猫一样在我卧室的地板上摔跤，两个人都想让对方承认被打败。当瓦莱里奥在场的时候，我们还会嘲笑对方，相互贬损。我们都想把对方赶走，以便自己一个人跟瓦莱里奥玩耍。

年轻的女孩更喜欢使用间接的竞争策略，她们不会像男孩一样采取直接对抗的方式，明目张胆地发起攻击。为获得支配地位，女孩会使用各种各样的“阴谋诡计”，手法翻新，花样不断，令人眼花缭乱。她们散布恶毒的谣言，目的在于让竞争者名声扫地，臭名远扬。她们对竞争者采取孤立、忽视和社会排斥的策略，从而让竞争者在社会交往中不受欢迎，让男孩和女孩都讨厌她。她们还会积极地搞破坏，把竞争者跟他人结盟的企图扼杀在萌芽状态。作为支配者的孩童，无论是男孩还是女孩，都会使用攻击和笼络策略来建立与维持自己的统治地位。他们攻击那些自己试图支配的同伴，同时拉拢在这一过程中可

① 儿童中支配性研究的一个例子，请参考 Pettit et al（1990）。

能帮助他们的同伴，跟他们结成联盟。这些马基雅维利式的策略在其他灵长类中也很常见。它们为了攫取统治地位，为了把持统治地位，也会毫不犹豫地这么做。自然母亲一旦发现某种策略适用于某一物种，她就乐于把这种伎俩也赋予其他的物种。

浪漫关系或婚姻关系中的支配结构也很重要，但没有引起人们的足够重视。最稳定的浪漫关系和婚姻关系是从一开始支配结构就很明确的那种。伴侣中的支配者决定所有的事情，从晚上看电视时选什么节目到夏天去哪里度假，而从属者默许同意，扮演着支持性的角色。如果人们期待从婚姻中得到的不是长久的激情之爱而是稳定的伴侣关系——这种关系允许他们进行购买房屋和养育孩子的共同冒险，允许他们有机会专注于个人的事业而不必担心房间里的吵闹——那么，一种带有不受挑战的支配结构的不对等关系也许能确保最好的结果。婚姻稳定的秘密就在于，其中的一个配偶愿意为这种稳定性付出不成比例的代价。

不过，这种不对等关系存在一个问题。一旦子女们离开家，夫妻各自职业目标已经达成，购房贷款也已付清，这种稳定的关系可能就丧失了存在下去的理由。配偶中的支配者，或者双方，将对这段关系丧失兴趣，开始重新寻找新的伴侣。另一个可能的问题在于，作为支配者的配偶可能变得专断暴虐。在这种不对等关系中，作为从属者的配偶情愿留在其中，是因为能从这种关系的稳定和支持（以及伴随的其他目标的达成）中得到足够的好处，这些好处能够抵消其没有决策权以及与之相关的所有损失。不过，这样的情形也只有在作为支配者的伴侣采取的是宽容和尊重的统治方式时才能得到保证。暴虐的统治会让从属者支付的代价迅速飙升，达到临界点，从而使得这种关系带来的好处不再具有吸引力，这时从属者将会破釜沉舟，选择逃离。

“真爱的过程从不一帆风顺”，莎士比亚《仲夏夜之梦》中的拉山德这样说道。堕入爱河中的人寻找的是一种超越商业伙伴类型的关系，这就使得这种关系带有巨大的挑战性，在两个人都有强烈个性的情况下更是如此。如果没有一个人愿意扮演被支配的角色，每一次利益冲突出现时都需要做出决策，两个人之间的关系可能就会受到威胁。如果一段关系中没有明确的支配结构，那么双方就可能要通过持续的打斗或谈判来解决所有争端，而这两种策略不可避免地会带来负面影响。配偶之间为貌似鸡毛蒜皮的小事而争执，结果导致分手，这已成为一种常识。很明显，很多男女之间离婚可不是因为晚饭吃什么饭菜，或谁来控制遥控器，而是因为在谁当家谁不当家的问题上存在分歧，意见分歧导致的压力和挫折也在其中扮演着推波助澜的重要角色。没有明确支配结构的两个人可能维持一阵子，也可能维持一辈子，但他们的关系在本质上是不稳定的。

斯坦福大学生物学家罗伯特·萨博尔斯基（Robert Sapolsky）的研究解释了不稳定支配关系的代价。萨瓦纳狒狒（Savanna baboon）生活在一种高度复杂又充满竞争的社会中。在这样的群体中，个体的成功依赖于极度的自私自利，以及跟其他个体进行政治结盟的能力。成年雄狒狒彼此之间存在着合作或竞争关系，这一点跟华盛顿的政客们很像。20 世纪 70 年代，明尼苏达大学动物学家克雷格·帕克（Craig Packer）的一项研究发现雄狒狒之间经常结盟，以便有机会跟雌狒狒进行交配。当一只发情期的雌狒狒被一只高地位的雄狒狒看护时，因为雄狒狒戒心很重，不容其他狒狒染指，所以另外两只雄狒狒就会相互配合，一起行动。其中一只雄狒狒会跟那只高地位的雄狒狒打斗，而另外一只雄狒狒就会趁机跟自己朝思暮想的那只雌狒狒交配。第二天，那只幸运儿雄狒狒就会回报那位跟自己一起干大事的同伴。虽然雄狒狒们是为获得交配权而抱团作战，但是他们也会为获得支配地位而相互合作。因此，哪怕在最紧密的同盟关系中，作为从属者的雄狒狒也常常望穿秋水，等待机会，以便能够挑战同伴的支配地位。萨博尔斯基发现，当一段支配关系处于稳定状态时，血液中的应激性激素——可的松的含量在支配者身上较低，在从属者身上较高。而当一段支配关系不稳定时，两者的可的松水平都会比较高。而支配者占有的统治地位被它的下属成功地篡夺时，它的可的松水平就会超过群体中的其他所有成员。[①]

无论是对于狒狒还是人类而言，支配关系的逆转都会改变关系双方彼此的生活。1935 年出版的小说《迷惘》(*Die Blendung*) 是一本欧洲文学的杰作，作者埃里亚斯·卡内蒂（Elias Canetti）获得了 1981 年的诺贝尔奖。这本小说的主要人物是一个隐居避世的学者，名叫彼得·基恩（Peter Kien）。他一直住在自己的公寓里，拥有一个藏书丰富、卷帙浩繁的大型图书馆。[②] 基恩身边唯一的人是他的管家，一个叫作台莱瑟（Therese）的目不识丁的老妇人。这个妇人在他的公寓里租了一间屋子，帮他打扫卫生，帮他做饭。他们的关系在最初的八年里都非常简单。基恩是房东，台莱瑟是租客。基恩是支配者，台莱瑟是从属者：基恩在跟台莱瑟交谈的时候很少看着她，而台莱瑟则极为顺从，恭恭敬敬地对待基恩。然而，当基恩对台莱瑟打扫书籍时的尽

① 帕克（Packer，1977），萨博尔斯基（Sapolsky，1992）。

② 卡内蒂那本 1935 年的小说，后来又出版了新的英译本，请参考 Canetti（1984）。

职尽责产生误解，以为台莱瑟也是一个像他那样热爱知识的人，因而决定跟她结婚之后，他们的关系完全改变了。他们不再是房东和租客的关系，而是丈夫与妻子的关系。于是，事情变得非常糟糕。基恩的学识渊博曾让台莱瑟备受羞辱，但她再也不用忍受这种压力了。台莱瑟认为，她对昂贵的新家具的热爱需要优先考虑，而基恩试图拥有更多书本和知识的愿望则被她放在一边，置之不理。台莱瑟对基恩变得越来越强硬，终于有一天，她大发脾气，把基恩痛揍了一顿。于是，他们的支配关系逆转了。基恩开始害怕台莱瑟，因为担心再被暴打一顿而变得消极起来。台莱瑟则控制了整个公寓，用基恩的钱买下所有她想买的新家具。

在钱被花光之后，台莱瑟把基恩扫地出门，把他的书都典给了当铺。如果你喜欢看那种大团圆结局的小说，《迷惘》恐怕不适合你。无论是对人类相互沟通的能力，还是对他们通过和平方式解决争端的能力，卡内蒂都不抱有乐观的看法。相反，他努力刻画的是这样一种场景：我们受制于自己的生存本能，也受制于周围其他人的生存本能，这最终会让我们的生活变成一地鸡毛，糟糕透顶。尽管卡内蒂在他的书中一次也没有提到“支配结构”这个词，但他却提供了一个活生生的案例，而这一案例表明支配关系的改变会强烈地影响人们的生活。

7 × 24 小时支配关系

支配关系深入人类社会生活的各个角落，甚至我们可能都没有意识到它的存在。然而，我怀疑如果要求人们列出他们认识的 100 个人，包括他们的家人、朋友、同事，还要求他们指出自己跟这些人之间的关系是支配性的还是顺从性的，恐怕他们在95%的情况下都能给出符合事实的答案。正常情况下，我们都不会思考这样的问题，即自己跟这100个人的日常交往跟彼此之间的支配结构有什么关系。然而，事实是，支配结构已渗透进我们日常生活的方方面面。对于其他的灵长类动物而言，这一结论同样适用。①

对一群萨瓦纳狒狒来说，群体中的任何一个成员都与其他成员维系着某种社会关系，当然也包括支配关系。在狒狒中，支配性的一种实际影响是“优先使用权”：如果一只高地位的狒狒和一只低地位的狒狒都想要同一个东西——不管是一份食物，还是一个有吸引力的配偶，抑或是炎炎夏日里的一块阴凉地——那么，具有支配性的那只高地位狒狒总会得到这个东西，或者总是第一个得到它。居于支配者地位的狒狒也会让从属者得到双方都想要的一些东西，不过前提是，支配者对这些东西远不如从属者那么在意，那么需要。比如，支配者吃饱后，就不会阻止从属者得到一份食物用以果腹。在双方都想要同一个东西，或者在双方有不同意见的情况下，支配地位在这些时候格外重要。不过，存在于两个个体之间的支配关系一直都在运作，一天24小时，一周7天，时时刻刻影响着双方在几乎每一种情境下的交往状况。

我们可以测量一下两只雄狒狒在一天里注视彼此的时间长短，结果发现从属者会花更多的时间注视支配者。同时，相比支配者，从属者更可能因为需要回应对方而改变自己的行为，却不会出现相反的情

① 在我的《马基雅维利式智力》一书（Maestripieri，2007）中，我详细探讨了灵长类的支配性。

形。比如，如果一只处于被支配地位的雄狒狒正坐在角落里吃香蕉，当一只处于支配地位的雄狒狒经过的时候，它就会马上停下来，坐到另一个地方去。如果是处于支配地位的雄狒狒在吃香蕉而从属者恰好经过，支配者会继续若无其事地吃香蕉。通常来说，从属者都会回避支配者，不会挡着对方的路，而支配者则对从属者视若无睹，不会把对方放在眼里。当支配者与从属者遭遇的时候，从属者更有可能通过"露齿展示"或"呈现"臀部的方式跟支配者打招呼。而支配者则很少对从属者这么做。它们会盯着从属者，或使用其他威胁性的面部表情和声音，甚至可能攻击从属者。从属者很少对支配者发起威胁或攻击，尽管在自己受攻击的情况下，从属者出于自卫会进行反击。

在有的灵长类社会中，个体之间存在强烈而稳定的支配关系，这时候大多数的打斗都是支配者对从属者的挑衅性攻击。它们这么做，目的在于维持和强化自己的统治现状。为了管控危机，减少来自支配者的攻击，赢得支配者的宽容，获得支配者可能的帮助，从属者不仅表现得毕恭毕敬，还会为支配者提供服务。对于狒狒和其他灵长类来说，这些服务主要是由理毛组成。从属者心甘情愿花上几个小时为自己的长官提供服务：它们为支配者理毛，按摩身体。通常来说，作为交换，从属者能够获得的或期望获得的，是更多的理毛、宽容和帮助。在对方为自己理毛的过程中，或理毛结束之后，支配者会允许从属者靠自己更近一点儿。而在从属者跟其他个体发生冲突寻求帮助时，支配者就会进行干预，助它一臂之力。有时候，处于支配关系中的两个个体也存在交换理毛的行为。不过，就像第一章中描述过的那样，在理毛的付出和收获方面，支配者和从属者之间存在着天壤之别。

我上面描述的许多狒狒行为，都可以在人类中找到明显的对应表现。最近在校园的咖啡店里，我目睹了自己很熟悉的两个女同事之间的交谈：其中一个是 60 多岁的终身教授，名叫简；另一个是非常年轻的助理教授，才工作不久，还没有拿到终身教职，名叫吉尔。两个人选中了一张没人的咖啡桌，都朝着一把椅背靠墙的椅子走了过去。无论在咖啡厅还是餐厅里，人们都喜欢坐在自己背部受到保护的位子上。这时，吉尔突然退缩了，放慢脚步，让简坐那个好位子。在她们谈话的过程中，吉尔专心致志地倾听简说的每一句话，甚至每一个字。吉尔持续地保持着跟简的目光接触，而在吉尔说话的时候，简则有些心不在焉，三心二意。吉尔对简微笑的时候也更多，简则很少对吉尔微笑。过了不久，我听到她们谈到一个可能引起争论的议题——她们系在招募新教师。在这个问题上，简对吉尔表达了自己的强势观点，她直盯着吉尔，还提高了自己的音量。吉尔微笑得更多了，她很快顺从了简的意见，接着马上把谈话引向一个更温和的话题上。她还主动招呼侍者给简的咖啡里加点儿牛奶。谈话结束时，吉尔还因为不能继续谈话而向简热切地道歉。她一直等着简站起来之后才起身，然后两个人一起离开了咖啡屋。简先走出门，吉尔跟在后面。这里还有另外一个现实案例。我曾经有一个男同事，每次我们都会在去学院大楼的走廊里相遇，而每次遇到的时候他都会停下来，挺直了腰背靠墙站着。这位同事在碰到其他人的时候也都这样。他从来不会走在走廊的中间，而是靠近走廊的一边行走，背部靠着墙壁移动。我曾经观察到一只雄性猪尾猴（pigtail macaque）以同样的方式行走，它的背总是伸直了对着篱笆的围墙。像我的那位同事一样，这只雄性与群体里的其他雄性存在着支配关系，不过它总是被其他雄性猪尾猴支配着。

支配结构的等级系统

在猕猴、狒狒和其他灵长类中，支配结构通常具有可传递性，因此如果A支配B，B支配C，那么A也支配C。于是，所有个体的地位顺序都可以在一个线性的支配体系下得以评估：能够支配所有其他个体的个体位于这个体系的顶端，而被所有其他个体支配的个体位于这个体系的底端。某一个体在支配结构中的位置叫作支配排名（dominance rank）。为了区分在配对关系中的支配结构和等级系统下的支配排名，在本书中，“支配者”和“从属者”用来指支配关系中的角色，而“高地位者”和“低地位者”用来指个体在等级系统下的排名。

支配性的等级系统不一定是线性的。如果支配关系是不可类推的，比如A支配B，B支配C，而C又支配A，那么，这种支配性的等级系统就不是线性的，而是包含三个或更多个体的三角关系或环形关系。最后，存在一种独裁型的等级系统，其中某一个体统治了其他所有个体，而这些被统治个体之间不存在地位差异。

有研究者想要理解支配结构的影响，于是以高地位的猴子和低地位的猴子为研究对象，比较双方的生存状况。在特殊情况下，比如当灵长类动物被关在笼子里，拥有丰富的食物，还不用为自己的安全担忧时，高地位者跟低地位者似乎过着非常相似的生活，两者之间没有什么区别。这是实情，但非常态。因为在更为自然的情境下，高地位者要比低地位者享有更多的、实实在在的好处。跟低地位者相比，位居高位的动物更长寿，繁殖得更成功，通常也过着更健康、更舒服的生活，压力更小，应激更少。这一规律对于人类而言，同样适用。如果读者想要了解有权有势的高地位者跟无权无势的低地位者在人类世界中的生活写照，我会强烈推荐他们去看理查德·康尼夫（Richard Conniff）的两本书，一本是《富人的自然史》[①]（*The Natural History of the Rich*），另一本是《公司里的类人猿》（*The Ape in the Corner Office*）。

不是只有灵长类动物中才有支配结构和等级系统。根据哈佛大学昆虫学家爱德华·威尔逊（Edward O. Wilson）的观点，早在19世纪初，瑞士和奥地利的昆虫学家就首次在大黄蜂群体中发现了支配结构的存在，而在此之前，没有人注意到昆虫世界里也有支配关系。[②]这些研究报告说，大黄蜂中的蜂后以君临天下的姿态统治着工蜂，试图偷吃蜂卵的工蜂会受到蜂后的严厉惩罚，它们也可能被其他地位更高的工蜂痛扁一顿。除了昆虫之外，动物界中记录良好的等级系统最初是由一名挪威生物学家索尔雷夫·谢尔德鲁普·埃贝（Thorleif Schjelderup Ebbe）发现的，他在1920年至1935年对鸡群中的"啄序"（pecking order）进行了系统的研究。谢尔德鲁普·埃贝发现，当一群小鸡被第一次放在一起时，它们会为争夺食物和栖息地而展开激烈的搏斗。不过，当这种成王败寇的搏斗有了明确的结果，胜利者高奏凯歌，失败者垂头丧气后，曾经大打出手的两只小鸡在随后的日子里就不会再发生冲突，因为打了败仗的那只小鸡在另一只小鸡面前总是服服帖帖，俯首称臣。谢尔德鲁普·埃贝证实，小鸡可以辨认出彼此，而且在长达几个星期的时间里，它们都能记住自己跟谁打过架，是打赢，还是打输了。他还描述过这样的现象，即处于支配地位的小鸡会

---

① Conniff (2003, 2005).

② Wilson（1975）。

啄咬心怀不轨的下属，或对它做出威慑性的动作，以便能维持自己的统治地位。在谢尔德鲁普·埃贝的论文发表后不久，很多研究者在其他鸟类和哺乳动物中同样发现了支配关系和等级系统的存在。

灵长类的支配结构

与其他动物相比，灵长类的支配结构并没有什么特殊之处。不过，灵长类学家对此却有不同的看法。在早期的灵长类研究中，有一派研究者认为支配结构是某些具有侵略性的个体造成的；它们采取强硬的行为，对其他个体发出威胁，还会没事找碴儿，挑起战斗，试图让那些侵犯性较少的个体感到恐惧。不过，其他的研究者则持相反的观点，他们认为大多数的支配关系表现为从属者的恐惧和服从行为；除了看起来富有攻击性之外，支配者对于这一现象没有太多的贡献。把支配结构简单地等同于支配者的行为，或等同于从属者的表现，这样的观点后来遭到灵长类学家的批评。他们认为，猴子和类人猿就像人类一样具有社会关系，支配性应该被视作一种关系特征，而不是个体特征。这就意味着，某一个体也许在一种关系中是支配者，但在另一种关系中可能就是从属者。

不是所有人都认可这一观点。现在已经是普林斯顿大学荣休教授的灵长类学家斯图尔特·阿尔特曼（Stuart Altmann）在 1981 年发表的一篇短文中认为：猴子和类人猿彼此之间不具有支配关系。原因很简单，因为这些动物之间不存在社会关系。根据阿尔特曼的观点，社会关系是一种抽象的东西，只存在于灵长类研究者的头脑中。换句话说，社会关系作为一种人类观察者的意图，目的在于解释为什么猴子会做出某种具体的行为。阿尔特曼写道，猴子并不对猴子进行区分，认为有的是支配者，有的是从属者；有的是高地位者，有的是低地位者；有的是自己的亲戚，有的是陌生人；有的是朋友，有的是敌人。任一个体的行为永远都是对另一个体行为的反应。鉴于支配关系并不存在，因此这一抽象概念不能影响个体的行为、生存以及繁衍。最后，他得出结论认为，支配关系很重要，但只对研究者本人有意义，对研究对象没什么影响。阿尔特曼把他的推理应用于非人灵长类的行为，这一点与被称为行为主义者的一群心理学家可谓一拍即合，因为后者也持有类似的观点。根据行为主义者的看法，一对婚姻不幸的夫妇会对彼此恼人的行为做出反应，他们的关系不过是一种抽象，只存在于婚姻咨询师的头脑中。

令人匪夷所思的是，罗伯特·欣德（Robert Hinde）也对支配性持有这种极端的观点，即认为支配结构并不真实，只存在于研究者的头脑中。欣德是一位出色的英国习性学家，现在是剑桥大学的荣休教授。20 世纪 70 年代，他曾成功地说服很多灵长类学家，指出猴子和类人猿的确拥有社会关系。不过，欣德本人比较矛盾，他一边撰文论述灵长类社会关系的各个方面，一边又发表一系列文章，声称支配性“并不存在于具体的实证意义中，但是它可能是一个有用的解释性概念”。根据这种观点，欣德认为支配结构是一种“干涉变量”，能够帮助人们更好地解释动物的行为。正如图所示，当个体 A 和个体 B 为某一资源而相互竞争时，双方的相对年龄、身体尺寸、母亲的社会地位、激素水平，以及从前的互动状况（“自变量”）能够导致一种交互影响，结果就是 A 取代 B，B 给 A 理毛，A 攻击 B，B 臣服于 A，或 A 得偿所愿（“因变量”）。欣德认为，倘若研究者的目的是解释行为，而不

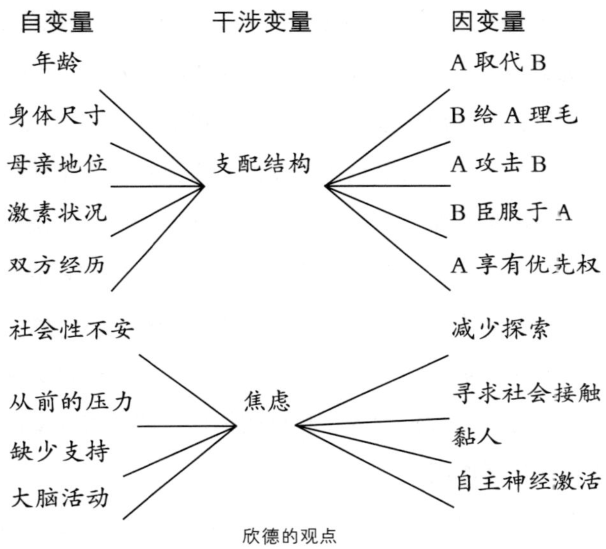

欣德的观点

是分析联结 5 个自变量和 5 个因变量的 25 条线，那么更可取的方法是把干涉变量，也就是支配结构，放在中间。欣德认为，研究者们发明出大量的干涉变量用以解释行为。按照他的观点，情绪在实质意义上同样是不存在的。举例来说，如图所示，焦虑不过是一个干涉变量，因为这一变量方便我们解释下面的现象：为什么在缺乏自信或没有成人支持的情况下，孩童处于一种新环境之中时会减少探索，同时也更少地跟其他孩童进行社会接触。

现在，大多数灵长类研究者都不同意阿尔特曼和欣德的观点，他们承认支配结构是一种确凿无疑的真实存在；就像任何人都承认焦虑是真实存在的一样。是啊，如果焦虑不存在，为什么那么多的精神病医生会给他们的病人开阿普唑仑？不过，至于支配关系到底是什么，学界依然存在争议。比如，根据灵长类学家欧文·伯恩斯坦（Irwin Bernstein）和进化生物学家爱德华·威尔逊的观点，支配关系是一种习得的社会关系。这种观点认为，支配关系是在两个个体初次相遇的时候，通过不断地斗争建立起来的。一旦斗争产生了明确的胜利者和失败者，支配结构建立起来，那么其他个体就会接收到信号，双方从前交往的历史会被大家记住，于是支配关系将被承认，受到尊重。正如我们后面看到的那样，通常来说，过去的经验的确是支配关系的一个重要组成部分，不过依然存在相反的情形，即学习在支配结构的建立过程中没起什么作用。

灵长类学家很早就意识到（这一点我们在前面谈论过），两个个体之间的支配结构可以存在不同的表达方式：优先使用权，指向性的攻击行为和顺从行为，行动自由和空间位置，不对等的理毛交换，目光监控，以及得到关注。除了简单地认识到支配结构是一种多维现象之外，一些灵长类学家认为存在不同类型的支配结构。比如，弗朗斯·德瓦尔（Frans de Waal）暗示灵长类拥有两种支配关系：一种叫作真实支配性，它可以解释在双方搏斗中谁能获胜；一种叫作形式支配性，它可以解释为什么从属者会向支配者发出顺从的信号。威尔逊和其他人则提出，依据情境的不同，存在不同类型的支配关系。一种支配关系叫作绝对支配性，跟情境无关。如果个体A绝对支配个体B，这意味着不管个体A和个体B是争夺食物、空间还是配偶，也不管战斗发生在什么地点，A总是占据支配地位。相反，相对支配性则随着情境的不同而不同。比如，在双方都想获得同一份食物的时候，A可能会支配B，但是在两个都想跟有魅力的雌性交配的时候，B 可能会支配 A。相对支配性的一种特定类型是领地性，即不同个体遭遇时谁能拥有支配优势取决于地点。有的动物会捍卫自己的领地，它们在领地中建立巢穴，寻找食物。对于这样的动物来说，当 A 和 B 在 A 的领地上遭遇时，A 支配 B，而当 A 和 B 在 B 的领地上遭遇时，B 支配 A。最近，灵长类学家丽贝卡・刘易斯（Rebecca Lewis）对支配关系提出了一种新的划分方法，认为两个个体之间的支配关系实际上应该叫作权力关系。她认为人们应该区分支配性和影响力，前者的权力建立在武力以及武力威胁的基础上，后者的权力建立在资源基础上，不能靠武力获得。[①]

我们干吗要对支配性做出各种各样不必要的区分？依我看来，这样做没什么充分理由，还可能引起困惑和误解。澄清灵长类支配性问题的浑水，最适合的工具是博弈论。一旦使用博弈论来理解支配性，我们就能得出一个清晰明确的结论，即支配关系不仅仅是真实存在的，而且有且只有一种。

鹰派策略和鸽派策略

通过博弈论来研究支配性这一传统，是由英国进化生物学家约翰・梅纳德・史密斯（John Maynard Smith）开创的，他在 20 世纪 70 年代早期就进行了这方面的探索。在他的经典之作《动物

① 关于灵长类支配性的争论，请参考欣德（Hinde，1972），罗厄尔（Rowell，1974），威尔逊（Wilson，1975），阿尔特曼（Altmann，1981），伯恩斯坦（Bernstein，1981），欣德和达塔（Hinde and Datta，1981），德瓦尔（de Waal，1986），刘易斯（Lewis，2002）。欣德的观点在奥雷利和怀特恩（Aureli and Whiten，2003）的基础上做了改进。

竞争的逻辑》一文中，梅纳德·史密斯关心的问题是：在解决争端时，如果既可以使用大打出手的策略，也可以使用建立支配结构的策略，那么个体会如何决定呢[①]？在继续阐述之前，我想澄清一下，即使进化生物学家使用诸如“决定”和“逻辑”这样的术语，并不意味着动物或人类进行过任何有意识的理性思考。我们谈到的“决定”和“逻辑”是自然选择的产物，这一过程赋予了有机体做出适应性行为的倾向，这一倾向能够增加行为的收益，减少行为的代价。而且，这一过程不需要个体一定进行复杂的思考，或意识到它们行为的后果。

为了说明如何通过博弈论来研究支配性，让我们以一个简单的场景开始。瑜伽熊和波波熊（由汉娜·芭芭拉创作的著名卡通人物）有一天在森林里相遇，它们发现了一个苹果。两只熊之前没有见过面，也没有理由认为双方还会再见面。瑜伽熊和波波熊都想得到那个苹果，可惜一个苹果不能分给两只熊吃。为了简单起见，我们假设如果两只熊为了苹果大打出手，双方获胜的概率相同。当瑜伽熊和波波熊既看到对方也看到苹果的时候，双方都有两种选择：打斗，或让对方吃苹果。如果开打，胜利者将吃到苹果，而失败者将一无所有。如果一只熊让步，它会简单地走开，可能去别的地方寻找另一个苹果。如果两只熊都让步，它们将通过自己的面部表情和姿势，发出和平谈判的信

---

① 约翰·梅纳德·史密斯开创性地把博弈论应用于动物冲突和支配性的研究，这方面的内容请参考约翰·梅纳德·史密斯和普赖斯（Maynard Smith and Price，1973）以及约翰·梅纳德·史密斯和帕克（Maynard Smith and Parker，1976）。更一般地讨论进化生物学和动物行为中博弈论的应用，请参考梅纳德·史密斯（Maynard Smith，1982）。至于对行为展示和其他信号的讨论，请参考约翰·梅纳德·史密斯和哈珀（Maynard Smith and Harper，2003）。

号，通过谈判决定谁可以吃苹果。在这种情况下，两只熊都有同样的可能性得到苹果，因此假设它们相遇 100 次，每只熊都有 50 次吃到苹果的机会。

这个时候，一些博弈论的术语将使得这一场景的讨论变得更容易，而且能把它推广应用到其他案例中去。苹果是两个个体同时想要的一种商品。用博弈论的术语来说，做出打斗或让步的选择被称作鹰派策略和鸽派策略。两个对手具有相同获胜概率的竞争叫作对等竞争。

瑜伽熊和波波熊采用鹰派策略还是鸽派策略，同时取决于苹果的价值（收益，简称 B）和打斗的代价（成本，简称 C）。收益是苹果的内在营养价值，以及苹果让一只熊免于饿死的可能性；相比一只刚刚吃了 10 磅（约 4.5 千克）蜂蜜的熊，对一只快要饿死的熊来说，具有同样热量内容的同一只苹果对它来说显然要重要得多。打斗的主要代价是受伤的危险，甚至死亡。打斗还有其他的附属代价：个体需要消耗大量能量，发出声响可能吸引敌人或天敌，或者丧失寻找其他食物或配偶的机会。假若卷入其中的两只熊还是朋友（当然这跟我们上面的案例没什么关系），一种可能的代价就是双方的友情会受到损害，而友情可能带来的未来收益也将随风而去。博弈论预测当吃苹果的收益大于打斗的成本时（即两者的比率大于 1 或 B/C>1），两只熊都会采取鹰派策略，挑起战斗。

当成本比收益大的时候（B/C<1），情况变得复杂起来。我们现在假设 50 对熊同时相遇，它们卷入到为了 50 个不同的苹果而进行的潜在冲突中。假设某些熊采取鹰派策略，而另一些熊则采取鸽派策略。数学上可以证明，在这种想象的 100 只熊参与的鹰—鸽博弈中，鹰派

瑜伽熊和波波熊

频率等于收益与代价的比率（B/C），而鸽派频率等于1–B/C。比如，当B/C是0.60时，100只熊中会有60只采取鹰派策略而40只采取鸽派策略。当收益尽可能高，B/C接近于1时，群体中的大多数熊都会是鹰派，只有极少数是鸽派。当收益相对成本可以忽略不计，即B/C接近于0时，几乎所有的熊都会是鸽派。

鹰—鸽博弈只是一个简单的模型，但现实生活从来不会这么简单。在现实生活中，一个真正的对等竞争是不存在的。相反，两个竞赛者之间总会存在差异或不对等性，这就使得其中一个比另一个更有可能赢得战斗。事实上，这意味着，当瑜伽熊和波波雄为了苹果而狭路相逢的时候，两只熊都能马上认识到：如果它们毫不犹豫地打一架，自己获胜与失败的概率不会是50比50。认为自己有更高获胜概率的那只熊更可能扮演鹰派，它将通过威胁对手的方式发起战争，而认为自己更可能输掉战争的那只熊更可能扮演鸽派，它会老老实实地放弃苹果。当两只熊意识到它们胜败的概率不同因而各自采取相应的行动时，它们之间的支配关系就开始建立起来了：其中一只是支配者，而另一只则是从属者。

支配结构的建立有两种情形：也许两个个体初次相遇，甫一对视就可能强弱立判，孰强孰弱，一目了然；也许两个个体需要不断遭遇，经过数次打斗之后才能判定强弱胜负。有时候，两个个体并不能马上知道它们是不是势均力敌，拥有相同的胜负概率，这样就需要一次实践的检验。如果瑜伽熊对波波熊连赢 10 场而无一败绩，那么在两只熊第 11 次遭遇的时候，它们也许都能意识到下一次的打斗中瑜伽熊获胜的可能性更高。这时候，波波熊识相地向瑜伽熊俯首称臣，而瑜伽熊也会很开心，它在不必暴打波波熊的情况下就能吃到苹果。支配结构建立起来之后，打斗通常就停止了。不过在某些情况下，两只熊同时会继续思考它们获胜的概率，或者它们都以为自己会占上风。这样的情形意味着支配结构没有牢固地建立起来，于是两只熊会继续较劲，继续打斗下去。

重要的是，我们需要知道，跟打斗相比，建立支配结构对竞争双方来说都更划算。通过支配结构解决争端，这对居于支配地位的瑜伽熊是有好处的，因为它得到了苹果，同时不必支付打斗的成本。这一方式对于从属者波波熊来说也是有好处的，虽然不像瑜伽熊拿到的好处那么多。波波熊对瑜伽熊做出让步，它没有吃到苹果，因此波波熊的收益为零。可是，如果波波熊被瑜伽熊打得一败涂地，它失去的可就不仅仅是苹果了，还可能被打得鼻青脸肿，伤势严重。通过恭恭敬敬的顺服，波波熊降低了这些潜在的成本。因此，对于从属者来说，支配结构的好处在于能够减少损失。

减少损失？就这些吗？是的，事实就是弱势者很惨，但我不会把这一点告诉任何人。不过，波波熊臣服于瑜伽熊，依然可以通过两种方式获利。第一，如果瑜伽熊是一只慷慨的熊，而且它跟波波熊竞争的公共产品也是可以分享的（比如，一个苹果馅饼），那么，瑜伽熊可能就会让波波熊吃一小块馅饼，也可能给波波熊一些别的东西，作为对方向它臣服的补偿。臣服还有另一个优势。波波熊在跟强大的瑜伽熊相遇时，通过这种不打就认输的方式承认对方的强势和统治，它就能养精蓄锐，等待时机。它可以耐心地等待，直到有一天局势明朗，自己能够成功地挑战瑜伽熊，从而实现从奴隶到将军的转变。事实上，要是波波熊从来都没试着挑战过瑜伽熊，这也不是什么好消息。富有耐心对臣服者来说是美德，但听天由命就是死亡之吻了。要理解导致支配逆转的因素，我们必须深入考察影响支配性的非对称性。

参与竞争的两个个体之间存在两种类型的非对称性。其中一种非对称性跟个体特征有关，比如身体特征。跟波波熊相比，瑜伽熊更重、更高大、更健康、更强壮，也更成熟。影响个体在一场打斗中获胜或失败的特征被称作资源控制潜力（resource holding potential），简称 RHP。两个个体初次相见，它们就能马上意识到双方在 RHP 上的差异。当瑜伽熊跟波波熊刚见面时，两只熊就留意到瑜伽熊的块头是波波熊的两倍大。因此，它们很快就建立起支配关系。瑜伽熊采取鹰派策略，威胁攻击；波波熊扮演鸽派角色，恭敬顺从。因此，对于建立支配结构来说，过往互动的历史不是一个必需因素，而支配结构也未必是一种习得的关系。

在第一章描述的实验中，我发现这样一个现象：素不相识的一对雌性猕猴初次见面的时候，它们看起来都在打量对方。在某些配对的猕猴中，其中一只猴子会对另一只猴子发出顺从的“微笑”，接着开始给它理毛。可能两只猴子都意识到它们在 RHP 方面存在不对称性，比如双方的体格大小有差别，于是觉察到自己处于劣势的一方就会表现出畏惧和顺从，进行“露齿展示”，龇牙咧嘴地向对方微笑。在双方的支配结构迅速建立之后，两只猴子之间的理毛行为就能开始了。不出所料，理毛行为的交流具有严重的不对等性，处于从属地位的猴子承担了大部分徭役，而居于支配地位的猴子则很少投桃报李。在陌生个体的配对中，RHP 的不对称性很少被清晰地沟通或识别出来。于是，支配结构无法建立，而理毛交换也没有或极少发生。两只猴子都会“背叛”，它们在整整一小时里看起来筋疲力尽、心力交瘁，这可能是在为不能建立支配结构而交学费。就像一对夫妇，如果两个人谁都不愿做出妥协和让步，那么他们也会为关系的稳定和和平付出不菲的代价。

影响两个个体之间战斗结果的因素，除了双方在体格和身体力量方面的差异，还有双方的冒险意愿。这种动机的差异可能来自被争夺的物品的价值。因此，如果该物品对其中一个更有价值，那么它就比另一个拥有更强烈的战斗意愿。在博弈论中，物品价值对两个竞争者的非对称性被叫作支付非对称性（asymmetry in payoffs）。拥有更强冒险意愿或战斗精神的个体，通常是能在战斗胜利中得到更多好处的那个竞争者。

大多数（如果不是所有的话）情景依赖性的支配结构都是支付非对称性的反映。在领地性物种中，领地拥有者或领地居住者对于闯入它们领地的入侵者拥有更强的攻击意愿，因为它们此时处于利害攸关的境地。领地中有它们的巢穴、它们的食物、它们的配偶和它们的子女。丧失领地对它们而言就意味着丧失一切。而入侵者远远没有那么多可以失去的：如果这一家不肯就范，它可以继续入侵下一家。再次强调，在个体做出战斗还是投降的决定时，不意味着它一定要进行心理计算——计算某种行为的收益或代价。比如，领地居住者无论对入侵者发出威胁，还是进行攻击，都可能仅仅是对那种场景的一种情绪反应。目睹入侵者闯入自己的领地，这会激怒领地居住者，而愤怒这种情绪又会进一步增强它的攻击倾向。相反，入侵者闯入一处陌生的领地时会感到恐惧，这种情绪又会增加它屈服的可能性。

现在，我们可以非常明确地看到，根本就不存在多种类型的支配结构。支配关系有且只有一种。不过，两个竞争者之间的 RHP 或支付非对称性，可能会影响它们在支配结构下的互动表现。博弈论专家已经对这些非对称性因素加以考虑，发展出了更加复杂的鹰—鸽博弈模

黑冠猕猴正在展示它整齐的白牙

型。跟简单的鹰—鸽博弈一样，两个因素可以预测这些复杂模型中的互动结果：物品的价值和战斗的成本。当然，当这些模型用以解释真实生活场景下的个体行为时，它们是否有效取决于人们能多么精确地把B值和C值测量出来。两个竞争者之间可能存在诸多非对称性，这会使得B值和C值的精确测量非常困难。除此之外，另外一个问题也必须考虑。出于简化的目的，不对等竞争的博弈论模型假设两个对手总是能够得到准确信息，清楚地知道它们的非对称性，能够预料一场战斗的输赢概率。而事实上，现实生活绝非如此简单，两个竞争者得到的信息并不总是准确无误的。

行为展示的模式

当瑜伽熊和波波熊相遇，双方为一个苹果而展开竞争时，它们盯视对方，打量对方，评估对手的身体力量和愤怒水平。可能每只熊都会展示某些行为，进而影响另一只熊对自己的评估。从逻辑上来说，非对称性导致支配结构的建立，而这对竞争双方都有好处，于是竞争双方理应都有兴趣来保证非对称性得到有效的沟通和理解。因此，当两只熊想要同一个苹果时，一种对双方都有利的策略是供认不讳，诚实地跟对方沟通非对称性方面的信息，坦白地说出“我很强大”“我弱爆了”“我快饿死了”“我刚刚饱餐了一顿”“我将拼死战斗”，或“我现在头痛，没心情跟你打架”。鉴于通过行为沟通RHP和动机有利可图，自然选择青睐具有这种功能的特定行为信号的进化。这些信号被称为行为展示，以便跟RHP的身体展示相区分，后者包括雄鹿头上的巨大鹿角或狮子的硕大犬齿。动物拥有进化而来的面部表情，可以沟通诸如愤怒或恐惧这些情绪，从而向潜在对手发出有效信息，告诉它自己是要大打出手，还是要溜之大吉。此外，动物和人类都会通过高声尖叫或打砸破坏来展示自己的力量。

不过，这些情形只有在坦诚沟通的前提下才说得通。如果通过行为展示而进行的非对称性沟通总是诚实的，我们就能使用不对等竞争的鹰—鸽博弈模型，对支配关系中的互动做出预测。这样，我们每一个人将会生活在一个几乎没有任何压力的世界里：父母从不会对自己的孩子小题大做，名人伉俪的争执也不会占据八卦杂志的封面。问题在于，非对称性沟通并不总是诚实的。成为支配者的收益总是大于作为从属者的收益，个体为了谋取更多的收益，也许会欺骗，也许会对自身的 RHP 和战斗意图进行夸张地展示或发出误导性的信息。因此，自然选择鼓励虚张声势，而虚张声势也成了一个重要因素，影响支配结构的建立。当然，自然选择也会鼓励怀疑能力以及探测虚张声势的能力，因为相比轻信的个体，具有怀疑精神的个体更可能成为支配者。

当两只动物初次相遇，如果没有明确地沟通、辨认或确信两者之间的非对称性，那么战斗将随后打响。双方在一场战斗中的胜败表现是非对称性存在的证明。对于需要一次或多次战斗才能建立支配结构的两只动物来说，支配结构就是一种习得的社会关系。一旦支配结构建立起来，每当双方相遇的时候，它们就会相互进行行为展示以便刷新记忆，告知对方一切照旧，什么都没改变：过去的非对称性将持续到现在。支配者会使用周期性的攻击来刷新从属者的记忆。用学习理论家的术语来说，如果屈服是一种习得的反应，周期性的强化对于防止这种反应的消退就很有必要了。根据非对称性的程度以及个体所在的社会系统的类型，支配结构的维持主要依赖于支配者，或从属者，或两者都有。当竞争者之间的非对称性较小时，支配关系的维持主要由支配者通过频繁的威胁或攻击来实现。当竞争者之间的非对称性较大时，从属者可能常常处于恐惧状态中，主动而频繁地向支配者表达屈服最符合它们的利益。然而，即使在非常不对等的支配关系中，从属者始终有可能在某一天发动反叛。这是因为，两个个体之间的非对称性可能随着情境和时间的变化而改变。如果某一事件使得现在的非对称性与从前的有所不同，那么战斗可能就会打响，支配关系的逆转可能就会发生。从属者也许会山穷水尽，走投无路，这时它们很可能就一不做二不休，表现出强烈的战斗动机。

资源控制潜力（即 RHP）的提升，也可以通过获得体力或拥有政治权力的方式来实现。政治权力可以被视作 RHP 的一种表现形式。在许多灵长类动物（包括人类）中，一场竞争最初可能只涉及两个个体，但很快它们的家庭成员和盟友就会卷入进去。比如，在猕猴的母系社会中，雌性之间的支配关系通常建立在雌性亲属支持的基础上。因此，个体家庭的规模和权力可以认为是它们 RHP 的一个部分，是非对称性的一个重要来源。来自支持可通达性（availability of support）方面的非对称性需要经验予以确认和考虑。通过经验，一只居于从属地位的雌性猕猴将会明白，比它地位高的雌性猕猴拥有更多或更强力的盟友作为外援。但就像其他的非对称性一样，政治权力的可通达性需要持续地监控，因为政治盟友难免朝三暮四，朝秦暮楚，它们可能会不可预料地转变立场。

输赢天注定?

还有一点，值得一说。毫无疑问，支配结构的确是一种关系特征，而非个体特征。不过，个体的生理或心理特征也会影响它们的RHP和战斗动机。在这些特征中，有一些使得个体行动起来像是一个支配者，另一些则使得个体倾向于做出恭敬顺从的行为。比如，出生时大脑中血清素（serotonin）含量较低，会使得个体具有较强的冲动性和攻击性，而体内含有较多的雄性激素则使得个体富有竞争性，具有强烈的成就动机。面对令人不安的事，有的孩子可的松水平急剧飙升，他们在以后的生活中不善于处理跟竞争冲突有关的压力，因而更倾向于避开它们。

个体以支配性还是顺从性方式行动，这种倾向不只依赖于情绪和生理，还受到认知因素的影响。

在人类和其他某些灵长类动物中，支配依赖于社会智力或政治智力。导向支配性的认知技能有很多，包括学习群体中行为约束的规则，理解、预测和操纵其他个体的行为，在互惠互利的基础上建立强有力的联盟。与其他人相比，成为支配者的个体会把管理群体行为的规则学得更透彻、更迅速，而成为被支配者的个体则会破坏这些规则，他们有时候甚至觉察不到这些规则的存在。在人类中，支配性同样依赖于对非言语行为进行解码的能力：面部表情和身体动作暴露出个体怎样的情绪和动机；猜测其他人的脑子里在想什么，比如他们知道什么不知道什么，他们想要什么不想要什么，他们相信什么不相信什么，以及欺骗。支配性个体能够更好地理解他人，以各种可能的方法，包括欺骗说服他人，使他们做自己想让他们做的事。其他能力，比如和蔼可亲、善待他人、通过互惠跟他人结盟，也非常重要。自闭症谱系障碍是高度遗传的，这种症状涉及社会智力技能方面的损害。因此，位于谱系另一端的个体在这些技能上游刃有余，很可能跟他们的基因有关系。

当然，行为倾向也可以是经验的产物，表现出的支配性和顺从性也可能是习得的。个体具有某种天生的行为倾向，并不意味着这一倾向就能直接从基因中表达出来。当胎儿待在母亲子宫里时，就受到环境因素的影响，这种影响在 9 个月的时间里一直存在着。比如，子宫中不同含量的睾酮和可的松会影响胎儿大脑的发育。有时候，环境效应通过基因机制来实现：个体处于特定环境中，可能导致某些基因的表达，同时导致其他基因被抑制。很显然，在我们出生之后，环境和经验有不计其数的机会对我们施加影响，影响我们在行动时的支配性和顺从性倾向。其中一种重要的经验类型涉及机会之间的冲突，以及机会所导致的结果。

在包括猴子、类人猿和人类在内的许多动物中，打赢一场战斗会提升雄性睾酮的含量，而被打败则会降低雄性的睾酮水平。相应地，拥有较高的睾酮水平能增加下一场战斗获胜的可能，反之亦然。这意味着，如果刚刚打败了小熊维尼不久，波波熊就有更大的可能性打败瑜伽熊。当然，瑜伽熊在刚遭受一场败绩后，也更可能被小个子的波波熊打败。

曾经的胜利或过往的失败对随后冲突会有影响，不过这一影响未必跟睾酮的含量有关。因为胜利或失败也会导致其他生理或心理方面的改变。我们在前面的章节中早已看到，令人不快的冲突对每个个体来说都意味着沉重的压力。在萨瓦纳狒狒中，当某只狒狒挑战其他狒狒导致社会不稳定时，群体中每只狒狒的可的松含量都会很高。支配者体内的可的松含量会随着冲突的结束而下降。而被支配者在继续被骚扰或被胁迫时，还会维持很高的可的松水平。跟社会地位较高的个体相比，社会地位较低的成年个体或未成年个体拥有较高的可的松水平。在面临冲突时，它们的可的松和血压方面会表现出更明显的变化。在已婚夫妇中，有的伴侣认为自己在亲密关系中地位较低，这样的伴侣在面临夫妻争吵的时候血压会升得更高。高歌凯旋之后，睾酮会增加个体的野心和动机，让它们信心满满地想要再战一回。相比之下，持续的失败或长期的屈服都会导致睾酮下降、可的松上升。这些变化又会带来抑郁和羞耻，进而引发随后的顺从性行为：避免目光接触，卑躬屈膝，社会回避。事实上，这些行为会强化个体对自身从属地位的接受和适应。①

到现在为止，事实已经很清楚，支配性和从属性并不是一种纯粹的抽象概念，只存在于行为研究者的头脑中。相反，它们深深地扎根于头脑和人类的身体中，也扎根于许多动物的头脑和身体中。我们拥有生理的、情绪的和学习的诸多机制，使得我们能够不断评估自己在对抗性冲突中的表现，告诉自己，在这样的情境中，自己究竟是支配者还是被支配者，然后适应自己的角色。当在竞争中获胜时，我们感觉良好，还想再接再厉，取得新的胜利。当自己竞争失利，成为被支配者时，我们感觉糟糕，格外沮丧，要么减少损失，自我调整以适应那种处境，要么养精蓄锐，为将来的反戈一击做准备。在跟他人的竞

① 支配性跟神经多巴胺变量之间的关系，请参考卡明斯（Cummins，2005）的讨论。

争中，我们胜利或失利的经验不仅仅影响到对自己 RHP 的知觉，也影响到对他人 RHP 的评估，以及对自己胜败可能的估算。在一次惨败之后，任何新的挑战者都会看起来很可怕。或者，假如击败自己的是一个灰胡子壮汉，我们可能对以后遇到的所有灰胡子壮汉都俯首帖耳，自愿臣服。我们会把自身生理和心理的变化通过行为投射给他人，于是我们的自我评估就会受到他人评价的影响，无论评价的是我们的 RHP，还是我们的战斗意愿。

我们都知道，社会关系非常复杂。个体特征、背景和过去经验之间的交互影响，以及它们的反馈机制都会影响社会关系，这就给个体带来了严峻的挑战，让他们很难准确地评估具体竞争场景下的非对称性。然而，支配性是我们所有社会关系中的一个内在成分，对我们日常社会生活的各个方面都有普遍的影响。我们越早理解这一点，就越能理解为什么我们的社会关系以这种方式运作。无论是人类还是其他的灵长类，都不可救药地迷恋支配和统治，虽然他们不需要意识到这一点。支配性深入人性的最深处，因此幻想没有支配性的社会关系是不现实的。恰恰相反，不管是在私人生活还是在公共生活中，我们能做的就是提供适当的机会，使得所有个体都能全面发挥他们的潜能，让他们能够竭其所能地争取支配性。在他们生活中的某一时刻，每个人都是一个支配者或被支配者，我们应该把支配关系的改变视作生活的一个事实，就像长大和变老一样。

我们也应该接受这样一种观念，即无论是一段关系、一个家庭，还是一个公司、一个国家，我们的生活质量在相当程度上都取决于支配者和统治者的个性与行为。我们不能阻止一些人成为支配者，但我们可以教育他们，让他们知道支配意味着责任。支配者拥有领导义务，因为被支配者为他们的成功添砖加瓦，支配者有理由对他们更好一点，更宽容、更慷慨、更仁慈。毕竟，这个世界上不存在永恒的支配——当时机到来的时候，我们必须做好准备。

第三章

我们都是黑手党

美国当代的裙带资本主义是一头另类的野兽，
它仁慈而高贵，
与猕猴、世界各国的独裁者或欧洲人所使用的
裙带资本主义完全相同。

裙带关系是我们生命中不可或缺的东西。一方面，为自己的后代谋福利的裙带考虑是资本主义系统的引擎；把这种考虑取消，你就破坏了创新和财富创造的主要动力。另一方面，很多证据表明，与个人利益完全剥离的精英主义是不人道的。所以，在个体水平上，裙带主义是一种深刻的道德关系，它传播社会和文化价值，形成代与代之间的健康联系。简而言之，裙带关系存在着，感觉良好，通常来说照顾亲戚的做法也是正确的。裙带主义存在自然的根源，它在人类社会生活中扮演重要角色，而且自吹自擂，说自己对于文明进步做出了令人印象深刻的贡献。

——亚当·贝娄（Adam Bellow）《裙带风之赞》

（*Praise of Nepotism: A Natural History*）

意大利式推荐

意大利空军的罗马尼奥尼基地坐落于罗马最繁华的广场之一——阿尔多·莫罗广场。基地离罗马的主要火车站特米尼火车站只有几个街区，同时位于罗马大学的街对面。罗马大学是欧洲最大的大学之一，拥有超过 10 万名学生。罗马尼奥尼兵营是一个不同寻常的基地，除了一些带意大利空军牌照的蓝色轿车之外，里面没有任何飞机、直升机或军方车辆。不过，基地里面有办公楼，有高高的围墙包围起来的宿舍。没有人能从外面看到里面，沿着围墙穿过人行道的许多大学生甚至不知道围墙里有什么。

那是一个寒冷的冬日，早上 7 点钟，两个穿深蓝色裤子和浅蓝色衬衫的年轻士兵走向兵营的大门，那里有一个站在监控室里的士兵，负责盘查出入基地的行人。两个士兵似乎提着两个沉甸甸的购物袋。监控室里的门卫要求检查购物袋里装了什么东西。他发现其中一个购物袋装满了生肉：羊排、猪排、肋骨、牛排和香肠。另一个购物袋里装的都是处方药：抗生素、止痛药、消炎药、抗抑郁药、降血压和降胆固醇药物，以及很多其他种类的药。门卫点了一下头，暗笑，让两个士兵带着他们的宝贝通过。显然，他以前见过这种情形，知道是怎么一回事。基地的士兵和办公人员要举办一个盛大的野炊？或者营地医院的药品用完了？几天之后，我跟几个士兵聊天之后，才搞明白是怎么一回事。为了解释那天在基地入口发生的事情，首先有必要澄清几个意大利单词的含义。

英语里的单词 recommendation 对应的意大利语是 raccomandazione，两个单词的发音是相似的，而且根据字典，它们具有相同的含义：给出建议，为观点或事情提供支持。这两个单词同样也用在相似的上下文中。比如，无论在美国还是意大利，当人们申请职位的时候可能有其他人推荐（recommended 或 raccomandati）。不过，相似性到此为止。在美国，推荐信为候选人的资质提供一种评估，通常是由熟悉候选人的年长者撰写，比如候选人以前的老师或老板。推荐信通常是申请过程所必需的材料，所有候选人都要有。此外，至少在理论上，推荐信可以给候选人说好话，也可以说坏话。不过，在现实中，推荐信总是千篇一律地夸奖或吹捧候选人。因此，即使是一封充满褒奖之词的推荐信，也未必能增加候选人被录用的可能性。不过，在推荐信说坏话的情况下，有没有推荐信就可能带来完全不同的结局。

在意大利，推荐对于候选人得到某份工作不是必需的。推荐意味着支持某个候选人，但不必描述他或她的资质。推荐通过电话进行而不是写信，而且通常来自某个家庭成员或家人的朋友。不是所有候选人都会有人推荐，而对于申请者来说，没有推荐就意味着没有机会。对于被人推荐的申请者来说，他们获胜的机会不在于推荐有多好——推荐不分好坏，而在于打电话的人的权力和影响有多大。推荐不是要提供关于候选人的额外信息，以便促进评审过程。恰恰相反，推荐就是为了操纵评审过程：不管某个申请者的资质如何，保证他一定被录用。这种推荐不是建议，也不是支持，而是一种命令，就像告诉评审人“确保 X 先生得到这个工作”。通常来说，X 先生就是推荐者的家人或门徒。推荐是裙带主义影响意大利公共生活的一种典型表现。

还记得我在本章一开始描述的那个神秘场景吗？两个士兵带着肉类和药品，迈进了罗马尼奥尼基地的大门。在回到那个故事之前，我可能还要啰唆几句，谈一谈该事件发生的历史背景。

在 1995 年之前，意大利实行的是义务兵役制。当一个意大利男子长到 18 岁，就被送到某个部队里服兵役，期限长达 12 个月。在某一天，某个年轻人就会在自己的信箱里收到一张明信片，里面会有对他的安排说明。为了完成自己的学业，大学生可以申请延期服兵役。在某些情况下，人们甚至可以不必服兵役，比如某人患了严重的疾病，或者他是一个“出于个人良知拒服兵役者”。

20 世纪 80 年代，义务兵役制对任何意大利人来说都不是什么好事，而我此时正好 18 岁。那时的意大利没跟其他国家打仗，人们还没有多少投笔从戎、保卫家园的爱国热情。服兵役没有多少赚钱的机会，因为士兵的军饷非常低。他们也不能学到有用的新技能，不能去景色优美的地方游览。毫不夸张地说，服兵役对个人生活而言就是一个巨大的灾难，往好里说是无端耗费大量时间，往坏里说是应激和虐待的梦魇。假如某人入伍之后被派遣到意大利北部山区的某个基地，比如靠近南斯拉夫的边境地区，这种安排就会被认为是死亡之吻，死路一条。在那种地方，前不着村后不着店，每周有五天需要整天巡逻、整夜站岗。此外，作为一名新兵，你可能会成为即将服役期满的老兵的猎物。他们是可怕的 nonni（意大利语“爷爷”的意思），会毫不留情地折磨你的身体、你的情感，甚至可能对你进行性骚扰。这种遭遇，与在纽约北部布朗克斯的监狱里被职业罪犯骚扰毫无二致。相比之下，在空军服役还不至于这么惨。当时意大利空军非常弱小，装备很差，没有什么实际的军事实力，主要任务是为陆军或民间组织提供后勤支援。许多空军基地都位于景色优美的城区，士兵很少或根本不参加军训。他们可以在基地里工作，回家睡觉，不需要巡逻，也不用站岗，更不会被“爷爷”骚扰。

派遣安排被认为是随机做出的。我曾经跟一个朋友开玩笑，说意大利国防部一定有一个秘密房间，里面有一台巨大的电脑不断地吐出派遣明信片，随机地在姓名和派遣安排之间配对，就像抽奖一样。不过，每个人都知道中奖人是预定的，因为存在推荐。

于是我们想到，电脑房里可能有一台红色电话机。这台电话机每天都会丁零零地响个不停，话筒那头有个声音说“我推荐马里奥·罗西永久性地免除兵役，因为他的心脏有问题”（有了推荐，那些装病的人都会被豁免，从而不必服兵役；没有推荐，哪怕得了危及生命的大病，也会像普通人一样被派遣），或者“我推荐达里奥·马埃斯特里皮埃里进入空军服役，务必把他派遣到罗马的某个基地”。接电话的小矮人于是把被推荐者的姓名从彩票机中取出，保证他得到了预定的安排。每年都会有数以千计的年轻人受到推荐。其他数以千计的年轻人，因为没有电话铃响，不得不接受系统的默认处理：他们被发配边疆。于是，这些年轻人跟家庭的联系被中断，他们的教育和职业生涯被打乱，他们因为遭受身体虐待或心理创伤，精神健康可能受到永久性的伤害。

推荐电话可能是由国防部楼下的办公室打来的，从高级将领打给电脑房里的小矮人。他们打电话说，必须保证他们的儿子或侄子免除兵役，或者得到最好的待遇。这些办公人员也会打电话推荐政客的儿子或侄子，商人的儿子或侄子，家人或朋友的儿子或侄子，邻居的儿子或侄子，跟他们有联系的人的儿子或侄子，或他们有权力推荐的任何人的儿子或侄子。

读大学时，我选择推迟服兵役。因此，四年大学读完，我开始着急了。我的父母都是高中数学老师，跟军队、政党、大企业都没有直接联系。不过有一天，我父亲的一个学生有意无意地跟他提到一个消息（她可能想借此在数学上拿高分）：她父亲认识一个将军，这位将军欠他一个人情。我的健康状况非常好，因此以身体状况为由申请免除兵役看起来有点儿不现实。于是，我告诉父亲说自己想去空军服役，希望被派遣到罗马，安排在罗马大学街对面的那个基地。这样的话，自己就有时间完成论文，晚上还能回家。不久，我的这个愿望就实现了。那个学生的父亲给将军打了电话，将军推荐了我。就在推荐的一个月之后，我收到了征兵卡，上面通知我说自己被派遣到空军服役，就驻扎在罗马尼奥尼基地。

然而在第一天服兵役的时候，我才意识到事情出了岔子。因为在大学念书，于是我预期自己会被派到一个办公室，过着舒舒服服的太平日子，谁能想到我居然成了一名空军的汽车驾驶员。这可是一个糟糕透顶的消息。派到办公室做事的士兵每天朝九晚五地上下班，还能回家，而驾驶员常常工作到深夜，他们要把将军送回家，而他们的家经常离城镇有数百英里。我猜一定出了什么问题。原来是我的推荐人只是要求把我分配到空军，驻扎在罗马的基地，但是没有指定具体的工作任务。按照惯例，没有推荐，一个人就只能拿到默认的派遣安排，而这常常意味着最坏的结果。在罗马尼奥尼的兵营，最差劲的工作就是当汽车驾驶员。

福无双至，祸不单行，更坏的消息接踵而至。就在服役的第一天，新任驾驶员——100 个像我一样受到“不完整”推荐或草率推荐的倒霉鬼——被毫不客气地告知说，这个月底有 10 个人要被转移到某个陆军基地去，这个基地位于某个城镇，名声不怎么好，我们在那里将失去所有的空军特权，包括夜间不用站岗的特权，以及可以回家睡觉的特权。通知中还说，中士将随机选择 10 名司机，把他们的名字转交给基地的首长，而他将签署命令要求这些倒霉蛋马上转去那个恐怖的陆军基地。

听到通知，每个人都慌了手脚。通知一结束，所有汽车驾驶员就给他们的父母打电话，请求他们想办法找到新的推荐，不然他们可能就要下地狱了。我们最初以为推荐是要传达给首长的，但是不久发现中士也想尝鼎一脔，分一杯羹。中士询问了我们父母的职业，把我们的姓名和父母的职业写在一张纸上。他接着含蓄地暗示说，如果有谁的父母为孩子着想，进行干预的话，他们的孩子将不被遣送到陆军基地去。很显然，他并不期望有人给他送钱，因为钱财贿赂会给他带来麻烦。不过，他会欣赏其他看得见摸得着的好处，这样的选择可就多了去了。

当我告诉中士，说我的父母是中学老师时，自己的名字迅速地一落千丈，掉到了名单的底部。排在名单榜首的那位士兵，他父亲拥有一家银行。此时，中士的儿子正好没有工作，于是那个士兵的父亲就想办法，给中士的儿子在自己的银行里找了一份差事。排在前面的另外一名士兵，他家里开肉店。回到前面的故事，这就是那个带着牛排和火腿的年轻人；他在一个月的时间里几乎每天都给中士送鲜肉。肉贩儿子的同伴同样家境殷实，他的父母开药店，于是他就自告奋勇地给中士提供药品，把各种各样昂贵的药品免费送给中士。很显然，这三名士兵没什么好担心的，派遣到陆军基地的坏事怎么轮也轮不到他们头上。而对于我来说，前途似乎看起来一片黯淡，愁云惨雾，笼罩心头。不过，事情出其不意地有了转机。谢天谢地，我在派遣之前被一份新的推荐拯救了。还是那位位高权重的将军，他给罗马尼奥尼的空军基地打了好几个电话，"命令"基地的那位首长不能把我调到陆军基地去。

这些戏剧性的事件继续展开。一天，我路过首长办公室的窗户，瞥见他的桌上有100名刚调来的驾驶员名单，里面也包括我。在每个名字的旁边，他用红色钢笔标注了推荐者的姓名。一张名单上密密麻麻的都是红色的笔迹。不少新兵都从不同官衔的官员那里得到了推荐，而且很多推荐者都是将军，首长也特地注明了他们的军衔级别。很明显，接电话和做推荐记录也是这位首长的重要工作。无论是错过一个重要的电话，还是得罪一个位高权重的将军，都会给首长的轻松工作带来不利。事实上，这位首长经常离开基地，骑着拉风的杜卡迪摩托车，穿着一身黑色的皮衣。这身打扮，显然不是去执行公务的。

幸运的是，在首长名单上，我的名字旁边是一个五星上将的名字，而我也终于知道了自己推荐人的身份。正是受他的庇护，我最后逃离了被调走的命运，不用再去陆军基地。不但如此，在推荐人打过几个电话之后，我也不用再继续干驾驶员的工作。在接下来的 12 个月里，我就待在一间办公室里打字。每天下午 5 点钟，我一身轻松地走出兵营，要么去忙自己的论文，要么就跟朋友一块去玩。每天晚上，我都可以睡在父母的公寓里，第二天一早回到基地上班。当然，不是每个人都能像我这么幸运。可怜的是，在首长的名单上，有 10 个名字旁边没有或只有很少的红色墨迹。于是，这批勇敢无畏的年轻人只能接受系统的默认处理，被调到了陆军基地，在随后的 11 个月里度过地狱般的兵役生涯。

竞赛和学阀

正如上面的故事所揭示的，推荐是意大利式裙带主义的一个典型表现。为进一步说明裙带主义在我的祖国意大利是如何运作的，我将使用一个新的例子。为此，我们还需要认识几个意大利单词：concorsi、baroni 和 fregare。concorsi 是一种全国范围内的“竞赛”，公立大学需要通过这种竞赛来招收研究生，或新的科研人员和教授。baroni 是跟英语 barons（“大亨”“巨头”）相对应的意大利语，描述的是大学教授中的大亨，即“学阀”，他们拥有巨大的权力和影响力。无论是招收新学生，雇用新的教职员，还是申请科研经费，基本上都是他们说了算。fregare 某些人意味着“欺骗”他们。

1980 年之前，意大利的大学只提供一种类型的学位，被称为“大学学位”，这是一种本科学位和硕士学位的组合。在此之后，这些大学也开始招收博士。为了能申请到博士项目，学生们必须在“竞赛”中展开竞争，而这涉及他们的大学成绩、他们从前的研究成果，以及他们的口试成绩和书面成绩。所有的博士项目都有奖学金，因此学生们竞争的目的有两个，一是为了有机会读博士，一是为了拿到奖学金。这是一种“意大利式”的竞争——你猜得没错，竞争被做了手脚，里面有很多黑幕。学阀们彼此协商，确定自己每年的学生人数，确定谁能赢得这场竞赛。在博士申请被接收之前，学阀们已经决定好谁是获胜者，谁根本没戏。其他申请者或者被告知这次不要申请，等什么时候轮到自己再说，或者干脆利落地放弃努力，不再申请。

当涉及录取决定的时候，家庭因素当然排第一位。学阀会直接把自己的孩子或其他的家庭成员招进自己的项目组，或推荐给其他学阀。此外，学阀也会想方设法，确保他们的“门徒”能被录取。“门徒”通常都是本科生，他们在父母的推荐之下跟着学阀们完成了学业。鉴于他们对学阀的忠心耿耿，于是被给予了姻亲的地位，等于是干儿子或干女儿。换句话说，他们事实上被学阀收养了。最后，除了自己的“亲生子女”和“收养子女”之外，学阀也会考虑招收另外一些学生，这些学生跟学阀非亲非故，不过他们可是得到了其他人的推荐：政客、商人、学阀的朋友或邻居。

当然，按照惯例，推荐都是通过电话进行的，这样就不会留下任何蛛丝马迹。任何博士项目申请者，如果不在上述的类别之内，一定会被学阀拒绝。像我的导师就拒绝过许多申请的学生，因为他们没有申请所需要的家庭出身，也没有人推荐他们，即使他们在学术上非常优秀，而我导师的实验室里也有空余的席位。我的导师必须这么做，因为他的电话随时会响，这时候就会有人推荐学生，要求他招收这个学生，而他通常没法拒绝。于是，跟他一起共事的学生和研究者，大多数都是其他教授或政客的儿子或女儿。那么，我是怎么进去的呢？要知道，我既不是导师的亲儿子，也不是他的干儿子。

在我申请罗马大学生物学博士项目时，有八个开放的名额。按照惯例，招生委员会的学阀们已经内定了八名优胜者，而我并不在他们之中。不过，在竞赛之前的几周，国家研究委员会提供资金，以支持额外的两个名额。学阀们没有时间来协商这两个名额的分配，于是另外两个具有出色简历和考试表现的圈外人被录取了。我是其中之一，另一个是我的朋友。我们从这个系统的一条缝隙里挤了进去。接着，一些有趣的事情发生了。尽管朋友和我都是成绩优秀的学生，两个人都已发表过学术论文，我们居然找不到一个教授愿意做自己的导师。在新研究生被分派给导师的那一天，我们跟一群教授围着一张桌子坐着，大家面面相觑，彼此都很尴尬。他们每一个人都找了借口，告诉我们为什么不能当我们的导师。

事实上，问题的关键在这里：假如学阀把一个名额给了一个圈外人，这个人跟自己没关系，也没有人推荐他，他们自己就得支付沉重的机会成本，因为下一年他可能就没机会招收自己的家人了，当然也没机会招收总理的儿子或女儿了。很明显，学阀们不得不承认，他们把两个圈外人招进来可谓铸成大错——他们中的某些人必须付出代价。最后，经过施加压力，朋友和我都找到了一个导师。三年之后，我完成了自己的博士项目，但此时我很清楚，通过一点系统缝隙挤进学术圈的人就不要指望能走太远。果不其然，在找工作时，我吃了很多闭门羹，于是背起行囊只身一人前往美国。

即使通过适当渠道正常进入系统的学生，他们依然会有好几年都处于导师的笼罩之下，直到最后用自己的忠诚换来一份永久性职位。在这些年里，门徒们会尽可能地花时间跟他们的导师待在一起，因为跟学阀的关系怎么样，会决定自己未来的职业发展怎么样。门徒们也很清楚，他们跟导师的联系必须经常地留意，不断地培养。

与涉及学术职位和钱财的裙带主义相比，控制博士招生的裙带主义简直就是小菜一碟，不值一提。告诉你一个常识：在意大利，大学和医学院里的全职研究者和教授的竞赛，都被学阀们把持着，他们想让谁进来，谁就能进来。于是，那些最有资格的候选人常常被欺骗，遭受不公正的拒绝。于是这些候选人发出抱怨，进行控告，这已经导致了无数的刑事调查，甚至一些学阀因此被判刑。

从对意大利学术圈裙带主义的调查来看，学阀们已经高度组织化和集团化，就像黑手党一样，有条不紊地运作着。他们具有权力等级，“老板”位居顶端。他们的目的是在全国范围内控制整个地区的学术界，毫不犹豫地以威胁和恐吓的手段中饱私囊，得偿所愿。在意大利，涉及操纵竞赛的丑闻得到了很多媒体的关注，数以万计的报刊文章都谈到了这些事情，不少书写的都是这个题材。多年以前，新闻周刊（*L' Espreesso*）针对意大利学术界的裙带主义，专门出过一篇封面文章《学阀黑手党》(*The Baroni's Mafia*),点评了学术界最有名的数桩丑闻。[①]

这篇文章中的很多事件,有不少值得被历史铭记。比如,从1988年到1992年,在耳鼻喉科学方面,意大利的大学一共增加了25名教授职位。而在这25名新教授之中,有4人是其他教授的儿子,他们在负责审查候选人的委员会中任职。其中一名权势煊赫的学阀是乔瓦尼·莫塔博士,他任命自己32岁的儿子加埃塔诺·莫塔博士为全职教授。这位父亲作为招聘委员会的主席,自己评估了儿子的学历,包括他们父子俩一起发表的学术论文,这些论文是这个儿子在父亲执教的系里读书时完成的。乔瓦尼·莫塔博士接着伪造了一份考试报告,让自己的儿子看起来比其他候选人拥有更出色的考试表现。在考试录取中任人唯亲的乔瓦尼·莫塔,还有其他学阀,后来因为诈骗罪被判入狱,服刑一到两年。尽管录取被宣布无效,但是加埃塔诺·莫塔博士安然无恙,直到今天依然把持着他1992年非法获得的教授职位。

另一个新闻案件涉及罗伯特·普克塞杜博士,他被一个学术委员会任命为卡利亚里大学的副教授。在这个委员会中有两名教授是通过欺诈性的竞赛获得职位的,而负责该竞赛的就是波罗·普克塞杜教授,他是罗伯特·普克塞杜博士的父亲,是一个有权有势的学阀。同样,尽管后来这个资深学阀被判欺诈罪,他儿子的任命也被法庭宣布无效,但他的儿子丝毫不受影响,继续在卡利亚里大学当副教授。

还有一个新闻案件跟巴里大学医学院有关。担任院长的一名教授

① D. Carlucci, G. Di Feo, and G. Foschini, "La Mafia dei baroni," *L'Espresso,* January 27, 2007, available at: http://espresso.repubblica.it/dettaglio/la mafia dei baroni/1481927.

想方设法让他 34 岁的儿子成为该院的一名系主任，而他儿子是这个职位唯一的候选人。在没有发布职位通告，也没有面试其他候选人的情况下，这个学阀还通过给学校施加压力，成功地让自己的女儿担任了另一个系的系主任。

某些大学的电话可能被窃听，或者学阀之间的谈话可能会被警方记录下来，这样意大利式学术黑手党的内部运作模式就被暴露在光天化日之下了。2005 年，巴里大学的教授保罗·瑞森博士讨论操纵整个意大利竞赛的策略被记录下来。比如，在其中一段对话中，他跟其他学阀谈判，试图组织一个对他儿子申请教职有利的搜索委员会，接着他又跟人协商竞赛中的论文主题。另外一段被记录在案的对话显示，一个有资格的职位候选人跟学阀的门徒竞争，结果遭到了两个真正黑手党打手的威胁，警告他如果不退出竞赛，就会遭受皮肉之苦，甚至血光之灾。根据名字，这两个打手很快被确认了身份，因为他们都有犯罪前科。在另外一段被记录在案的对话中，瑞森博士向一个同事夸口，说为了帮助儿子和另一个学阀的亲戚获得教授职位，他必须非常富有创造性，以便把其他的候选人比下去，因为这些候选人的资质和学历明显优于他要暗中帮助的人。

鉴于英雄无用武之地，那些被学阀欺弄的优秀申请者通常会选择逃离。此地不留人，自有留人处，他们漂洋过海，远走他国，开创自己的成功事业。在过去的二三十年里，数以万计的意大利研究者已经逃离了这个国家。学阀家族继续不受干扰地运作，全方位控制着意大利的学术系统。这种裙带主义导致在巴里大学经济学系居然出现了这样的情况，八个教授都有相同的姓氏：马萨里。换句话说，他们都是亲戚。显然，这是一项意大利的新纪录：前一项记录是有六个家庭成员都在同一个系或研究所。当然，谈到裙带主义的时候，意大利军官或学阀跟政客、法官、商人或其他任何对社会拥有实际权力或影响的人相比，都是业余选手而已。

亚当·贝娄是美国作家索尔·贝娄的儿子，后者曾于1976年获得了诺贝尔文学奖。在他的作品《裙带风之赞》中，亚当·贝娄描述了很多令人义愤填膺的裙带主义案例，这些叫人忍无可忍的丑闻受到了全球媒体的关注。① 你可能会问，裙带主义有什么值得赞美的呢？但在论述这个问题之前，我将首先探讨贝娄的观点，即裙带主义作为一种现象，具有深刻的自然根源。

裙带主义的本质

对于一个生物学家来说，裙带主义只是意味着偏爱亲戚：在选择社会伙伴时（不包括性伙伴），首先考虑亲戚，或者以损害他人的方式来帮助自己的亲戚。比如，一只裙带主义的松鼠，为晚饭积攒了很多坚果，它会跟自己快要饿死的兄弟分享其中的一颗，但不会对隔壁和自己没关系的松鼠这么做。换句话说，从生物学的角度来看，裙带主义是指向家庭成员的利他主义。然而，这种利他主义其实带有欺骗性。

鉴于不同的家庭成员共享他们的某些基因，通过帮助亲戚，一个裙带主义者其实是在帮助维持自己在群体中的DNA（基因）。这样看来，裙带主义其实是一种伪装的自私自利。许多自私行为经由自然选

① Bellow (2003).

择进化而来，因为这些行为帮助个体生存和繁衍；跟自私有关的基因就通过自私者的孩子传递给下一代。类似地，许多裙带主义的行为通过一种特殊的自然选择——亲缘选择而进化出来，是因为这些裙带主义的行为有助于个体亲戚的生存和繁衍；裙带主义的基因就通过裙带主义者的家庭成员传递给下一代。①

裙带主义是一种普遍现象。跟人类社会一样，动物在裙带主义的程度上存在物种差异和个体差异。不过，没有任何一种动物会更偏爱“陌生人”而不是偏爱它们的亲戚，同样也没有任何一个人会这么选择。动物和人类的裙带主义可以表现得很强烈，也可以表现得很微弱，因为这种表现受到可供使用的资源数量的影响。当所有人都有自己需要的食物、水或钱的时候，就可以做到慷慨对待他人，也不会大费周折地在亲戚和非亲戚之间进行多少区分。然而，当可供使用的资源稀缺时，人们就要勒紧裤腰带了，这时家庭价值成了重中之重。要知道，每个人都拥有他们想要的钱，这样的时候并不是很多。这也许能解释，为什么自从亚当和夏娃被驱逐出伊甸园之后，裙带主义就成了人类历史的一部分。自此以后，人们必须努力工作以养家糊口。在这一过程中，人们总是帮助自己的亲戚，而不是帮助没有血缘关系的陌生人。在《圣经》里有如此之多的裙带主义案例，甚至你可以把这本书称作《裙带经》。

不过，在亚当和夏娃之前的很长一段时间里，动物早已表现出裙带主义的行为了。比如，在长达数百万年的时间里，包括蚂蚁、蜜蜂

---

① 20 世纪 60 年代，英国进化生物学家威廉·汉密尔顿（William Hamilton, 1964a, 1964b）首次正式讨论了亲缘选择和裙带主义的生物学基础。

和黄蜂在内的社会性昆虫就已经在实践裙带主义。它们的社会严重依赖亲缘群体之间的合作，以及非亲缘群体之间的竞争。在几乎所有的动物中，研究者都发现过裙带主义的行为：吸血蝙蝠通常只会把猎物的鲜血喂给自己的亲人；一种叫作裸鼹鼠的穴居啮齿类动物原产于东非，它们的雌性会彻底放弃性行为，为自己的母亲——裸鼹鼠后承担繁重的工作，要么去挖洞，要么去收集粮食。许多种类的猴子和类人猿跟我们有亲缘关系，它们则把裙带主义发展到了新的高度。它们不仅在获取食物方面帮助亲属，也会在攫取和维持政治权力方面与自己的亲属同心协力，对它们毫不犹豫地伸以援手。在我们这个星球上，猕猴是一种最为寡廉鲜耻的政治生物，一种裙带主义的生物。它们碰巧是我非常熟悉的一种猴类。①

跟人类一样，猕猴生存在高度竞争性的社会中。毫不奇怪，它们也对权力充满迷恋。正如在第二章讨论过的那样，两只猕猴之间的支配关系建立在它们资源控制潜力的非对称性上面。然而，猕猴的资源控制潜力（简称 RHP）跟美国的国会议员的 RHP 更接近。与某些动物比如雄鹿的 RHP 之间具有更少的相似性，在后者当中，鹿角较大的雄鹿支配鹿角较小的雄鹿。一个华盛顿政客的 RHP 与他的“鹿角”没多少关系，但是与下面两个因素密切相关：他从自己的党派中得到了多少政治支持和他的党派有多少权力。同样的逻辑也适用于猕猴。

谈到支配性的时候，政治支持具有举足轻重的影响，它也是唯一重要的非对称性。在猕猴中，成年雌性和青少年得到的主要支持来自它们的家庭成员，这些支持以对抗性支援的方式表现出来。当雌性首

① 在《马基雅维利式智力》一书中，我详细地探讨了猕猴的裙带主义。

领的女儿寻衅滋事，跟其他家庭的未成年雌性发生冲突时，雌性首领跟它的姐妹们会很快加入战斗，帮助自己年轻的亲属击败其他的青少年雌性和它们的亲属。汤尼·索普拉诺的侄子想要控制附近的毒品交易，于是汤尼就给侄子派去很多打手，帮助他对付竞争者。显而易见，人类的裙带主义具有自然的根源。表面上，猕猴的裙带主义跟人类的裙带主义看起来一模一样。可实际上是这样吗？

让我们更仔细地观察一下猕猴的裙带主义事业吧。猕猴生活在母系社会中。在一个猕猴群体中，存在若干家族，但这些家族并不是由一个母亲、一个父亲，加上它们的孩子组成的。雄性猕猴对它们后代的主要贡献就是自己的精子，这些精子通过交配被射入雌性体内。的确，雄性在捐献精子的时候可谓鞠躬尽瘁、慷慨大方，但在许多幼猴出生半年以后，作为父亲的雄猴就溜之大吉，很快销声匿迹。这时的雄性猕猴忙着跟自己的朋友厮混，流连忘返于莺歌燕舞的娱乐场所。因为父亲的缺席，猕猴家庭由被称为母系的多代雌性亲属群体和它们的孩子一起组成。例如，一个典型的母系家庭可能包括一个 10 岁大小的成年雌性跟她的母亲、祖母、姐妹、舅母、堂兄弟姐妹、子女、孙子孙女和侄子侄女。雄性猕猴原本也是家庭的一分子。不过，等它们五岁左右到达青春期的时候，就会向每个亲属告别，加入其他的猕猴群体。雌性猕猴则永远保持着对母亲的依恋和顺从。

在一个猕猴群体中，母系家族的掌权方式跟政党、柯里昂或索普拉诺家族掌权的方式类似。母系家族的规模越大，它们拥有的权力越大。举个例子，在一个猕猴群体中存在三种权力等级上的母系家族层级。最大的母系家族位居顶端，最小的位于底端，而另外一种家族位于中间。母系家族的权力由年长者传递给年轻者，这一过程常常通过对抗性冲突中的裙带主义干涉来实现。因为未成年猕猴总是与其他的未成年猕猴或成年猕猴发生冲突，它们的母亲为了孩子的利益会进行持续的干预。于是，高地位母亲的儿子和女儿会变得越来越强大，最终获得仅次于它们母亲的社会地位，而低地位母亲的儿女最终也会获得跟它们母亲的地位相似的社会地位。非常不幸，这意味着，它们跟自己的家庭成员一样成了竞争中的失败者。

在猕猴社会中，一只猕猴的命运刚一出生就被确定，至少对于雌性来说是这样。出生于上层社会的雌猴，靠它们母亲和其他亲戚的裙带主义，长大之后会越来越有贵族派头。出生于底层社会的雌性，则要为它们一生的艰难生活做好准备。但是，还有比最底层的母系成员命运更惨的雌性猕猴。如果一只雌性在出生后就被母亲抛弃，它可能被一只富有同情心的人类研究者挽救并收养。多年以后，它被研究者重新放入原来的群体中，这只可怜的猕猴就成了无家可归的灰姑娘。而在一个裙带主义的社会中，灰姑娘注定不会生活得很好。面对这样恶劣的生存环境，一只灰姑娘猕猴要想设法活下来，最幸运的可能就是碰到一只让它怀孕的雄猴。当然，这里没有白马王子会带它到舞会上，然后把它变成一个公主。不过，幸运的它将有机会建立自己的家庭，一代一代，它的亲属就多了起来。如果它跟它的家属能忍辱负重，咬紧牙关，持续承担起这种毫无乐趣的繁重负担而没有被击垮，它的家族可能会慢慢地变得足够强大，进而在猕猴社会中拥有更高的地位。

我们看到，在猕猴社会里，裙带主义传递社会地位，传递跨代家庭成员之间的强烈联系，这种方式在许多人类社会中也存在。但我们还是要再问一次，猕猴的裙带主义跟人类的裙带主义是完全相同的吗？

动物与人类的裙带主义在若干重要方面存在不同。为了保持一致（同时也因为我实在很喜欢这些猕猴），让我们继续以猕猴为例来说明。裙带主义在猕猴中主要是雌性，特别是母系家族的事业。雄猴则不认识它们的孩子，不会用奶瓶给它们喂奶或者给它们换尿布（读者不必较真，可以把这些理解成猕猴中的对应行为），也不会帮助它们实现获取财富或统治世界的梦想。相比之下，人类的父亲会努力为他们的孩子做这些事。因此，人类和猕猴（以及其他动物）裙带主义第一个重要的不同就是，裙带主义在人类中主要是男人的事。传统上，在人类社会中，男人总是拥有大多数的财富和政治权力，男人会表现出强烈的裙带主义行为。母系社会在哺乳动物中并不少见，比如：大象的行为就跟猕猴非常相似。父系家庭占据主导地位，父亲拥有强烈的裙带主义，这让人类在动物界中显得非常特殊。根据我在意大利军队和学界的亲身经历来看，总是父亲在为自己的孩子走后门，母亲则很少出面。

猕猴和人类裙带主义的另外一个重要的不同是，猕猴的裙带主义局限于生物性的亲属之间，而人类则不必如此。人们用两种方式来扩展他们生物性家庭的边界，以便把非亲属的陌生人也包括在内：通过婚姻或恩惠。①

结婚以后，我们在对待自己的配偶以及配偶的亲属时，就会像对待与自己有血缘关系的亲人一样。在人类历史上，婚姻和妻子之间的交流使得男人之间形成裙带主义的联盟，这些男人可能来自不同的村

① 贝娄（2003）列举了很多例子，表明在人类历史上，人们通过各种方式把亲属地位扩展到陌生人，甚至包括神。

庄，属于不同的部落。就像在猕猴中一样，在人类中，政治力量取决于人多势众。对于拥有强烈政治野心的男人和女人来说，仅仅是扩展家庭成员可能还不够。因而，有的非亲属需要被纳入家庭，给予他们亲属地位。黑手党为这种现象提供了一个绝好案例。黑手党与他们的亲戚保持密切关系，但也通过对数量众多的同伙施加恩惠来增加他们家族的规模和权力。家族的首领以成为这些同伙孩子教父的方式，巩固这种恩惠。

不同的人类社会都发展出了吸收陌生人、给予他们亲属地位的方式。在意大利的学术界，学阀会给通过适当推荐而成功进入自己领地的学生和研究者提供恩惠。作为交换，他期望得到顺从和忠诚，以及在某些情况下的贿赂，甚至性贿赂。几年前，意大利的卡梅里诺大学一个 66 岁的法学老教授埃齐奥·卡皮扎诺（Ezio Capizzano），上了国家新闻的头条。因为警方发现，多年以来，他跟他的女学生会在自己办公室的一个沙发上做爱，而且他会用隐藏在桌下的摄像头为整个过程录像。[①] 那些出现在他磁带里的女学生都会在他的考试中拿到高分。当他的学生参加其他学阀的考试时，这个教授甚至会为自己年轻的情人出头，跟这些学阀协商，为情人争取高分。当他被逮捕时，卡皮扎诺教授为自己辩解说，他跟自己学生之间的性行为是完全自愿的。根据报纸上的照片判断，我并不认为他长得很帅、很有魅力。这样看来，这些女学生跟他做爱应该是出于商业目的：她们用性来交换高分和推荐。

---

① 2001 年 12 月，跟埃齐奥·卡皮扎诺教授有关的故事上了好几家意大利报纸和网站的头条。卡皮扎诺教授后来承认了所有指控，写了一本回忆录，详细地描述了他跟学生之间的性交易。

黑手党家族与几个世纪以来统治世界各国的君主家族没什么不同。在亚当·贝娄的书里，他很好地说明：大多数的人类历史就是这些君主家族崛起和衰落的历史。他还注意到：人类甚至把亲属地位扩展到神那里。所有原始的宗教都涉及跟神形成亲属关系，以便这些神能善意地对待他们的后人。而这些宗教的领袖通常都会认为，他们自己是这些神的直系后代。通过提供食物和牺牲，人们试图跟神建立一种恩惠关系，以便让神感到有义务回报他们献给自己的礼物，或者给他们以好处，或者给他们以支持。

另外一个猕猴和人类裙带主义之间的重要区别在于，猕猴只把它们的社会地位传给自己的亲属，某些其他动物把巢穴或领地传给它们的孩子，而人类则不仅仅传递他们的权力和特权，也把钱财、知识和价值观传给他们的后人。因此，人类的裙带主义也是一种文化现象，因为家庭内部的知识、规范和价值观的代际传递为人类文化做出了重要贡献。然而，人类裙带主义的麻烦之处，不在于他们的亲戚受了教育或得了帮助，而在于这些亲戚是怎么被帮助的。这就是猕猴与人类在裙带主义方面具有最显著差异的来源。它与一个被称作道德的东西有关。

猕猴的裙带主义——以及所有动物的裙带主义——谈不上好也说不上坏，就像自然界的任何事物一样。当然，存在胜利者和失败者：在猕猴世界，高地位的雌性是胜利者，而低地位的雌性是失败者；在非洲萨瓦纳草原，能逮住瞪羚的狮子是胜利者，被吃进狮子肚里的瞪羚是失败者。但是狮子并不是一只坏动物，而吃掉瞪羚也没有错。最初，人类进行他们进化之旅的时候是相似的，是非道德的。然后摩西给了人们十诫，他告诉人们，根据上帝的说法，什么是好什么是坏，什么是对什么是错。或者一群人围着桌子坐下，签署一个社会契约，建立起在人类社会中和平共处的若干准则。高地位的猕猴折磨跟自己没关系的低地位的猕猴，但是它们这样做并没有破坏什么规则：摩西没有跟猴子讲十诫，而猴子也不会签署社会契约——或者它们没时间这么做。

请允许我在这里先说一说社会契约版的“无限猴子定理”（infinite monkey theorem），即给予足够的时间，猕猴就能产生某种形式的社会契约，为它们的社会设定规范和规则。这个定理的基本版认为，如果可以让猴子在打字机键盘上随机敲打按键无限长的时间，它们就能敲出莎士比亚的所有作品。然而，这个定理或者至少它的一个简化版本已经被否定了，这跟有研究者最近在英国佩恩顿动物园（Paignton Zoo）所做的一个巧妙实验有关。动物管理员把一个电脑键盘留在一个关着六只猕猴的笼子里；在长达一个月的时间里，这些猕猴会用键盘敲打出什么作品呢？[①] 事实跟无限猴子定理相反，猴子们只敲打完成了主要由字母 S 组成的五页长的文档，然后它们的雄性头领用石头砸坏了键盘，其他猴子就在上面撒尿拉屎。于是，对于猴子来说，不会有契约，也没有道德。

当人们在公共生活中采取裙带主义行为时，几乎总是破坏着道德、社会和法律的规则。如果每个人都按照规则行事，裙带主义就会没有用武之地。道德倾向是强大的，这种倾向在某些人身上比在另一些人身上更明显。不过，祖护亲属的裙带主义本能更为强大。于是，

① 2003 年，无限猴子定理的实证检验在英国的佩恩顿动物园进行，随后得到很多在线新闻网站的报道，包括 BBC（英国广播公司）新闻。

规则总是被破坏，而裙带主义也因与欺诈、腐败和其他许多犯罪联系在一起而破灭。罗马教皇没有遵守规则，根据品德和资质给人们指派工作，而是雇用他们的教子，他们经常称其为“侄子”——裙带主义这个词就是这么来的［英语中的“裙带主义”（nepotism）跟“侄子”（nephew）在词根上很相似］。为了这么做，他们必须欺骗更有资质的申请者，就像保罗·瑞森教授给他儿子争取一个不应有的教授职位那样。如果遭受欺骗是裙带主义受害者经受的唯一恶果，那么事情就不会如此糟糕。（因为被派遣到意大利和南斯拉夫边境地区的军事基地，或者没有找到工作，都会毁了一个人的生活。）

在人类历史上，欺诈是跟裙带主义有关的最轻微的犯罪。一个残暴无情的独裁者会不计一切代价，执意推进他们家庭成员的利益，从而使数百万人因为他的裙带主义行为而死亡。乌代·侯赛因和库赛·侯赛因是萨达姆·侯赛因的儿子，他们在 2003 年跟美军的一次枪战中被击毙。如果他们没有独裁者父亲坚决彻底的支持，没有成千上万的伊拉克民众流淌的鲜血，又何来煊赫的权力和巨额的财富？与犯罪有关的裙带主义存在于人类社会的许多地方，特别在非洲和南美的独裁政权那里，依然非常猖獗。根据亚当·贝娄的观点，欧洲人也对裙带主义持有相对积极和宽容的观点。相比之下，美国社会则建立在美德、公正和机会均等的基础之上，而且在历史上，美国人就抵制和拒绝裙带主义。

看起来，美国人已经成功地在世界上建立了最好的精英社会。然而，裙带主义在这里再次出现，而且比从前更为强大。从 20 世纪直到今天，我们已经目睹了家族王朝在政治、商业、艺术、音乐和文学方面的成功。这些家族采用了欧洲精英使用过的裙带主义的策略，把他们的财富和权力传给自己的后人。资本主义曾被认为是一个强大引擎，使得个人能自由摆脱家庭的桎梏。但是，家族利益继续主导着美国的经济生活。事实上，在《人民的资本主义》（*A Capitalism for the People*）这本新书中，我的同事——芝加哥大学商学院的经济学家路易吉·津加莱斯（Luigi Zingales）——发出了自己的盛世危言。他认为，建立在公平竞争、机会均等和精英主义基础上的美国式资本主义，曾经在全球独树一帜，现在已经在慢慢地改变，越来越像是意大利式的资本主义，被任人唯亲和裙带主义统治着。[①]

强大的家族也会在他们的个人生活中捍卫自己的利益。上流社会的成员——不管是政治精英、商业精英还是知识精英——都更倾向于居住在他们自己的社区里，把他们的孩子送进自己专门的学校去念书，跟他们自己阶级的人结婚，同时通过其他的方式把他们的财富、权力和特权传递下去。我个人可以证明，裙带主义已经蔓延至美国的学术界，变得跟意大利式的学阀模式越来越像。我 1992 年来到美国，自己面试了两个一流的学术职位，折戟沉沙，连遭拒绝。我打听到两个职位中，其中一个给了该系一个很有权势的教授的女儿，而另外一个给了内部候选人，即该系系主任的门徒。在我任教的芝加哥大学，很多名教授指导的学生都是其他名教授的儿子或女儿。事实上，当我在写这一章的时候，就从一个同事那里收到了下面这封电子邮件：

① Zingales，2012.

达里奥：

我们上周刚见过面。我是那个系的副系主任，对于你所从事的工作印象非常深刻。我给你写邮件的目的，是想问这个夏天你是否有兴趣招收实习生。我的儿子是某某，现在某大学，而且我们已谈论过你的工作。你愿意看一看他的简历，（给他）这个夏天一个可能的实习机会吗？如果他能够拥有这份经验，我对于你所做的一切会非常感激。

听起来像是意大利式的推荐，难道不是吗？也许这是我获得羊排或意大利香肠的好机会。

前面已经提及，生物学家基于资源的可获得性和竞争强度来解释某一物种或社会中裙带主义的优势和缺陷。最近，随着美国人口膨胀、资源枯竭和经济危机，社会竞争变得更加激烈。美国可能依然是机会平等的地方，但某些人将比其他人更平等。现在，大量的财富和政治权力都集中在婴儿潮时期出生者的手中，这批人出生于1945年到1960年。而且，随着婴儿潮时期出生者接近退休年龄，他们的孩子正在大批地进入劳动市场。听起来像是建立裙带主义的最佳时间，难道不是吗？难怪年老的婴儿潮时期的出生者正在随心所欲，使用各种办法把他们的财富和权力传给自己的孩子。

面对美国社会正在变得不那么精英主义、更加裙带主义这个现实，亚当·贝娄热情洋溢地为这种裙带主义做出了辩护。他向我们解释说，美国当代的裙带主义是一头另类的野兽，它仁慈而高贵，跟猕猴、世界各国的独裁者或欧洲人所使用的裙带主义绝不相同。因此，他试图消除我们对于美国重新出现了裙带主义的担忧，认为这种担忧是没有根据的。他同时告诉我们，坏的裙带主义本质上是无害的，好的裙带主义则扮演着一种积极的角色：它能够提升资本主义的经济，传承道德和家庭的价值观。

好的、坏的和丑的

尽管裙带主义在传统上被认为是一种自上而下的现象，比如父母帮他们的孩子走后门，但新的美国式裙带主义同时具有明显的自下而上的成分。通常的结果都是孩子选择追随他们父母的脚步，继承他们的工作、财富和政治权力，而不是父母违规给他们找工作。孩子利用家族的名声，或他们父母的财富和影响——这种机会主义并不局限于上层社会，同样也被任何有关系的人采用。然而，这种裙带主义中自下而上的层面并没有什么新颖之处。事实上，裙带主义的自上而下和自下而上的成分总是形影不离，密切相关。当孩子意识到他们生活在一个裙带主义的世界，了解到裙带主义能为他们做什么，以及认识到他们的父母有钱有权有影响，他们就会主动地利用自己所能获得的每一次机会。裙带主义的受益者从来都不是消极无为的旁观者。这一点在猴子社会中同样适用。高地位母亲家里的未成年猕猴会主动寻求它们母亲的干预，为了实现这一目的，它们常常不断地寻衅滋事，发出尖叫。

亚当·贝娄承认，婴儿潮时期的出生者通过转移商业、财富和权力，给他们的孩子创立了封建王朝式的意识形态，这伴随着他们的利益复活，同样也伴随着对裙带主义古老表达的一种反转。他举了一个例子：理查德·威廉姆斯有一天向他的妻子宣布说，他准备让他们的女儿维纳斯和塞雷娜成为网球冠军。于是，他在两个女孩刚能握住网球拍的时候，就早早地教她们打网球，持续不断地给她们上课，直到她们获得了第一个美国公开赛的冠军。亚当·贝娄说：“作为一名父亲，威廉姆斯所代表的只能被称为向古老的裙带主义的倒退。他的例子是对裙带主义真相的一个证明，即就孩子而言，你的投入总是有回报的。”嗯，如果这是复活的美国式裙带主义的一个良好案例，我们的确没什么可担忧的。

教你的孩子怎么打网球不是裙带主义。况且，通常来说，父母把他们的技能、事业和钱财传给他们的孩子也没什么错。裙带主义意味着，当个体在帮助他们的亲属或门徒的过程中破坏了规则。而且，父母越是想要影响孩子的生活，就越有可能破坏规则。婴儿潮时期的出生者变得越来越干涉他们孩子的生活，在干涉程度上要比他们自己的父母严重得多。是的，这种现象伴随着裙带主义的复活，但是这种裙带主义并不意味着温柔和善良，或其他新的东西。它同样是一头古老而肮脏的野兽。为了公平，裙带主义已不仅仅被上层阶级的成员实践，也被越来越多的下层阶级的成员效仿。然而，有钱人和有权者实践裙带主义，会给社会带来更大的危险。底层民众并不具有扭曲规则的权力，他们的裙带主义活动通常对社会没有太多影响。

可以对裙带主义做非常狭义的界定，即裙带主义不但意味着雇用自己的亲属，同时意味着放弃更有资格的申请者，而雇用那些胜任力较差的候选人。在这里，亚当·贝娄介绍了坏的裙带主义和好的裙带主义之间的重要差别。坏的裙带主义，比如雇用一个没能力的亲属，经常会导致后院起火，但是它具有相对较少的冒犯性，因为这种裙带主义并不伤害与此没有直接关系的人，而好的裙带主义意味着帮助一个有胜任力的亲属，这被认为对每个人都有好处。

因此，亚当·贝娄得到的结论是，“历史表明，裙带主义自身既不好也不坏：重要的是它是被如何执行的”。我们不应该消除裙带主义或惩罚它，而应该建设性地运用它。我们必须认识到，裙带主义是一门艺术。此外，我们必须遵守不成文的规则，正是这些规则让裙带主义成了我们社会中的一种建设性的积极力量。遵守这些潜规则的人得到奖励和赞扬；不遵守的人则受到惩罚。如果可能，请为裙带主义鼓掌，并记住下面的金科玉律：

第一，不要让资助者难堪。这是因为，门徒的活动和行为影响到资助者的荣誉，你可以接受裙带主义的帮助，但不要让资助者难堪。第二，不要让自己难堪：如果你是损人利己的裙带主义援助的受益人，就必须努力工作，以此抵消这些被欺骗者内心的怨恨。如果有机会，你应该给予他们安慰性的补偿。第三，传承裙带主义：如果你是自己父母裙带主义援助的接受者，用你对自己孩子的裙带主义行为表达对父母的感激。接受慷慨的裙带主义援助没什么问题，如果你也能反过来慷慨地对待他人——当然，只要你让这种行为局限于家族之内。

黑手党家族的价值观

尽管亚当·贝娄打包票说自己不会把裙带主义的主题转变为家庭价值观的讨论，但他还是那么做了。他告诉我们，人类具有一种裙带主义的道德义务。如果不能把自己的家人放在首位，我们就会破坏人类社会的根基。我们因此应该强化核心家庭，鼓励人们帮助他们的亲戚，促进扩展亲属网络的建立，这个主要通过对朋友和同事的恩惠来进行。亚当·贝娄的结论是，雇用侄子可能在客观上是歧视性的。不过，鉴于人们都会这么做，我们也许可以确保自己雇用的是最好的侄子，是最有才能的侄子。

贝娄说："如果裙带主义只是关于帮助亲属的话，显然它本身并没有错，甚至黑手党体现出来的裙带主义价值观，都具有某种优越性和合法性。"他提到了电视连续剧《黑道家族》（*The Sopranos*）中的一个片段，其中汤尼·索普拉诺的妻子卡米拉想要走后门，以便把他们的女儿送进布朗大学。她说："现在大家都有关系。你知道是谁。如果规则不适用于所有人，为什么要遵守呢？"因此，如果我们同意卡米拉·萨普拉诺和亚当·贝娄的观点，完全可以说，我们从根本上说都是黑手党。

第四章

出人头地

不管你是一只猕猴还是一个人，
在进入新圈子时，必须跟新圈子里的陌生人发展关系，
努力获得他们的支持。当周围没有亲戚能帮你时，
要想出人头地，无法靠裙带，而要靠政治。

自食其力

无论是来自我们的亲生父母，还是来自我们的“养父母”，他们的裙带主义推荐能帮助我们提升自己的职业生涯，过上美好舒适的生活。亲生父母无须多言，“养父母”则包括学阀、军队里的将军，或跟自己有关系的政界人士。然而，有时候，裙带主义的援助并不是一种现实的选项。对于大多数人来说，他们在生活中难免会碰到这样的时候：个人必须离开自己的家庭，加入一个新集体，这里没有自己熟悉的人，也没有与自己有关系的人能提供帮助。在这样的情形下，我们的成功将依赖于自己与社会阶梯沟通谈判的能力。我们没有其他人可以依靠，只能靠自己。

刚刚进入成年的雄性猕猴就面临着这种情形。当雄猴到了青春期，它们就从自己的家庭群体中迁徙出去，进入一个新的完全陌生的群体。而在原来的群体中，有它们的朋友，它们的母亲、姐妹，以及其他的母系亲属。就像一只年轻的雄性猕猴意识到它不可能在自己原来的群体中获得事业成功一样，大学毕业之后，我离开了自己的家庭、自己的支持网络，还有自己的国家，独自一人前往美国。在猕猴和人类中，这些转变绝不局限于繁衍或事业生涯的初期。为了寻找更好的繁衍机会和事业机会，猴子和人类也会在以后的生活中做出“第二次”转变。然而，他们在这次转变中遇到的问题，跟他们在第一次转变时遇到的问题非常相似。

不管你是一只猕猴还是一个人，都有可能经历加入新群体的转变，这些转变发生在你生命中的某个时期。同时，你也知道，没有人会为一个新来的人铺上红地毯。进入新的工作场所的大多数人都被雇用了，这意味着他们是被需要的，受到不少人的欢迎。虽然如此，他们也必须与一个已经建立起来通常又抵制改变的权力结构做斗争。正如在第二章讨论的那样，人类的工作场所就像猴群一样具有权力等级。这些工作场所既包括大型的公司、军队、剧院，又包括学校和大学。那些工作努力、试图出人头地的人，不管是千方百计想成为领导，还是仅仅想把自己的地位提升一个等级，都不会乐于站到一边，心甘情愿地给新人腾出空间来。在猕猴和人类社会中，新来的人都被视为一个竞争者，因此在进入新的圈子时，他们很可能会遭遇冷漠、抵制，甚至是公开的排斥。作为新来的人，必须与这些陌生人发展关系，努力获得他们的支持，要么通过相互帮助，要么通过其他办法。当周围没有亲戚能帮你时，成功不靠裙带主义，而是靠政治。不过，在人类和猕猴中，存在政治游戏的不同玩法，以及出人头地的不同方式。

这里我将探讨出人头地的三种不同策略，这些策略在人类和雄性猕猴中都存在。每一种策略将通过一个故事来讲解。首先，我将跟大家分享三则人类的故事——虚构的名字分别是吉娜、马里奥和萨拉，接着是三则猴子的故事，故事中的雄性猕猴主角分别是比利、兰波和马克斯。

灵长类学家已经发展出了许多理论模型，以便解释为什么存在这些不同的出人头地策略，以及在什么情形下哪一种策略是最有效的。灵长类学家也发展出了其他的模型，以便解释什么时候适合与其他个体结成政治联盟，挑战现有的等级秩序，以及哪一种联盟在哪一种情形下是最有利的。正如我们前面谈到的那样，这两种模型把进化生物学的原理与经济学的成本收益分析结合在一起。尽管人类和猴子玩政治游戏的方式并非完全相同，但是你会发现，在人类和猴子的故事中存在着足够的相似性。这些相似性足以使你信服，承认能够解释猴子行为的理论也能够解释我们的行为。

人类的故事

好公民

在以微软公司的系统分析员身份入职的第一年，27 岁的吉娜工作努力，谦逊低调。每当在公司的楼道里遇到自己的同事时，她总是微笑着和对方简单地聊几句。在部门的业务会议上，吉娜安静地坐在房间的后面，从来不会提问题，也不会对正在讨论的话题发表意见。当同事转向她询问她的反应时，她就微笑着点点头。如果直接问她是否认可一个大多数人都支持的计划时，她很快就予以确认。如果某个话题导致大家出现分歧，问她对这个争议性话题有何看法时，她会圆滑地避免在这个问题上站队；她声称自己刚刚来到公司，对问题没有足够的了解，因而没有什么看法。她从来都不会错过一次会议，经常参加部门举办的“欢乐时光”活动。

吉娜经常被老板叫到办公室，安排一些额外的任务。因此，她除了负责自己岗位的正常职责之外，还承担着部门里的额外工作，而这些工作是在她的职责范围之外的。当老板在一个业务会议上询问，是否有人愿意或有时间承担额外工作时，每个人都会找借口说自己有多么忙，或者他们没有经验或资源来承担这个新的责任。然而，吉娜没有任何借口，欣然接受新安排。不只是老板会给吉娜额外的任务，吉娜其他的资深同事也会通过请她帮这个忙或那个忙的方式，把自己不喜欢干的工作交给吉娜。当然，吉娜不能拒绝。吉娜当然不是唯一被要求做额外工作的雇员；同样的情形，在其他刚刚进入公司一到两年的新员工那里也存在。像吉娜一样，这些年轻的同事不能逃避额外工作的要求，不过她们可不像吉娜那么乐意接受这些任务，有时候还会发发牢骚，抱怨几句。有时候，她们不参加公司会议和“欢乐时光”活动，以避免在这些场合与同事撞见，同时也以此作为对他们的老板和资深同事的无声抗议，因为她们认为这些人对自己进行“职业虐待”。当然，这也意味着吉娜——从来都不缺席会议的那个人——最后承担了大多数的额外工作。

在微笑和幸福的背后，吉娜也痛恨那些自己被迫去做的额外工作。尽管许多要求来自她的资深同事，但吉娜没有像对她的新同事那样对他们抓狂——这些新同事为了躲避这些要求，刻意不去参加会议。尽管吉娜和她的资深同事基本是在同一条船上，也能因为与他们建立友好的合作关系而从中受益，但是吉娜不认为自己需要与那些看起来像她一样无权无势的人结盟，不认为这对职业提升有价值。她判断，位高权重者的支持和慷慨是提升自己职业地位的最好方式，可能也是唯一的途径。吉娜期待通过经常取悦她的上司和帮助完成他们的要求，最终得到他们的奖励。当然，她也知道，老板绝不可能让她得到一个很大的职位晋升，或没有提前通知就给她涨很多薪水。不过，她认为通过做一个乖宝宝并保持低调，她的地位会有一个缓慢但却持续的提升。吉娜拥有和蔼可亲的性格，不易激惹、不易冲动的脾气，这些都有助于她使用这种策略。她知道在这样一个新的工作场所要实现这个目标需要很长时间，但是她愿意等下去，不会主动打破这个平静的现状。

激进分子

马里奥 26 岁，是一个刚刚博士毕业的生物学家，在亚利桑那大学从事两年的博士后研究，导师是他研究领域里世界知名的米歇尔·莱文教授。马里奥在读研究生期间是一个各方面都非常优秀的学生，他从来没有怀疑过自己的能力，认为自己拥有在学术圈获得事业成功的潜力。在读研究生期间，他做过很多研究，锻炼了自己的批判性思维技能，（他自认为）发展了一种重要的能力。这种能力能区分有趣的研究和无趣的研究，辨别好的科学和坏的科学，甄别聪明的科学家和平庸的研究者。尽管马里奥只是刚刚拿到自己的博士学位，但是通过发表论文和在权威会议上应邀发言，他作为一个独立的科学家已经获得了某种程度的认可。

从小学到大学的 20 年成功经历，赋予了马里奥对自己学术能力和表现的高度自信。他认为自己的观点有价值，自己的工作有效率。这样的信念也让他产生了自负心理，还有对其他人观点的不尊重倾向。马里奥是一个高度紧迫、积极进取的年轻人，他以极端的韧性和坚持追求着自己的目标。可以理解的是，他也是一个社交技能糟糕、极度自我的人：他很难理解别人的情绪，在与他人沟通时，他也很难不伤害对方的感情。他是一个极富竞争性的人，容易焦虑。这两种特征通常意味着，此人身体里有较多的睾酮，而大脑中有较少的血清素。马里奥同时是一个容易冲动的人，他总是迫不及待地动员自己反击别人，至少在学术问题上是这样。

当马里奥加入莱文博士的研究小组时，他对自己新老板从前的研究已有所了解，但是还没有对新老板的专业领域形成全面的观点，也不知道莱文博士的个性特征和私人经历。在莱文博士研究小组的最初几周里，马里奥专注于自己的工作，想要多做出点儿成绩，没有主动跟研究小组的其他成员交往。毫不意外，他给人的印象是反社会、孤僻和难以交往。做研究的时候，通常马里奥一个人在表现，不尝试跟其他的研究者和学生建立合作关系。尽管他熟悉和欣赏其中某些人的工作，但没有和他们沟通，没有让他们知道自己欣赏他们的工作，反而让他们感觉自己瞧不起这些成果。其他人把马里奥不与他人交往视作一种傲慢的表现。结果，研究小组中的所有人都不喜欢他，也不支持他。对于马里奥来说，这不是问题。他缺少社会交往，当他发现自己在一群“朋友”中间时，一半时间他不能区分别人喜欢还是不喜欢他，而剩下的时间里，他知道没有人喜欢自己，但是也不在意。此外，在学校和工作方面，他坚定地认为，自己成功的可能完全在于他自己、他的技能、他的努力和他的工作效率。他并不认为关系网络或友谊与他的事业发展有任何关系。马里奥对来自威望或政治权力的权威一点儿也不尊重，也不能忍受以地位压制自己的人。他认为在学术圈里，权威应该从观点的对质中赢得，任何人都可以——也应该——被挑战。

因此，从在莱文博士小组工作的第一天起，马里奥就开始挑战自己的老板，在研究问题上与导师进行无休无止的讨论。他甚至将莱文博士的论文与他自己的论文相比，指出有哪些优点，有哪些缺点。他把自己放在了与莱文博士同样的学术水平上，检验他自己观点的优势和品质，并且直接与莱文博士的观点对着干。不用说，莱文博士一点儿都不喜欢这种做法。他认为这个年轻人是有点儿聪明和学识，不过鉴于他从前的研究和成绩的单薄，马里奥有些过于刚愎自用和自信了。尽管莱文博士偶尔认为与马里奥的讨论是有趣的，但是大多数时候他都很恼火。莱文博士对学术激荡没有多少兴趣，他与马里奥讨论，很多时候都是为了赢得对方的尊重，都是为了让这个傲慢的年轻人良心发现，从而对他这样一个资深的研究者表现出敬意来。

通过最初的几次讨论之后，马里奥开始感觉到，他的观点和工作如果不比莱文博士的强，至少也与他的一样好。于是，马里奥有了一种强烈的不公平感：他的老板是一个高薪的受人尊重的教授，而他只是一个没有薪水的年轻研究者。一天，在一次特别激烈的讨论当中，马里奥直接告诉莱文博士，说他的想法和研究都存在严重的缺陷。马里奥还说，如果由他来管理实验室的话，能比莱文博士做得更好。

一切都乱套了！莱文博士忍不住对马里奥高声大叫，让他打包走人，另谋高就。马里奥不甘示弱地反击，说教授是无能之辈。然而，当这些话从他的嘴里说出时，马里奥突然被权威吓到了，担心起自己职业生涯的前景。他最终向莱文博士道了歉。打那以后，他夹起尾巴离开了那个房间和研究小组。其他人很快听说了这件事，争论中的具体话语从一个人的嘴里传到另一个人的嘴里，就像那次谈话被秘密记录下来一样。尽管在莱文博士小组中，有的研究者认可马里奥对他们领导的观点和研究的担忧，但他们也乐于看到这个年轻的冒犯者打包走人，他们都站在了自己老板这一边。离开莱文博士的小组以后，马里奥赋闲在家，花了很长时间才找到一份研究工作。他是否已经接受教训，发誓在未来反思自己的行为？要是在他生命的后期，他去和一个高地位的研究者争夺地位，可能他之前的方法是可行的。不过在这样的早期阶段，他必须有耐心。

马基雅维利式的策略家

就在吉娜加入微软公司的第二年，一个年龄超过45岁的富有经验的中层商业经理萨拉，从太阳财务软件公司跳槽到了微软。萨拉的办公室离吉娜的办公室只有两个门那么远，因此吉娜有机会观察她的这个新同事如何适应新的工作环境。据说，萨拉是一位雄心勃勃的成功人士。

在萨拉来到微软工作的第一周，吉娜办公室的每个人都收到了一封来自萨拉的电子邮件。在邮件中，萨拉介绍了自己，简单地说明了她的背景和兴趣，表达了她来微软工作的愉快心情，特别是为能加入吉娜所在的部门而感到兴奋。在每一封电子邮件中，萨拉都提到她有一只年迈的名叫巴克的德国牧羊犬。萨拉写道，她对狗非常依恋，而且她希望自己未来的同事中有人会跟她一样爱狗，有兴趣跟她一起遛狗。在每一封邮件中，还都有一两行是专门写给这个收信人的，比如：萨拉告诉吉娜，她认为她们在瑜伽方面有共同的兴趣，她们应该很快会一起吃一顿饭，因此两个人可以谈谈瑜伽。在开始新工作的几天里，萨拉带着所有跟她关系亲密的同事出去吃午餐——一个又一个，包括吉娜，虽然她是这个社会等级中地位最低的职员。吃午餐时，萨拉对其他人说的每件事情都很专注。萨拉详细地说明了她与新同事们之间共同的工作兴趣，讨论了一起参与共同项目的机会，在这些项目中，萨拉和另一个人都能在工作上获得好处。

实际上，萨拉与任何她的新同事之间都没有共同兴趣——不管是在个人爱好还是在工作方面。她的确有一只年迈的狗叫作巴克，但是雇了专业的宠物护理员每天去遛狗。当萨拉出城的时候，她很高兴能离开巴克几天甚至几周，而这种情形对她来说很常见。在萨拉看来，这些午餐谈话的目的有两点：第一，她想让每个人都对她产生良好的第一印象；她从过往的经验中知道第一印象是多么重要，而且倘若每个人都喜欢你，工作上的事情将会进展得很顺利。比如，人们将非常愿意为你提供帮助。萨拉的自尊心也很强——她期望能被每个人喜欢，而不管这个人是谁。

第二，更重要的是，这些午餐谈话的目的是搜集她所在的新部门和在其中工作的人们的信息。她想要尽快知道每个人到底有多大的权力和影响，识别出重要玩家和边缘选手、胜利者和失败者、权力的动态变化，谁的地位会提升，谁的地位会降低，因为什么原因，谁跟谁是敌人或朋友。她还想更多地了解她同事的性格和职业轨迹，以及在个人生活和工作方面的优缺点，以便在将来需要的时候能够利用这些人，或者保护自己不受他们伤害。在萨拉这个策略的信息收集阶段，尽管还不知道自己新部门的权力动态，她还是接受了每一个同事的邀请，不管是去鸡尾酒会还是聚餐，或者是加入公司内部的专业团体。她只是想让每个人看到她是一个多么友好的人、一个多么出色的团队成员，同时获取所有她需要的信息，以便为自己策略的第二阶段做准备。

萨拉之前就在不同公司工作过，她知道这个信息收集阶段对于策略性的职业提升有多重要。她的目标是要成为微软的高层经理，但是她不像吉娜，她可不想等着馅饼掉到自己头上。她准备采取措施，让事情如其所愿地发生在自己身上。尽管萨拉是一个高度自我和对他人冷漠无情的人，但她也知道，在职场上树敌从来不是好事。你永远都不知道有一天你会需要谁，而且拥有其他人——哪怕是你认为不怎么样的人的忠诚和支持总是一件好事。根据经验，萨拉知道，通过散播谣言，人微言轻的同事也能够对他们讨厌的人的事业造成恶劣影响。而且像萨拉这样左右逢源的人，能够在一开始的时候就通过较小的投资赢得每个人的忠诚。根据萨拉的性格和跟人打交道的能力，她知道如果想要尽快升迁到高层，最好使用政治手段：结成联盟和社会操纵。

大约一个月之后，萨拉已经与她所有的同事都吃过饭，聊过天。每个人都在他们中间评价说，她是一个多么友善、多么能干的人。对公司和他们部门而言，她是多么伟大的帮手！他们叹了一口气说，要是他们的部门领导是萨拉就好了。

现在，萨拉开始进入她策略的第二阶段。在确认过部门里的几个重要人物——靠这些人的支持，萨拉就能很快获得高升——之后，萨拉开始专门针对他们做工作。从吉娜开始，她很快就对无关的人冷淡起来，虽然她会继续对他们有礼貌地微笑。萨拉同时悄悄地撤销了她曾经做出的承诺，涉及各种各样的社交建议和工作倡议——这些事情只会浪费她的宝贵时间。

萨拉积极地跟最有权力的主管建立同盟，想方设法，使出浑身解数：从提供工作好处到进行社交，甚至还会偶尔跟一个看起来被她吸引的家伙调调情。她还知道，这些同事对他们的部门主管颇有微词。于是，萨拉跟他们分享自己在从前公司听来的关于部门主管的谣言。部门里的其他人看起来没有注意到萨拉行为的改变。她给人们留下了一个良好的第一印象，没有人会期待永远继续收到她请吃饭的邀请。可以理解的是，随着萨拉在新工作上更忙，她就会收回从前做出的某些承诺，而且很快每个人都忘了巴克那只狗，还有它要人陪伴的强烈需要。在她积极追求权力的过程中，萨拉实际上参与了伤害吉娜和其他下层员工的决定，但这些员工要么没留意，要么不相信。

最后，萨拉的政治策略获得了回报。萨拉加盟公司不到一年，他们的部门主管就卷入了一桩丑闻，导致人们对他是否有能力继续留在岗位上产生了质疑。尽管部门里许多人继续支持他，但是萨拉成功地说服了她的亲密盟友，使他们相信他们的主管不适合这个工作，应该辞职。在一次业务会议上，萨拉和她的盟友对现任主管发动了一场早有预谋的抨击，迫使他辞职，离开了公司。当讨论可能的继任者时，每个人的口中最先说出的是萨拉的名字，于是她马上就获得了这个职位。她谦逊地接受了这项新的任命，还有随之而来的更多的决策权力以及相当于以前三倍的薪水。这时候，她展开了自己策略的第三阶段，开始散布关于史蒂夫·鲍尔默的谣言，说他作为微软首席执行官是不称职的……

猴子的故事

低调的外来者

比利是一只生活在圣地亚哥岛（Cayo Santiago）的 4 岁大的雄

性猕猴，这个小岛靠近波多黎各的海岸。[①]岛上大概有1000只猴子，生活在6个不同的群体中。这些群体处于一个线性的支配等级中，一号群体是拥有约300只猴子的最大群体，等级最高，而6号群体只有38只猴子，地位最低。小群体试着尽可能地不去招惹更高地位的群体，但偶尔还是会狭路相逢。这些群体之间的相遇可能会引发激烈的战斗，但也给年轻的雄性提供了机会，让它们能检验一下自己对其他群体中雌性的吸引力，刺探这些群体中是否有自己前几年迁徙过去的家庭成员，以帮助它们决定自己以后加入哪个群体。

比利属于排名第五的群体，而且在这个群体中，它又出生在支配等级最低的母系家庭中。在它快四岁的时候，事情开始变得不妙。它母亲似乎不再想跟它有任何瓜葛，总是躲着它。它的姐妹们也都忽视它；它们忙着跟自己的母亲、自己的舅母和侄子泡在一起，忙于跟群体中的幼猴玩耍。比利有两个哥哥，但是它们都在两年之前离开了；比利只在与6号群体短暂遭遇的时候见过它们一次。

比利快要到青春期了，随着睾酮在它血管中的沸腾，它开始变得头脑不清，精神恍惚。比利常常不由自主地盯着处于发情状态下（热情似火的）的雌性。有一次，它向一个很有魅力的年轻雌性发起了灾难性的邀请，而这个年轻雌性来自本群体中高等级的母系家族。当比利向它走去，舔着嘴唇，就像它曾经见过的其他成年雄性做过的那样（对发情期的雌性舔嘴唇相当于人类中的性爱前戏），结果那个雌性尖

① 对圣地亚哥岛猕猴群的详细描述，请参考我的《马基雅维利式智力》一书。关于雄猴迁移的研究，请参考惠特利（Wheatley，1982），马里亚·凡·努德维克（Maria van Noordwijk）和卡雷尔·凡·斯海克（Carel Van Schaik，1985，1988）以及迪比克（Dubuc）等（2011）。

叫着逃走了。随后它的雌性亲属、群体中的雄性老大，还有一帮它的同伴，对比利展开了一场“追杀”，害得比利绕着小岛狂奔了几小时。对于比利来说，离开的时间到了，它必须离开这个群体，到其他地方去碰运气。

独自过了几周之后，比利开始在6号群体附近溜达，它认为自己的哥哥们在里面。比利出现在6号群体边缘的事情没有逃过6号群体中雄猴的眼睛。每当它走近其中一些群体成员时，雄性老大和其他的雄猴就会威胁比利，把它赶跑。大多数的成年雌性都对它尖叫，就像在它从前的群体中，那些雌性对待它的方式一样。这里的情形似乎也不怎么样。但比利最初的想法是对的，它的哥哥们的确在这个猴群中——有那么几次，它们走近比利给它理了一会儿毛，这让它感觉好多了。此外，6号群体中一只富有魅力的未成年雌性看起来被比利给迷住了，而且好几次雌猴都抬起尾巴，把红红的屁股正对着比利的脸。在这个时期，比利对6号群体中的任何猴子都恭恭敬敬，对在一英里（约1.6千米）范围内出现的任何一只猴子，它都环顾左右表现出“恐惧的笑”。

如果有谁走近它，它会立刻退缩、蹲下，或藏在灌木丛后面。这样的日子持续了好几周，直到最后，6号群体中的猴子都懒得去威胁比利了。在猴群休息或吃饭的时候，它们允许比利在周围溜达，而比利也跟整个猴群在岛上一起游走，尽管总是在后面。

在6号猴群中，比利对每一只猴子都心怀畏惧，包括那些在母亲警觉的注视下偶尔靠近它的幼猴。在每只猴子的意识中，毫无疑问，比利处于社会等级中的最底层。他已经被这个群体接受，不过是排在支配等级的最后一位。一整年过去，事情没有什么变化。直到有一位新成员加入进来，看起来它就像最初的比利那样胆战心惊，找不到北。这时候，比利就不是排名最低的雄性了。在随后的 4 年里，两只雄性老大或走或死，地位被排名在它们之下的雄性取代，而其他的中层或底层雄性则由于某种神秘的原因失踪了（原因对于猴子来说是神秘的，但是我们知道，这些猴子是被人们捉去卖给了研究人员）。在 6 号猴群中过了 6 年之后，比利的地位得到了明显的提升。它每年都交配，而且成了一群无法无天的小猴的父亲。它在群体中还交了几个朋友，当猴群迁徙的时候，比利走在中间，而不再是边缘猴了。由于某些高层雄性的死亡或失踪，以及每年都有新的年轻而顺从的外来猴子的加入，比利的地位在慢慢地上升，当第七个年头来临时，比利发现自己在地位排行榜上成了第二名。对于像它这样一个总是不计代价避免斗争而且连打雷都害怕的猴子来说，这实在是太不可思议了。

接着，某些不可预料的事情发生了。一个在岛上做实验的人类研究者抓住了 6 号猴群中的雄性首领，把它永远地带走了。比利将要成为雄性首领，这可是一个千载难逢的机会。不过对它来说，事情可没这么一帆风顺。它试图表现得像雄性首领那样，在它的生命中第一次尾巴高高地翘起来散步，威胁身边其他的雌性或雄性。这时，一群来自高地位家族的雌性结成一伙开始对付它，无情地追赶了它好几天。地位刚好在比利之下的那个家伙，看到这是一个事业发展的好机会，就和这群雌性一起攻击它。不知道是什么原因，这群雌性看起来认为这个家伙更适合当雄性首领。结果，比利不但错失了自己成为雄性首领的机会，而且还被 6 号猴群驱逐出境。独自在岛上孤独而忧郁地游荡了一年之后，比利患上了肺炎。后来的某一天，一个研究者偶然发现了它的尸体。

撇开这个悲惨的结局，比利的故事描述了雄性猕猴的典型生活：离开原来的圈子，加入新的群体成为社会底层的一员，以及地位逐渐提升。这一过程也在野生日本猴和长尾猴中被观察到，它们是猕猴的近亲。像比利这样的雄猴被称为“低调的外来者”，它们接受了一种等级提升的“论资排辈”制度：随着高地位雄性离开或死亡，它们在群体中的地位随时间缓慢地上升。这样的安排也被称为“继任”或“排队”系统，用以表达这样一种概念：雄性耐心地排队，等待它们成为资深成员。如果它们在一个群体中待得足够久，很幸运或很有才能，就能扫清障碍，成功跻身上流社会。在其他情况下，比如像比利这种，它们从来没能获得雄性首领的地位，要么是因为运气太差，要么是因为方法不对。

根据我随后将要解释的原因，这种论资排辈系统在大群猕猴中很常见。在这些群体中，某些雄性老大从来没被挑战过，稳定地维持着它们的地位很多年。在圣地亚哥岛上，某些雄性已经稳坐老大地位超过 20 年，尽管它们看起来已经非常衰弱。这种事情不可能在野外发生，因为那里雄性猕猴能活过 10 岁或 12 岁就已经很幸运了。在猕猴生活的亚洲森林里，雄性老大从来不会死于年老，而是会像在塞尔焦·莱昂内（Sergio Leone）和克林特·伊斯特伍德（Clint Eastwood）的“意大利式西部片”中的狂野西部一样，在一场决斗中受到某个陌生人的挑战。这个人不知来自何方，骑着白马，射杀了镇长和他的副手，从而接管了那座城镇，不会把时间浪费在口舌和政治上。

外来挑战者

在 1975 年长达数月的时间里，灵长类研究者布鲁斯·威特利在印度尼西亚婆罗洲一个名叫东加里曼丹的地方研究一群长尾猴的行为。威特利追踪的这个群体包括三只成年雄性、两只未成年雄性，还有 10 只带着孩子的成年雌性，成员分布于各个年龄阶段。在 3 月 10 日那一天，他观察到了下面的事情。三只陌生的成年雄性和一只未成年雄性侵入了威特利观察的那个猴群用来睡觉的那棵树，开始威吓它们。四个入侵者中的其中一个，叫作兰波（威特利实际上把它叫作 GL，但是兰波听起来更好），在树上某个大家都能看到它的地方，进行了多次摇晃树枝的表演。第二天早上，这四个不速之客还继续跟着这群在森林里觅食的猴子。兰波继续表现得趾高气扬，目中无人，耸着肩膀、翘着尾巴到处走动。那天下午，当这群猴子停在一棵树上休息时，兰波攻击了这群猴子中的雄性首领，把它追得在树上到处乱跑，直到雄性首领最终放弃了那棵树和那群猴才罢休。就在两天里，兰波兵不血刃（也没有任何援助），成为猴群的新头领——那位被废黜的国王再也没有出现过。

兰波是一只大块头的猴子，大概在 7 到 8 岁之间，正是体力最好的时期。它非常自信，拥有良好的搏斗技能，很受异性青睐，这也许可以解释为什么猴群很快就接受它作为新老大。在随后的两年里，兰波一直是这个猴群的雄性老大，它频繁交配，成了很多孩子的父亲。然而，两年之后，一个新的单身陌生猴“骑着白马进了城”。它挑战兰波，就像兰波挑战它的前任一样。兰波在打斗中受了重伤，被驱逐出猴群。当它的伤口愈合后，兰波走近另外一个猴群，继续挑战它们的首领。不过，兰波这次的运气可没那么好。因为这个猴群由超过 80 只猕猴组成，其中包括 10 多只成年雄猴。本地猴都支持它们的首领对兰波的挑战进行反击，于是兰波再一次被打得落花流水，抱头鼠窜。

在森林里独自游荡了几天之后，它的伤口受了感染。第二天，兰波在一片灌丛木背后安静地死去。

外来挑战者——有时候被叫作“虚张声势”的外来者——比如兰波，通常处于它们体力最棒的时期。它们强壮而冲动，没有耐心排队等待。在加入小群体时，它们的挑战也许会成功，但是——因为我后面将要谈到的原因——在遭遇大群体时，它们几乎无一例外都会失败。在大群体中，对于一个外来的雄性来说，获取地位提升最常见的方式是通过论资排辈。不过，不是每只猴子都像比利那样缺乏追求。对于所有缺乏耐心的猴子来说，还有另外一个选项，这将在下文本地挑战者马克斯的故事中得到说明。

本地挑战者

20 世纪 80 年代早期，荷兰灵长类学家马里亚·凡·努德维克和卡雷尔·凡·斯海克在印度尼西亚苏门答腊的森林里研究长尾猴。在长达几年的时间里，他们日复一日地追踪多个猴群。在其中一个猴群中，他们观察到一只名叫马克斯的成年雄性成功地挑战并推翻了原来的雄性首领。和兰波不同的是，马克斯在试着进入该雄性首领所在猴群的时候，并没有挑战它。马克斯早在几年之前就加入了这个群体，当时它还是一个未成年的小伙子，没达到成年雄性的体格。它低调地加入这个群体，成为其中一个地位低下的小兄弟。它被这个群体接受是因为它对本地的雄性表现得毕恭毕敬，而且想和其中的一些雌性做朋友，这些雌性中有几个对它有较多的了解，喜欢它甚至超过喜欢比它地位更高的雄性。马克斯在几年中一直保持低调，专注于吃好睡好，有时候会跟看起来喜欢它的雌性交配。它很谨慎，从来不在雄性首领在场的时候与雌性交配，所以没有遇到什么麻烦。在这样的两年时间里，它有可能细心地观察着雄性首领和其他成年雄性、成年雌性的行为，在头脑中形成了谁跟谁是朋友、谁跟谁是敌人的记录。一天早晨，马克斯信心十足地向雄性首领发动了攻击。马克斯的无礼让雄性首领大吃一惊，它自然变得非常愤怒，果断反击。在这个过程中，首领得到了雄性老二的帮助，它们的反击最初成功了。然而，马克斯并没有放弃它要统治猴群的野心。它继续在随后的两个月里日复一日地挑战雄性首领，直到雄性首领最后弃权，落荒而逃。

正如外来挑战者一样，成功的本地挑战者是年富力强、完全成年的雄性。通常，它们在接管猴群方面比外来挑战者更成功，这可能是因为它们能够积累大量的社会知识。在一个群体中待上一年或更长时间，本地挑战者能认识其他个体，也能被其他个体认识。本地挑战者不去挑战刚刚获得地位的雄性首领，因为它们知道对方很强大。了解你对手的优点很重要，如果你想要挑战它。本地挑战者也可能知道谁的攻击可以忽视，谁更可能形成强大的防御联盟，还有谁最应该被首先击败。通常，像外来挑战者一样，本地挑战者选择单独行动，没有其他雄性的援助。不经过激烈的搏斗，雄性首领从来不会放弃它们的地位，因而挑战过程可能会持续几周，甚至几个月。但依靠它们的知识和策略，本地挑战者常常能获胜。它们在自己成功概率最高的时候发动挑战，比如，这时掌权者在位超过一年，减少了它的守卫，还在群体内部树立了一些敌人。

出人头地的策略模型

比利、兰波和马克斯的故事说明，雄猴跟新入职的微软员工或刚开始职业生涯的年轻研究者一样，在迁入一个新群体之后，在夺权方面至少有三种不同的策略。不过，我们首先要问两个问题：这些策略为什么会存在？到底使用哪一种策略，猴子是怎么做决定的？通常，这些问题的答案都跟成本和收益有关。猴子倾向于选择类似这样的策略：该策略的收益高于成本，且该策略的收益成本比率（benefit to cost ratio）高于其他策略。

对于猕猴来说，挑战雄性首领的主要代价是受伤或死亡。要理解成为雄性首领或雄性高层的好处，我们需要知道在猕猴世界里雄性之间相互竞争的本质。就像人类为了钱而相互竞争一样，雄性猕猴之间相互竞争是为了跟雌性交配，留下更多自己的后代。设想有一个包括 100 只猕猴的群体，其中有 10 只成年雄猴和 50 只成年雌猴。这 10 只雄猴为了能在 50 只雌猴那里获得尽可能多的交配许可，不得不采取某种有效的竞争策略。一种可能的模式是，它们之间相互搏斗，比比谁的拳头硬，通过这种打擂台的方式建立一种支配等级，根据等级的高低享受不同的交配权。于是，高层雄性将拥有更多的交配权和更多的交配次数，而其他雄性的交配机会很少；地位越低的雄性，交配的次数就越少。这就是比赛式竞争（contest competition）。另一种模式则相反，在这种情况下，每个雄性都可以尝试跟更多的雌性交配，使其怀孕，但是与其他的雄性没有异常激烈的搏斗和厮杀，同时，大家都是好兄弟，谁也不会干扰谁。这就是分摊式竞争（scramble competition）。

雄性之间的竞争既可以是比赛式的，也可以是分摊式的，两者是一个连续的谱系。这种竞争模式的程度差异随着灵长类种类的不同而变化，甚至在同一物种的不同群体之间也有区别。在这个竞争谱系的一端，存在着“超级比赛”。这其实是一种胜者通吃的市场：雄性首领跟所有的雌性交配，而其他的雄性没有机会，无法染指，难以分得一杯羹。胜者通吃市场在人类社会有一个很好的案例，那就是好莱坞的电影产业。其中，少数一流的男演员和女演员非常吃香，他们在自己的每一部电影中都能拿到数百万美元的片酬，而数以千计的其他演员则难以望其项背，处境悲惨，永远不被录用，或只能靠自己的表演拿到极少的报酬。这也是书籍出版业的情况：极少数畅销书能让作者狂赚数百万美元，而不计其数的非畅销书只能卖掉数百本，甚至有的根本就无法出版。在胜者通吃的市场上，成功跻身顶端的可能性微乎其微，非常渺茫，但"更上一层楼，身在最高层"的好处是如此之大，充满魅惑，于是很多人——还有很多猴——都情愿尝试，哪怕肝脑涂地，也要碰碰运气。[①] 所有的男演员都梦想像乔治·克鲁尼那样成功，所有的女演员都梦想像安吉丽娜·朱莉那样风光，而所有的雄性猕猴都梦想成为雄性首领，像它那样独领风骚，威风凛凛。

在竞争谱系的另一端，存在着"超级分摊"。这是一种支配等级对于交配权没有影响的情形，因为所有级别的雄性都拥有让雌性怀孕的相同概率。在一个雄性之间的竞争属于超级分摊式的群体中，支配权的等级制度实质上是不存在的，因为拥有高地位并不能带来明确的好处——除非等级能带来其他好处，比如吃到更好的食物，或活得更长寿、更健康。在人类社会中，一种分摊式竞争的案例是摘草莓竞赛：一群人挎着篮子走进森林，每个人都尝试在没有其他人打扰的情况下，往自己的篮子里摘尽可能多的草莓。

卡雷尔·凡·斯海克和他的同事建立了一个数学模型。该模型显

① 对于这些和其他的胜者通吃市场的案例，请参考弗兰克（Frank，1996）。

示当雄性之间的竞争从超级比赛转变为超级分摊时，雄性争夺社会地位的策略就会发生相应的变化。[①] 在这个模型中，凡·斯海克与其同事使用一个变量——用希腊字母 β 来表示——来说明在一个物种或群体中，竞争在多大程度上是比赛式的或是分摊式的。β 在这个模型中是一个位于 0 到 1 之间的数字。当等于 1 的时候，就是超级比赛，而当 β 等于 0 的时候，就是超级分摊。β 的数值主要取决于有多少雌性生活在群体中，以及交配是发生在一年中的每个月份，还是被限制在繁殖季节。在现实世界中，β 值可以通过检验某个群体中所有成年雄性和所有婴儿的 DNA 来鉴定：如果所有婴儿的 DNA 都跟雄性首领一样，就意味着 β 值是 1，而如果 DNA 分析表明群体中的婴儿各自有不同的父亲，就意味着 β 值很低。

当 β 值接近于 1——就像在胜者通吃市场中那样——使用高风险策略夺权的选择压力就很大，即个体更倾向于使用高风险策略。这是因为，坐上第一把交椅的潜在收益很高，值得冒险。当 β 值接近于 0，每只猴子都处于“摘草莓竞赛”中，往自己的篮子里摘草莓，低风险策略比如论资排辈系统就更受欢迎。在一个胜者通吃的市场中，澄清这一点很重要，即只有挑战雄性首领才是值得的，因为它拥有所有的权力，享有所有的资源，而其他个体则几乎一无所有。这就是为什么在胜者通吃的体系中，当外来挑战者加入一个新群体时，总是无一例外地试图挑战雄性首领。它们不会做傻事，比如，通过挑战一些低地位的雄性而试图进入支配等级的中间层次。挑战其他的雄性，冒着被伤害的风险，一点儿都不值得，因为赢了也没有多少好处。然而，

① 凡·斯海克、潘迪特（Van Schaik, Pandit），和沃格尔（Vogel，2006）。

身处一个胜者通吃的市场中，也不意味着某个雄性会做另一种傻事，即它会在任何时间、任何地点挑战它所遇到的任何一个雄性首领。只有在获胜的概率较高的时候，这些狡猾的挑战者才会向首领下战书。

一只雄性猕猴想要迁入一个高度比赛式的群体，必须决定它是应该马上挑战雄性首领，还是等上一阵子再说。有两个因素影响这一决定：迁入雄性自身的资源控制潜能（RHP，见第二章），以及被迁入群体雄性首领的 RHP。为了成功地通过挑战问鼎最高地位，一只雄性必须处于它身体的最佳状态。迁入的雄性可以通过它的年龄来评估自己的 RHP——它是高大强壮，还是矮小瘦弱。此外，自己是信心十足还是士气低落，这一点也可以帮它评估自己的 RHP。有趣的是，如果这位外来的雄性在原来的群体中是官二代或富二代，那么与原来是民二代或穷二代的外来雄性相比，它挑战雄性首领获胜的概率会更高。它们跟雄性首领单打独斗，一争高下。虽然没有自己母亲的帮助，但它们可能具有更大的自信心、更好的身体状态——毕竟出身名门、衣食无忧，因此在长大的过程中，它们会吃得更多，也吃得更好。

当一只外来雄性打算很快对雄性首领下战书时，真正的关键是确定雄性首领有多高的 RHP——也就是准确判断，它是一个强大的对手，还是个虚弱的敌人。灵长类学家乔·曼森（Joe Manson）认为，迁入的雄性可以根据群体中的雄性数量来估算它们雄性首领的 RHP。[①] 曼森建立了一个数学模型，该模型表明当一个群体中有更多的雄性时，雄性首领更强大。同时，雄性首领的 RHP 随着雄性数量的增长而相对缓慢地增加，但是对于（比如，包括 3~10 只本地雄猴的）小群体

① 曼森（Manson，1998）。

来说，RHP 增加得非常快。因此，一只懂得数学和熟悉曼森模型的外来雄性猕猴应该明白，如果某个群体中只有 3 只雄猴，那么其中的雄性首领可能不怎么强，因此可以选择立刻挑战。而在一个拥有 5 只或 6 只雄猴的群体中，雄性首领将更强大，拥有其他雄性的更大支持，于是一次即刻的挑战可能就显得过于冒险了。这只外来雄性最好是等几个月再发起挑战。通过等待，外来雄性也有机会搜集一些线索。这些线索可能会告诉它，如果试图接管猴群，它是否会得到其他群体成员的支持，或其他猴子是否至少不会站在敌人的一边，为自己的对手摇旗呐喊。

此外，作为本地挑战者，高地位雌性的儿子比低地位雌性的儿子更容易成功，这可能是因为它们基于在原来群体中的经验，预期如果卷入一场战斗，它们将会得到有效的支持。在包括 15 只或 20 只以上成员的大型群体中，雄性首领的 RHP 不再成为一个问题。有这么多的雄性在群体中，不管雄性首领多么强大，它都不可能垄断交配市场。这意味着存在择偶的分摊式竞争——β 值较低——成为雄性首领并没有特别的好处，因此，即刻挑战雄性首领就不是一笔多么划算的买卖。在这种情况下，雄性将不会选择冒险，还会悄悄地迁徙进来。

这意味着在大群猕猴中，为了成为首领，雄性没有别的选择，只能排队等待吗？要知道，有时候这一等就是好几年。其实未必如此。尽管在迁入的时候，雄性必须在地位获取的不同策略之间进行选择，但待在新群体里的任何时间，它们其实都有机会获得晋升，也有机会华丽转身成为雄性首领，甚至就在一夜之间。不管它们采取什么策略，迁入的雄性通常都是单打独斗。而如果某些雄性在新集体中生活了很长一段时间，它们就可能得到群体其他成员（通常是雄性成员）的支持。要成为一个成功的政客，无论是对雄性猕猴还是对人类来说，都需要有与其他个体结盟或政治联姻的能力。在某些种类的猴子中，雄性会在不同的群体之间进行迁徙，比如猕猴和狒狒。而在其他动物物种中，成年雄性可能终其一生都留在原来的群体中，比如黑猩猩。在这两种情况下，雄性联盟现象都很普遍。比如，雄性黑猩猩会与其他雄性结成政治联盟——有时候与它们的兄弟，有时候与没血缘关系的其他雄性。它们利用这种联盟攫取权力，在群体中出人头地，或帮助其他个体攫取权力，或捍卫它们已有的权力。就像在人类社会中一样，黑猩猩很少单枪匹马地进行夺权。对于雄心勃勃的成功者来说，强大的政治支持是它们行动的基础。

灵长类的政治

在我论述灵长类中雄性之间的联盟之前，先介绍一些概念以帮助大家更好地理解这些现象。联盟意味着两个或多个雄性一起跟某个目标对抗，而目标在大多数情况下都是单独的个体，但有时候也会是由两个或多个个体组成的另一个联盟。如果某个雄性受到攻击，另一个雄性来协助它防御，一起反击侵略者，这样的两个雄性就结成了防御性联盟。相反，如果两个或多个雄性结伙对某个雄性发起攻击，而这个雄性从前没有攻击过它们中的任何一个时，这些雄性的联盟就是进攻性联盟。

让我们权且忘记防御性联盟，把焦点放在进攻性联盟上。进攻性联盟的形成可能有不同的原因。我们将在第七章看到，在一只雌狒狒处于发情期的时候，一只高地位的雄狒狒会花上大量时间守在它身边，这时候，另外两只雄狒狒就可能会结成进攻性联盟攻击它。这样，它们中的一个就有机会跟那只雌狒狒交配。在其他的情况下，比如想要维持跟某个目标之间的支配关系，或改变这种支配关系，不同的雄性可能会结成进攻性联盟。这些场合下的斗争都是为了权力。基本的进攻性联盟类型有三种：结成联盟的两个雄性地位都要高于目标地位（保守性联盟）；联盟中一个雄性的地位高于目标，另一个雄性的地位低于目标（过渡性联盟）；联盟中两个雄性的地位都低于目标（革命性联盟）。不出所料，革命性联盟是最有趣的一种类型。

下面我将举例说明革命性联盟是如何运作的。2009 年 6 月，我的研究合作者詹姆斯·海厄姆（James Higham）正在圣地亚哥岛上研究一大群猕猴，这时他观察到一系列的革命性联盟现象，这些现象导致了该群体内雄性支配等级的剧烈变化。在一个由超过 20 只成年雄性组成的猕猴群中，一伙地位居中的雄性在两个半月的时间里，不断地结伴对抗四只较高地位的雄性，最终打败对手，取而代之。[①] 在联盟攻击开始之前，4 只目标的排名分别是 1、2、7、10，因此包括雄性大头领和雄性二头领。而主要的“革命者”是 5 只排名在第 10 名之外的雄性，尽管有时候它们也能得到一些零星的支持，主要来自低地位的雄性，也包括某些雌性。

革命行动开始于 2009 年 6 月 1 日，首先是 7 号雄性受到革命党攻击，这导致它受到一些皮外伤。紧接着，两天之后，10 号雄性受到不断的攻击。这些攻击持续了 4 周，致使 10 号雄性多次受伤。6 月 21 日，雄性二头领也遭到革命者的围殴。它很快就销声匿迹了，海厄姆在岛上怎么都找不到它。两天之后，海厄姆最终在海上发现了雄性

① 在 Higham 和 Maestripieri（2010）的论文中，Higham 报道了自己的观察发现。

二头领。原来革命者把它赶进了海里，而且在岸上持续威胁它长达几个小时，防止它洄游到岸上来。历尽艰辛之后，雄性二头领最终还是回到了岸上。革命党对雄性二头领的追赶和骚扰持续了大约两周。在这两周里，它多次受伤，没少受皮肉之苦。

最后，雄性大头领也遭到了革命党的攻击，受伤严重。在 8 月 10 日那天，雄性大头领被愤怒的革命者赶进了海里。最后，它被驱逐出境，再也没有出现过。这时，其他三个目标仍然留在群体中，不过它们的地位已经掉到了 10 名以外，而革命者则爬升到了社会等级的顶端，成功地改朝换代。看了自己的现场笔记之后，海厄姆发现，这些革命党已经在该群体中潜伏很长一段时间，它们早就成了“朋友”，经常泡在一起，花上大把的时间相互理毛。因此，这种联合攻击非常有效的原因可能是，革命者彼此“信赖”，大家像一个团队一样高效运作。

雄性在什么时候以及为什么会结成某一种对抗其他雄性的联盟？外来雄性什么时候以及为什么会使用不同的策略来挑战雄性首领？回答这样两个不同问题的理论模型是相似的。[1] 首先，我们必须考虑结盟的成本和收益。结盟的成本主要是受伤和死亡的危险。不管目的是维持和强化自己的地位，还是以损害目标为代价而提升自己的地位，结盟的收益就相当于高地位所能带来的好处。同样，这取决于这些雄性觉得自己是处于一个胜者通吃的市场中，位居顶端的收益非常之高，还是处于一个类似摘草莓的竞赛中，地位高低并不重要。卡雷尔·凡·斯海克和其他聪明的灵长类学家已经建立了一些数学模型，这些模型能向我们解释下列问题：雄性灵长类为什么、什么时候，还

① Van Schaik et al. (2006).

有怎样结成联盟。

还记得那个名叫 β 的变量吗？它能告诉我们，某个物种或群体中的竞争主要是比赛式的还是分摊式的。现在，研究者发现，β 同样影响专制程度，即在某个特定的社会系统之中，支配等级的阶梯有多陡峭。在一个高度专制性的系统中，阶梯直线上升，在不同台阶之间存在很大的间隙。这意味着，权力在高地位和低地位的个体之间存在明显的差异，个体不会非常友好地对待比自己地位低的个体，而且出人头地很难。相反，在一个专制性较低的系统中，阶梯具有和缓的坡度，不同台阶之间非常接近，甚至可能阶梯就是平放在地面上的。当不存在支配等级时，意味着社会系统是平等的，要么所有个体都有赢得战斗的均等机会，要么他们根本就不会发起激烈的战斗。

因此，在一个特定群体中，β 值的高低决定了群体内是否存在支配性等级制度以及等级陡峭的程度。社会系统中 β 值和专制性程度影响雄性外来者为成为首领而采用的策略，雄性首领的平均年龄，以及联合攻击很常见还是很少见。当 β 值较高时——比如，在一个小型群体中，雄性首领垄断了所有的交配行为——雄性首领是身体状况极好的年轻雄性，它通过挑战和打败前任首领而登上宝座；在大型群体中，β 值会降低，总体来说，雄性首领比较年长。而在非常大型的群体中——其中 β 值很低——雄性首领将格外年迈。因为它们通过论资排辈爬到这个位置，花了很长时间。在专制性的社会系统中，β 值很高，你可以预期，针对改变支配等级的进攻性联盟将非常普遍，特别是在高地位和中等地位的雄性中。在这种情况下，低地位的雄性将试图离开群体，因为它们没有机会交配，还不如加入新的群体重新开始。在 β 值较低，群体没有专制性或专制性很低时，进攻性联盟会非常少，甚至完全没有。

当进攻性联盟很常见时，这意味着它们既是可行的，又是有利的。联盟是可行的，意味着它们足够强大，能打败目标对象。联盟是有利的，意味着对于每一个联盟成员来说，增加的交配机会的收益要大于受伤或死亡风险所导致的代价。记住这一点很重要：尽管两个个体打斗时总会有受伤的风险，但是形成联盟之后，如果在战斗过程中某个盟友叛变，那么联盟成员受伤的风险将大大增加。因此，两个盟友必须相互信赖，确信对方会站在自己一边。凡·斯海克和他的同事建立的模型告诉我们，每种类型的进攻性联盟（保守的、过渡的或革命的）是否是可行的和有利的，以及在不同社会情境下，它们是常见的还是不常见的，取决于它们的有效性，以及带给盟友的代价和收益。

保守性联盟，用以维持现状，总是可行的。因为根据定义，参与联盟的雄性拥有更高的地位，因此它们比攻击目标更强壮。然而，它们不是那么有利可图的，因为参与联盟的雄性没有得到很多；它们维持自己已有的地位和利益。然而，保守性联盟起着重要的防御功能。它们可以做出随机的攻击行为，以便让从属者紧张，因而不敢对支配者发起挑战。另外，它们可以把联盟作为一种训练，为更危险、更有侵犯性的挑衅做准备。换句话说，高地位的雄性可能会结伙针对一个弱小的对象——对方甚至从不可能攻击它们，只是为了检验搭档参与更危险的攻击性联盟时的意愿。在 β 值较高的专制性社会系统中，保守联盟会很普遍，而且主要由接近社会等级顶端的个体组成，尽管不一定包括雄性首领。

过渡性联盟，其中一个雄性地位高于目标对象，而另一个则低于目标对象，总是可行的。因为高地位的联盟成员总是能靠自己击败目标对象。然而，这种联盟对于高地位的盟友来说没什么好处，除非它的搭档跟它有亲戚关系。所以，这种过渡性联盟的一个常见原因是，高地位的雄性想帮它的弟弟获得地位提升。比如，如果比利曾经有胆量挑战在新群体中地位高于自己的雄性，它的一个兄弟帮了它，它们可能就是过渡性联盟。因为随着专制性程度的增加，它们的收益也随之增加。过渡性联盟应该在 β 值较高的专制性物种和群体中较为常见，而且主要涉及高地位的雄性，包括雄性首领。

革命性联盟，正如被詹姆斯·海厄姆观察到的那些猴子一样，预期存在于 β 值和专制性程度居中的场合下，比如包括许多成年雄性的大型群体中。这是因为，尽管形成联盟的代价不变，但随着专制性的增加，革命性联盟会更为有利可图，但可行性却会下降。如果革命性联盟能导致地位提升的话，那就是可行的，也是有利的。这些联盟可能由中间阶层的猴子（它们反对雄性大头领和雄性二头领）组成，因为这种联盟对它们来说获利最多。这正是海厄姆在圣地亚哥岛观察到的现象。然而，高地位的雄性也不傻，它会想办法破坏革命性联盟的形成，为此，它会想方设法防止其他雄性之间相互交朋友。比如，它会阻止雄性之间频繁的相互理毛。在这些干涉行为方面，雄性黑猩猩是经验老到的专家。

灵长类策略的社会应用

回到我们人类的例子上来。如果你成了微软公司的一名新员工，想要在权力的阶梯上爬得更高，一直爬到顶端，那么对你来说估计“β”值很重要。也就是说，微软公司的 CEO 史蒂夫·鲍尔默跟公司员工“生了”多少“孩子”。当然，在这个信息方面，无论是问鲍尔默还是问任何其他员工都不可信，所以至关重要的是进行父亲身份的基因分析，以评估鲍尔默的基因在公司里传播得有多远和有多广。根据以下情况：（1）自从鲍尔默 2000 年上任以来，微软员工生的孩子都是他的骨肉，或者（2）至少有些员工的丈夫让他们的妻子怀孕了，或者让其他员工的妻子怀孕了，或者（3）鲍尔默和所有的微软男性员工都在忙于交配，他们尽可能地想让更多的女性怀孕，想要比周围的人摘到更多的“草莓”。事业发展的最优策略就是：a. 立刻挑战鲍尔默，跟他决斗；b. 等一段时间再挑战鲍尔默；c. 站在队里，通过论资排辈慢慢获得地位提升，从来不积极挑战自己的上级，而是耐心地等待自己成为微软 CEO 那一天的来临。根据鲍尔默通过微软把他的 DNA 散布的程度，职员们也可以估计出，他们的革命性联盟成功的概率有多大，他们是否能成功地跟地位较低的家庭成员或门徒结成过渡性联盟，以及他们想要成为 CEO 的野心是否有可能被破坏，因为鲍尔默和他的同伙可能结成保守性联盟进行干涉。

言归正传，对我上面的话，大家不要望文生义，单单从字面上理解；人类生活和猴子生活的相似之处其实不是那么直接。在现代的工作环境中，出人头地的社会策略跟公司老板的繁衍没有多少关系，跟他留下多少还没识字的孩子也没有关系。这些环境中的相关变量是权力结构：系统在多大程度上是专制的还是平等的，等级阶梯有多陡峭。在其他灵长类社会中，权力和繁殖如影随形，密不可分。但是在现代工作环境中，情况不是这种，尽管相对晚近的人类社会也遵循相似的模式。在《裙带主义和繁衍分化：达尔文主义的历史观》（*Despotism and Differential Reproduction: A Darwinian View of History*）一书中，进化人类学家劳拉·贝茨格（Laura Betzig）发现，在历史上的许多人类社会中，通常都是握在男人手中的政治和军事力量，与繁衍有着直接的关系：国王、皇帝和君主占有大量的后宫嫔妃，跟她们一起生下数百个孩子。[①]专制君主也会限制他们下属的性行为，妨碍他们繁衍成功。比如不少中世纪的国王会有这样的要求：自己王国之内的每个女人结婚时，他有权跟她们度过新婚之夜。这就是从拉丁文 *jus primae noctis* 翻译而来的"初夜权"。许多时候，这些女人会怀上国王的孩子，而不是她们丈夫的骨肉。

无论社会专制是否能直接地转变为繁衍控制，关于灵长类社会策略的理论，在对不同物种进行适当校正之后，也能解释人类的社会策略和政治策略。首先，攫取权力的不同策略具有不同的可行性，这些可行性取决于每种策略在收益和成本之间的平衡。这样一种普遍原则具有跨物种的有效性，也能应用于人类，经济学家非常了解这一点——更多具体的原则同样适用。一个群体或社会的专制性程度，取决于资源被某一个体垄断和控制的程度，同时取决于专制者对低地位个体施加自己权力影响的程度。这种专制性程度影响着高地位的收益，以及如何取得高地位的策略选择。

在一个高度专制的群体中，特别是这个群体很小而雄性首领没有得到广泛的支持，直接挑战这位领导是划得来、行得通的。在通常情况下，马里奥直接挑战资深教授的策略在方向上是正确的，但在特定的情况下，这一策略因为若干原因失败了：马里奥太年轻，缺乏经验，

① Betzig (1986).

跟他的老板比起来，他的RHP依然很低。除此之外，马里奥并不知道他的对手的政治优势和缺陷，也没有努力了解其他的群体成员，更没有得到他们的政治支持。马里奥应该再等几年，获得更多的政治经验和权力，然后作为一个本地人，而不是作为一个外来人挑战他的老板。军人政权就是专制系统的一个好例子，其中的首领拥有过多的权力，因而对他的取代只能通过他的一个直接下属的挑战来实现，这个下属可能是一位将军或上校，或者通过另一个政党或另一个国家来实现，只要这个挑战者拥有足够高的RHP。

人类群体或社会越是民主，权力和资源就越是平等地在不同个体以及不同地位等级之间进行分配，通过论资排辈等待地位提升比较划算，特别是在存在很多社会惰性的大型群体中。吉娜的策略是进入公司，身在底层，做个好员工，保持低调，这都是对的，因为她很年轻，没有经验，拥有较低的RHP，而且她的公司拥有复杂的、多个层面的权力结构。然而，吉娜不可能通过耐心和顺从就能爬到梯子的顶端。很可能的是，吉娜将用很多年才能成为一个中层主管，然后她的事业就停在了那里。在竞争性环境中，要跻身最高位置，必须进行政治结盟，挑战拥有权力的那些人。如果你不这样做，其他人会。要么是公司内部的一个本地人，要么是来自其他公司的外来者，比如萨拉，他们会采用更积极进取的策略超过你——这正是发生在猕猴比利身上的事情。根据萨拉自身的RHP——她的经验、技巧和自信——以及她在公司的情况，她的策略是最有效的。自从加入新部门，萨拉等待了一阵子，然后作为一个本地人挑战首领——她已经进行了正确的政治联盟，保证了重要盟友的支持，甚至通过对领导传布谣言的方式削弱了他的权力和支持。

不管是作为外来挑战者、低调的外来者，还是作为本地挑战者，形成有效的政治联盟都是至关重要的，而这要通过搜集情报和正确使用社会经验来实现。人类是政治动物，但是他们的社会和关系远比其他灵长类的社会和关系复杂得多。正如在第二章讨论过的那样，社会知识、政治联盟和支配地位具有内在的联系。社会技能对于形成稳固的关系是必需的，对于让他人足够喜欢自己因而愿意跟自己合作来说，同样是必需的。吸引和领导他人的能力——我们称为魅力——在形成有效的政治联盟方面是一种重要的技能。而且在任何种类的人类社会组织中，从学术部门到商业公司再到整个国家，强大的政治联盟对于想要爬到事业的最高峰，并在上面待一阵子，都是不可或缺的。很明显，拥有较高的资源控制潜力，是在任何一种社会组织中成为领袖的前提条件。跟其他灵长类不同的是，在人类中，相比肱二头肌的力量或犬齿的锋利来说，良好的社会技能、形成政治联盟的能力以及经常伴随的自信，都是 RHP 更为重要的成分。

第五章

明里合作，暗中竞争

人选择跟其他人合作时喜欢身处聚光灯下，
以便每个人都能看到，都来欣赏，
并希望每个人都能夸奖他或她的行为。
相反，当人选择背叛、选择伤害而不是帮助别人的时候，
则会更倾向于暗箱操作。

咖啡、茶和人性

我在芝加哥大学有一间实验室，位于生物心理科学大楼里。在这座楼里有一个大厅，大厅里有一个角落，这个角落是一个厨房，里面有一个水槽、一台冰箱，还有一个微波炉。隐藏在微波炉后的是一个很大的咖啡机，超级先进。这个咖啡机更像是一个激光打印机，而不是一个饮料售卖机。这座楼里有很多喜欢喝咖啡的人，他们每个月都会买上很多浓缩咖啡，去厨房里冲咖啡。不过厨房里面总是人满为患，大家都挤在那个咖啡机或激光打印机旁边，有在冲咖啡的，有在排队的，这样的景象总让人想溜之大吉。看来咖啡因就是科研燃料，让很多研究者的大脑保持正常运作。有不少搞研究的人喜欢喝高浓度咖啡——两倍浓度或三倍浓度。说真的，要不是咖啡把大脑麻醉了，没人能做到盯着电脑好几个小时还不打瞌睡。

在咖啡机上面的墙上，有一个浓缩咖啡俱乐部会员的名单列表。俱乐部的会员每冲一杯咖啡，就在自己名字旁边画一个 × 号。到了月底，每个人数一数自己有多少个 × 号，依此向俱乐部的收银员付账。好在我的同事和俱乐部的其他人都很诚实，他们记录下自己喝的每一杯咖啡。但如果他们想要偷奸耍滑，也没有谁能阻止他们这么做。在理论上，我们可以在咖啡机旁边安装一个摄像头，监控人们是否诚实地记录下他们喝了多少咖啡，但我们没有这么做。我们还有其他更重要的事情要操心呢，比如应对不断缩减的研究经费问题。

说句题外话，当摄像头被发明出来时，有个家伙想出了它最早的一个用途，就是当自己在电脑旁干活，用摄像头监控厨房里炉子上的咖啡。他把监控画面放到网上，观者如潮，异常火爆，人们被这种新的技术发明震惊了。——居然有人能用一台个人电脑和互联网对隔壁的房间进行监控。

言归正传。刚才提及的在咖啡机旁装摄像头的想法并不是异想天开。英国纽卡斯尔大学心理学系的研究者和学生就是这么干的：他们每次都把自己喝茶、喝咖啡或喝牛奶的硬币投进一个“诚实箱”里。他们投进箱子里的零钱，根据自己喝了什么饮料而定：咖啡是 50 便士，茶是 30 便士，牛奶是 10 便士。[①] 要是自我感觉特别高尚，或纯粹零钱太多了，或出于慷慨的考虑，他们也可以往里面投更多的钱。在高于柜台的墙面上，贴了一份付款说明的通告。柜台上摆着诚实箱，以及制作咖啡和茶的工具。[②]

2006 年，纽卡斯尔大学的两位研究者——梅丽莎·贝特森（Melisa Bateson）和丹尼尔·内特尔（Daniel Nettle），跟另一位研究者合作发表了这项研究的结果。这项研究设计得很巧妙，有关参与者还包括她们的同事，以及那个诚实箱。在付款说明的旁边，她们放了一个每周

① Bateson, Nettle, and Roberts (2006).

② 英国人喝咖啡或喝茶的时候，喜欢往里面加点儿牛奶，因此这个实验中主要的饮料就是咖啡和茶，牛奶相当于一种调味品。

都会更换的横幅，横幅上要么是一对眼睛的形象，要么是花朵的形象。眼睛的朝向和人物的性别都会变化，但是所有的眼睛都是直视的，好像有人在“看”喝茶或喝咖啡的人似的。未喝饮料的人就是实验中的小白鼠。他们不清楚为什么上面会有一个横幅，也不知道为什么横幅每周都会变更。他们可能认为，这是一伙闲着没事的大学生在玩什么游戏。贝特森和她的同事确保茶叶、咖啡和牛奶的供应跟得上需求，而且每周她们都会测量牛奶的消耗量，以此作为总体饮料消耗的一个指标。接着，她们计算箱子里收集到的钱数跟那一周牛奶消耗量的比率，同时考虑了这种情况，即每一周里人们在喝饮料的时候并不总是加同样数量的牛奶。最后，研究者们发现，随着横幅上形象的变更，人们投进箱子里的钱数每周都会变化。当眼睛出现在横幅上的时候，他们为自己的饮料几乎多付了两倍的钱——墙上的眼睛似乎施加了某种自动的、无意识的影响，让人们感觉自己在付费时正被人盯着，而这让他们变得更加慷慨。

事实上，多年以前的一个研究启发了纽卡斯尔大学的研究者，使他们设计出了巧妙的诚实箱实验。那个旧的研究是由加州大学洛杉矶分校的两名研究者凯文·黑利（Kevin Haley）和丹尼尔·费斯勒（Daniel Fessler）完成的。[①] 黑利和费斯勒招募了200多名本科生，要求他们来实验室参加一个在电脑上进行的经济学博弈，该博弈被称为独裁者博弈。在这个博弈中，玩家1接受一笔钱，接着被告知他可以把这笔钱分一部分给玩家2。玩家1完全控制着这笔钱的分配，以及是否让对方知道自己的名字。玩家2只能被动地接受玩家1的分配方

① Haley and Fessler (2005).

案，无法对玩家 1 的决定施加积极的影响。这不是一个真实的博弈，像囚徒困境一样，这只是一个用来考察人们慷慨程度的决策测验。

你可能会认为，自私的家伙会把所有的钱都留在自己手里，什么都不给对方。但事实上，参加这个博弈的大多数人没那么抠门，他们都会分一部分钱给对方。黑利和费斯勒让一个学生跟另一个学生配对，随机把他们指定为玩家 1 和玩家 2。玩家 1 得到 10 美元，有 20 秒的时间给玩家 2 其中的一部分——从 0 美元到 10 美元的任何金额——剩下的归自己。参加者被告知没有人会知道他们的决定，而且博弈只进行一次。没有学生能看到其他学生或与他们交流，因此这个博弈是在严格匿名的情况下进行的。这些学生不知道的是，这个实验中使用的电脑桌面受到了实验者的操纵：在一半时间里，学生看到的电脑桌面上有两个很像人眼风格化的线条（眼点）；在另一半时间里，在同样位置出现的是单词 CASSEL（加州社会科学实验室的缩写），使用跟眼点相同的配色方案。

研究发现，跟桌面背景是单词的情况（平均捐了 2.45 美元）相比，在桌面背景有眼点时，玩家 1 多给了 55% 的钱给玩家（平均捐了 3.79 美元）。跟纽卡斯尔大学的那个实验一样。研究者们认为，下意识地觉察到自己正在被盯着，这会让人们在分钱时更慷慨。在过去的几年里，人们做了更多的研究来检验“眼点”对诚实、慷慨和合作的影响。除了个别情况之外，这些研究都支持了黑利和费斯勒的研究结果，也支持了贝特森和她的合作者们的发现。

因此，为什么有眼睛的照片会引起人们被人盯视的感觉，甚至风格化的眼睛形象都有这种效果呢？人们难道不能辨别出它们只是照片，没有人真在看他们吗？当然，他们能做到，前提是他们必须有意识地去思考这一点。但是，如果他们无意间注意到眼睛，这些形象会自动化地激活大脑的某些反应，这些反应又会无意识地影响他们的决策。许多动物，包括人类，会本能地对眼睛和眼睛注视的方向做出反应。[①]对某些动物来说，探测捕食者的眼睛是生死攸关的事。比如，鱼类更可能从一个类似天敌眼睛的物体旁逃离，而不会对一个相似的、不像天敌眼睛的物体做出这种反应。某些蝴蝶的翅膀上有巨大的斑点，在它们将要被鸟儿吃掉的时候，就会张开自己的翅膀恐吓这些鸟类，因为这些斑点看起来像某些大型动物的眼睛。对于高度社会化的动物来说，比如家犬、猴子和类人猿，观察高地位者的眼睛，评估这些眼睛的目光朝向，有助于减少自己遭受攻击的风险。狗如果观察到有人在看着，就不会去吃人类禁止它吃的食物。但如果那个人把眼睛闭上，转过身去，或者不再看它，狗就会偷吃这些食物。当猕猴探测到有目光落到自己身上，不管是来自猴群中的高地位猴子，还是来自人类，它们都会做出俯首称臣的样子：露出牙齿，快速咂嘴。如果看到其他个体的面孔和眼睛，低地位的黑猩猩就不会去碰它们想吃的食物。

作为高度视觉化和高度社会化的物种，跟其他所有的动物相比，人类更善于对眼睛和眼睛的注视朝向进行调节。相比其他的图形，出生才几天的人类婴儿更偏爱看人脸图形，哪怕这些面孔只有眼睛。在我们每天的社会生活中——比如，当与另一个人一起搭乘电梯时，我们会不断地留意其他人的注视方向，同时处理他们的身份、面部表情甚至情绪和动机方面的信息。研究指出，猴子和人类的某些大脑皮层

---

① Burnham 和 Hare（2007），以及 Emery（2000）都论述了对眼睛和眼睛注视方向做出反应的生物倾向性，这些倾向性既存在于动物中，也存在于人类中。

细胞，在知觉眼睛和目光朝向时会自动激活，发现与眼睛相似的物体时也会有这种反应。比如，某些细胞会对一张有人睁着眼睛的图片做出反应，出现电位活动的峰值。当一只猕猴在看另一只猕猴直接面对镜头的照片时，与它看同一只猕猴目光朝向别处的照片相比，前者会引发猕猴大脑中某些细胞的强烈激活。这些细胞大多数位于大脑下梭状回、颞上沟和杏仁核等区域。面对眼睛和眼睛注视的大脑活动通常是自动化的、不由自主的。这就能够回答前面提到的那个问题，即无论是贴在墙上的眼睛形象，还是电脑桌面上的眼睛形象，为什么都能引起人们一种无意识的被人盯视的感觉。

另外，为什么感觉被人盯视，就能使得人们更加慷慨，更少欺骗呢？对这个问题的一个简单回答是，在大脑中，处理觉察到被人盯着的脑区与处理决策的脑区紧密关联——比如，决定是要诚实行事还是偷奸耍滑，或者决定要把多少钱分给他人。因此，一旦看到墙上或电脑桌面上的眼睛，大脑中被人盯着的部分就会发送电子信号，这些信号又会激活与决策制定有关的部分。

对上述问题更详细的解答则要占据本章中剩下的内容。在第一部分，我将指出，当人们知道他们的身份被人知道，或者人们认为他们的身份被人知道时，便倾向于帮助别人，选择以一种树立名声或强化名声的方式行动。这些名声通常表明，他们慷慨助人，乐于合作，值得信任。在第二部分，我将指出，当人们知道他们的身份不为人知，或认为他们的身份不为人知时，他们将会变得更有竞争性，而不是更有合作性，更可能去伤害别人，而不是去帮助别人。

正如在前面的案例中一样，进化生物学和经济学有助于解释为什么我们以这种或那种方式行事。然而，直到最近，经济学家才把决策制定过程的社会影响纳入他们的模型之中。经济学家过去通常认为，人们总是做出理性的决定，让自己的收益最大化。他们还认为人们是在跟自己的社会情境隔离的情况下做决定，不会考虑他们的行为将带来什么样的后果。然而，从进化的视角研究动物和人类社会行为的研究者发现，个体适应性（fitness）的最大化（比如个人收入的最大化）通常需要把其他个体考虑进来。正如我们将要看到的那样，经济学模型与进化论的联姻，以及来自动物和人类行为研究的发现，将会催生更加复杂也更有预测力的人类决策模型，最终有助于弥合行为研究的现存分歧——经济学家的解释与生物学家的解释貌似不同，事实上双方可以在某种程度上达成共识。

聚光灯下的利他者

如何选择值得信赖的合作伙伴

在上一章中，我提到过在非人灵长类和人类中，信任是进行结盟时非常重要的一个因素。设想一下，在一个过渡联盟的案例中，一个中等地位的雄性猕猴申请得到雄性大头领的帮助，以联合起来攻击群体中的雄性二头领。经过几周紧锣密鼓的准备和策划之后，这只中等地位的雄性最终对雄性二头领发动了挑战，最初雄性大头领也助了它一臂之力。不过，倘若在这场战斗中，雄性大头领突然改变了主意，不但不再帮这个小兄弟，而且重新站队，那么它的背叛对于那只中等地位的雄性来说，将会带来毁灭性的后果。自然而然，雄性二头领不会放过它，会狠狠地报复。现在又有雄性大头领给它撑腰，它将有恃无恐地收拾这个胆大妄为的挑战者。因此，不管你是一只猕猴还是一个人，选择值得信赖的盟友，对于获得任何政治事业的成功都极为重要。问题是，我们如何找到这样的盟友。

我们的家庭成员通常可以作为优秀的盟友——想一想，布什家族的成员是如何在政治事业上相互帮助的——因为我们分享共同的基因利益，而且我们可以评估，知道他们在过去如何行事，也知道他们在未来是否值得信赖。但我们怎么知道刚刚遇到的、与自己没有关系的那个人是否值得信赖呢？要回答这个问题，我们必须重温一下第二章中关于合作和囚徒困境的讨论。

我们跟一个陌生人玩单次囚徒困境时，如果知道这个人过去与其他人博弈的时候是合作还是背叛，那么我们的选择可能会有所不同。需要记住，在没有任何信息的情况下，背叛总是更安全。但是，如果我们得到的信息让自己相信另外一个人会合作，那么合作将是更好的选择，因为两个人都会赢得更多。因此，在尝试判断一个潜在的合作伙伴是否值得信任时，对方的名声特别重要。很明显，我们自己的名声对于他们也同样重要。政治生涯意味着需要其他人的合作和辅助，任何一个在这方面有雄心的人，在试图掌握权力之前都应该尽其所能地树立一个好名声。

在囚徒困境中，两个人被控告犯罪。如果他们相互合作，在被警方隔离审问时说的都是同一套供词，大家都能免除牢狱之灾。合作名声的重要性也在其他的经济学博弈中得到了支持——比如黑利和费斯勒使用的独裁者博弈，其中人们需要决定如何跟另一个人分配一笔钱。[1] 如果被告知另一个人慷慨大度，有权分钱的这个人就会对他更

① 关于独裁者博弈中名声对慷慨的影响，请参考 Servátka（2010）的研究。

慷慨。当捐钱能树立或强化他的慷慨名声时，人们也更可能把钱分给另一个人，因为这样做对未来的合作有帮助。实际上，囚徒困境和独裁者博弈的研究都表明，与匿名的情况相比，如果参与者相互之间知道彼此的身份，他们会更合作，更慷慨。正如我们后面将要谈到的，名声好坏在所有要求合作的人类事业上都非常重要，无论是商业合作，还是政治活动，或者浪漫关系。

事实表明，名声对动物中的很多事情同样很重要。举一个例子，体型较大的珊瑚礁"客户"鱼会与体型微小的"清洁工"鱼合作，后者在前者的口中游来游去，帮助它们清理口腔。对于研究动物行为的进化生物学家来说，这是教科书上互利共生的一个案例，这种系统对于相互合作的双方都有好处。对于大鱼来说，它们的牙齿和牙龈得到清洗而不必支付高昂的保健费用。对小鱼来说，它们得到食物而不必被自己的"客户"吃掉。在两个个体合作的时候，有一种情形通常会出现，即合作双方同样存在利害冲突，而这可能会导致欺骗行为。比如，"清洁工"鱼可以如此欺骗：它们咬掉客户口腔附近的健康组织，而不是只吃死去的组织和寄生虫。"客户"鱼也能做出欺骗行为：在"清洁工"鱼忙着进行口腔保洁时，它们可以尽快地合上嘴，吞食它们。剑桥大学的生物学家雷东·布夏里（Redouan Bshary）对此进行了研究（他现在在瑞士的纳沙泰尔大学），他认为，"清洁工"鱼有时候的确会欺骗。因为它们的"客户"有时候会短暂地摇晃身体，动作明显，这是它们被咬痛之后的反应。这种情形就像牙科医生把他锋利的工具插进了你的牙龈里（我希望这是无意为之），而你疼得不由自主地喊了一声"哎哟"。

布夏里发现，"客户"鱼倾向于选择合作性的"清洁工"，而不是骗子“清洁工”。它们没有看重经验，而是重视名声。[①] 它们观察“清洁工”如何为其他客户服务，将这些客户是否因为被咬而摇晃身体暗暗记在心中。轮到自己时，它们就会靠近那些品行端正的“清洁工”鱼，避开有欺骗行为的“清洁工”鱼。这样，在“清洁工”鱼的“客户”心目中，它们是乐于合作还是坑蒙拐骗，就会相应地树立好名声和坏名声。不过，根据布夏里的观点，骗子“清洁工”找到了一种方式，能够在自己的名声上做手脚，从而最终破坏这一系统。真可谓道高一尺，魔高一丈，一山还比一山高。原来，骗子“清洁工”会在小“客户”那里规规矩矩，表现得像良民一样，因为这些“客户”也没有多少油水可捞。一旦骗子“清洁工”被大客户挑中，成为它们的口腔护理专家之后，这些骗子“清洁工”就凶相毕露，重操旧业，以损人利己的方式对待这些大客户。用进化生物学家的术语来说，骗子“清洁工”在低报酬的互动中合作以建立名声，而在高报酬的互动中，它们就利用这种名声剥削其他的个体。我将在第八章中更详细地讨论“清洁工”鱼和它们的“客户”，以及如何为合作事业寻找好搭档的问题。

为什么保护环境那么难？

纽卡斯尔大学的诚实箱实验，大家还记得吗？这一实验很好地说明，在日常的社会情境中，人们对公共事业做贡献的倾向受到很多事件和因素的影响。哪怕这种事业很小，比如为咖啡机分担购买咖啡的费用。而且，人们能觉察到这些事件或因素的影响——要么破坏他们的名声，要么提升他们的名声。比如，慷慨大度的时候被人看见，或

① Bshary and Grutter (2006).

偷奸耍滑的时候被人逮到，就会导致这些效应。在囚徒困境中是合作还是背叛，以及在咖啡俱乐部是否做出诚实的贡献，这些问题是相似的，但是两种场景也存在重要区别。对于前者来说，困境在于两个囚徒利益之间具有潜在冲突。正如我们前面看到的那样，这个模型适用于要求两个个体都合作的所有情境，比如结成联盟反对第三方，或在“客户”鱼跟“清洁工”鱼之间进行互利共生的交往。而在决定是否把钱交给咖啡俱乐部的困境中，问题在于个体利益跟群体利益之间有矛盾。很明显，当所有人都合作，即所有人都为自己的咖啡付款时，群体最有利。然而，经济学家和进化生物学家告诉我们，除非不合作的个体被揪出来遭受惩罚，否则没有人会对一项公共事业做贡献。为了证明他们的博弈论模型是正确的，他们的愤世嫉俗是合理的，他们特地拿出了自己的证据：许多以公共物品博弈（public goods games）为范式的研究结果。

经典的公共物品博弈由四到五个玩家组成，他们可以选择把一个代币投资给私人物品——比如，把代币留在他们手里，保存它的整个价值——或投资给公共物品，比如，投资给公共基金。做出投资之后，基金的总量会翻一番——这为进行合作提供了动力——然后平均分配给所有的玩家，不管每个人有没有贡献。如果所有的玩家把他们的代币都贡献给公共基金，他们会共赢，获得自己投资可能收获的最大收益。然而，如果一个或更多玩家行为自私，而把代币留在他们手里（用博弈论的语言来说，这些个体被称为“搭便车者”），那么把代币贡献给公共基金，对任何人来说都不是一个值得推荐的选择。事实上，数学家约翰·福布斯·纳什——就是电影《美丽心灵》的男主角，由演员罗素·克罗扮演——提出的数学模型表明，每一个贡献给公共基金的代币，只能对贡献者产生半个单位的回报，因此理论上应该没有人会傻到给公共基金投钱。

事实与这些模型的预测相一致。实验表明，当进行多轮的公共物品博弈时，玩家最初通常选择合作，但是会慢慢地变得自私自利，因为他们越来越克制不了欺骗的诱惑，越来越想在这个过程中占便宜。人们很难对公共事业做贡献，这就能够解释为什么管理有限的公共资源——比如不受污染的空气和水——是如此困难。1968 年《科学》期刊上发表过一篇很有影响的论文，一个名叫盖瑞特·哈丁（Garrett Hardin）的美国生态学家恰如其分地把这种现象称为“公地的悲剧”。[①] 悲剧在于，当涉及保护环境或其他相似的问题时，个人利益总是会盖过公共利益，最后，每个人都成了输家。

向政府或国家纳税也是同样的道理。我们都应该主动交税，因为这么做是我们自身的利益所在：纳税人的钱可以用来修建道路和公立学校，用来为科学和医学研究提供资金，以及在很多国家（谢天谢地，很快美国也会包括在内）用来提供全民医疗保健。然而，如果纳税不强制执行，而逃税者也不遭受惩处的话，几乎没有人会傻到乖乖交钱的地步。在美国，人人都听说过这样的恐怖故事：有的人因为没有交税而遭到美国国税局的审核，被迫支付高额罚金或坐牢。人们依然想试着逃税，特别是在他们挣了很多钱而税率很高的时候，但这没法跟意大利的情况相提并论。在意大利，纳税执法不严，没有人害怕因为逃税被抓而遭受制裁。结果，意大利的逃税现象非常猖獗。大多数的意大利人都很富有，因为他们都把代币抓在自己手

① Hardin (1968).

里，而国家则总是处于破产状态。到最后，就像环境恶化一样，每个人都因此受伤害。

人类社会中存在许多“公地的悲剧”，但是再次说明，这种情况并不单单存在于我们这个物种之中。可以设想这样一种情形，几种不同的寄生虫或微生物生活在同一个寄主身上，他因此成了“公共资源”。对于任何一种寄生虫来说，尽可能地剥削寄主符合它们的利益，然而，如果所有的寄生虫都这么做，公共资源就会遭到过度开发。结果，寄主死亡，寄生虫也会跟着寄主一起完蛋（或者至少必须寻找新的寄主）。

人们可以通过强制合作、惩罚搭便车者的方式解决“公地的悲剧”，就像对纳税和逃税采取措施一样。此外，这一悲剧也可以通过奖励主动合作者来解决。比如，一个好名声，也许就能抵消合作的代价。为了更好地理解名声为什么能影响人们在公共物品情境下的合作倾向，以及如何影响，这里有必要介绍间接互惠（indirect reciprocity）的概念。进化生物学家认为存在两种互惠类型：直接互惠和间接互惠。直接互惠是指这样一种情形：某一个体利他性地帮助另一个体，期待受益者会在未来进行回报。如果回报实际发生了，两个个体都得到了好处。在间接互惠中，某一个体利他性地帮助另一个体，但是这种回报来自第三方，而不是来自接受帮助的个体。通常，这里的多个个体都来自同一个群体，拥有一些共同利益，所以如果间接互惠在该群体中变成一种普遍现象，那么所有的群体成员都将受益。不过，当帮助自己群体之外的成员时，比如把钱捐给慈善组织，间接互惠也可以运作，不是间接地来自第三方的支持，而是来自助人者名声的提升。因此，通过帮助一个不能回报帮助者的个体，人们建立了好名声——或者，用博弈论的术语来说，是“积极的形象评分”，而拒绝帮助则会损害他们的名声。[①]

在慷慨程度方面，拥有一个好名声还是一个坏名声，对于事业的好坏、政治的成败有重要的影响。比如，当比尔·盖茨还是微软CEO，还没有跟梅琳达结婚的时候，他很少对慈善机构做出大笔的捐献，尽管他经常位列《福布斯》杂志列出的全球最富有者的榜首。他吝啬抠门的名声对微软的事业没有帮助，当然，这个软件巨头是如此强大和成功，以至于最终这些坏名声带来的损害没有什么影响。在比尔与梅琳达结婚后，他们的比尔和梅琳达盖茨基金会开始对慈善机构大笔捐赠时，比尔的名声还有微软的形象开始明显提升，这很可能为微软的商业带来了积极的结果。

要是你觉得比尔·盖茨的案例不怎么有说服力，我还有别的证据。很多研究表明，对名声的重视会影响人们对公共物品的贡献意愿，而好名声也会转变为财政收入或政治收入。多年以前，威斯康星大学的经济学家詹姆斯·安德烈奥尼（James Andreoni）和佐治亚州立大学的经济学家拉根·皮特里（Ragan Petrie）进行了一个经济学实验。他们让200个大学生在电脑上进行公共物品博弈，博弈的匿名程度在不同组之间存在区别。参加的学生5人一组，每个人拥有20个代币。这些代币可以投资个私人物品（也就是留在自己手里），从而产生每个代币两美分的收益，也可以投资给公共物品，从而产生每个代币一美分的收益。该实验存在四种不同的情境。在“基线”情境下，群体中的所有成员都知道所在群体对公共物品总的贡献，但是他们不知道

① 参考Nowak和Sigmund（1998）的研究，他们对基于形象评分（image scoring）的间接互惠进行了探讨。

其他的群体成员是谁，也不知道每个人都贡献了多少。在“信息”情境下，这 5 个人准确地知道每个群体成员为公共物品贡献了多少，但是不知道这些人是谁。在“照片”情境下，这些大学生能看到其他群体成员的照片，但是不清楚具体每个人贡献的数额。最后，在“信息和照片”情境下，人们既能看到照片，又能得到信息，因此他们知道谁是群体成员，以及每个人各自贡献了多少。这个研究表明，与基线情境相比，同时提供信息和身份（即“信息和照片”条件）导致人们对公共物品增加了 59% 的贡献。另外两名经济学家，玛丽·雷杰（Mari Rege）和谢蒂尔·特勒（Kjetil Telle），在后来的一个研究中重复验证了上述结果。他们招募了住在奥斯陆的挪威学生，让这些素不相识的参与者进行单次公共物品博弈。研究发现，即使是陌生人，在顾及名声的情况下，也会对公共物品进行更多捐献。[①]

前面已经提到，黑利和费斯勒证明，在两人的独裁者博弈中，个体察觉到自己被盯视会影响他们的合作水平。这一效应同样在公共物品博弈中得到了证实。哈佛大学的研究者特伦斯·伯纳姆（Terrence Burnham）和布赖恩·黑尔（Brian Hare），要学生在多种匿名情境下进行多局的公共物品博弈。不过，在其中一种情境下，学生使用的电脑屏幕上会出现一个名叫“基斯梅特”（Kismet）的机器人形象。这个机器人由麻省理工学院研制，而且看起来一点儿也不像人——除了它的眼睛之外。结果表明，那些觉得自己被“基斯梅特”盯视的学生对公共物品的贡献量，要比那些对着普通电脑屏幕的学生多出 29%。[②]

① Andreoni and Petrie (2004); Rege and Telle (2004).

② Burnham and Hare (2007).

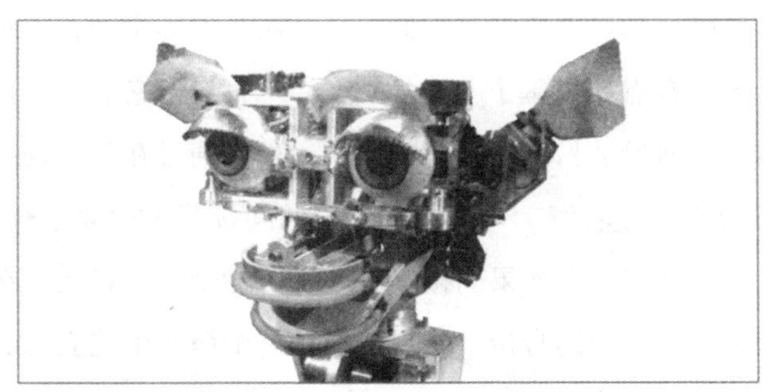

机器人基斯梅特

社会心理学家认为，我们对于名声如此重视，是因为我们都在不断地寻求来自他人的认可和尊重，以便维持我们的自尊，或提升我们的社会地位。在他们看来，树立一个好名声能带来诸多心理奖赏，这解释了人们为什么情愿在社会名声上进行投资。这也许是对的，但名声现象背后可能存在着更深层、更自私的动机。经济学家提出，人们对名声进行投资是为了让他们的个人财政所得最大化，损失最小化，而进化生物学家则认为，动物这样做的目的是让个体适应所得最大化，损失最小化。这里的“财政”指的是金钱，而“适应”指的是“生存和繁衍”。本质上，一个好名声就是我们消费限额的延伸，就是我们的信用卡。如果没有名声，我们就无法从别人那里得到信用。随着我们通过合作行为建立名声，在额度越来越大的未来商业交易中，他人给予我们的信用意愿会有相应的增加。

良好的名声能够带来财政和政治所得，这一点已经被实验证实。比如，瑞典生物学家曼弗雷德·米林斯基（Manfred Milinski）和他的同事发现，当公共物品转变为间接互惠博弈，玩家因为他们的慷慨而得到间接奖励，名声就会提高人们在公共物品博弈中的合作水平。这种现象，多少有点儿像骗子“清洁工”鱼的做法：它们从一个情境中得到好名声，然后从另一个情境中得到好处。通过在公共物品博弈中的慷慨行为建立好名声，人们能在随后的间接互惠博弈中获得收益。然而，米林斯基指出，如果间接互惠博弈被撤销，或者玩家在两种类型的博弈中具有不同的身份，使得他们在一个博弈中建立的名声不能迁移到另一个博弈中去，那么他们对公共物品的贡献意愿很快就会缩减，化为乌有。[①] 因此，人们在未来的社会情境中是否能被识别出来，直接影响着他们在情境中对名声的投资与建设。只有当投资能带来实际收益时，这种名声建设的投资才会出现。

这听起来像是在说风凉话，但这是实验揭示的结果。有人可能会对这些结果存在小小的怀疑，因为它们都是在人为情境下从大学生身上得来的。可能在现实世界中，很多人并不会像大学生这样，为了挣几个小钱就自愿参与某个经济学实验。

事实表明，在现实中，曝光捐献者的身份和捐赠慷慨程度很重要。比如，慈善组织经常让他们的捐献者有大把机会广为人知。为了表彰捐献者，他们给这些人竖立雕像，或者把捐献者的名字公布在杂志或网站上。除此之外，基金募集者会给捐献者提供特定的礼品，这些礼品跟他们的捐献数额相对应，这样其实就是在告诉其他人某个捐赠者到底捐了多少钱。不同的捐赠额对于树立捐赠人的名声和地位很重要。基金募集者看起来深谙此道：当他们从一个特定捐款人那里寻求捐赠时，会透露其他人捐赠的情况，而且提出一个建议的捐赠额度，以便

① Milinski, Semmann, and Krambeck (2002a); Semman, Krambeck, and Milinski (2004).

让这位捐赠人在自己的同伴那里富有竞争力。慈善机构还会公布礼物的等级，从而强化捐赠者在慷慨程度方面的对比，进而加剧他们在名声方面的竞争。比如，博物馆和影剧院在他们的节目中通过分类的方式列举捐赠人。根据他们的捐赠额度，捐赠者将被列入“庇护者”、“赞助人”或“伙伴”的类别。经过这些机构仔细设定的类别，最有可能是为了怂恿人们“调高”他们的捐赠，以便让自己进入一个更高的类别。

安德烈奥尼和皮特里则为我们提供了另一个实验证据，表明名声在捐赠中扮演着重要角色。这两位经济学家让学生通过电脑参与一个模拟慈善捐助的博弈。玩家可以保持匿名，也可以选择让自己的身份曝光。如果选择曝光，根据他们礼物的数量多少，研究者会把他们分配到不同的慷慨类型中。当自己的捐赠有机会被传播时，人们会捐赠得更多。捐赠级别的设定与传播则对于捐赠者增加礼物，以满足较高类别的下限具有显著的影响。类似地，米林斯基和同事做的另一个研究表明，公开对一个非常著名的世界救援组织联合国儿童基金会（UNICEF）进行捐赠，会导致捐赠者个人财政方面的收益（捐资者从他们群体成员那里得到了更多的钱），以及政治名声方面的提升（他们被选出来代表所在群体的利益）。① 进化生物学家理查德·亚历山大（Rechard Alexander）在他的《道德系统的生物学》（*The Biology of Moral Systems*）一书中意味深长地写道：“复杂的社会系统存在大量的相互交往，而在这些交往中被认为有吸引力的互惠交往，可能会成为

① Andreoni and Petrie (2004); Milinski, Semmann, and Krambeck (2002).

成功的一个基本因素。”[①]

在个人关系中，某个人的名声通常基于对他或她在过去交往中行为表现的直接观察。而在公共生活中，名声可以通过广为人知的合作行为或慷慨表现来树立。在两种情形中，通过第三方传播名声——换句话说，就是传言——同样非常重要。我们都知道在建立或毁坏名声的过程中，传言扮演着重要角色。因此，如果认为传言会影响人们合作倾向或慷慨倾向，这种观点理应不会让人感到惊讶。事实上，许多实验已经把对这个观点的疑云驱散了。在心理学家贾里德·皮亚扎（Jared Piazza）和杰西·贝林（Jesse Bering）最近所做的一项研究中，人们匿名参与独裁者博弈，但是有的玩家 1 被告知，玩家 2 将与另外一个知道玩家 1 身份的玩家讨论自己跟对方的分钱决策。八卦的威胁和对自己名声的考虑，使得这些独裁者在分配金钱的时候变得更慷慨。[②]

传言现象在人类社会中非常普遍。比如，通过调查在大学咖啡馆里的谈话，以及发生在部落村庄里的聊天，研究者们发现，超过 50% 的谈话内容都跟传言有关。鉴于此，任何拥有商业或政治抱负的人们都应该努力，让自己成为积极传言的对象，而不是消极传言的对象。[③]然而，培养一个好名声，可能在投资上非常昂贵，而且这样做也只是在名声有机会转变为未来收益的时候才有意义。博弈论模型预测，一旦人们发现名声不能产生任何未来收益时，就不会为树立自己的名声继续投资。许多实验表明，实际情况的确如此。

---

① Alexander (1987), p.100.

② Piazza and Bering (2008).

③ Dunbar (1998).

对背叛者的惩罚

通过炫耀性的慷慨行为来建立名声，比如进行 100 万美元的捐赠，对于我们中的大多数人来说是难以实现的。通常情况下，获得一个好名声并不能激励大多数人进行公共物品投资。对这些人来说，只有通过法律强制、罚款，甚至坐牢的威胁才能让他们对公共物品做出贡献。然而，没有任何外部因素能像人们施加于自身的内部控制那么强大、那么划算。当规则被内化之后——也就是说，人们具有了一种主人翁精神，相信遵守规则符合他们的利益——他们自己就会成为最有效的强化者。人们会自发地成为他们自己的告密者、警察和法官，以确保当他们破坏规则的时候能逮住自己，并且给予自己适当的惩罚。自我惩罚可以相当严酷、相当痛苦——想一想中世纪天主教僧侣的自我惩罚。因为有不纯洁的思想或做过不纯洁的行为，他们用鞭子抽打自己的脊背（电影《达·芬奇密码》中白化病僧侣的谋杀罪行，引起了我们对这一现象的关注）。他们因为某些事而深感内疚，甚至可能为此自杀。

强制人们纳税的法律通常没有被内化——没有人会因为他们欺骗了美国国税局而自杀——但是宗教和道德规范是被内化的。这一点能够解释为什么与民主社会的法律和法律强制机构相比，甚至与充满压迫的独裁政权的暴力和恐吓相比，宗教和道德都是一种更为有效的控制人们行为的工具。某些人比其他人更善于内化规则，或者在某些情况下比在其他情况下更容易做到这一点。当内疚感不能遏制人们的自私行为和欺骗倾向时，其他人就会帮他们一把，这就是进化生物学家罗伯特·特里弗斯（Robert Trivers）所说的“道德攻击”。[①]

① Trivers (1971).

不管是涉及另一个人还是整个群体，当有人在合作交往中做出背叛或欺骗时，其他人就会公开谴责他们的行为，或传播他们的负面八卦，以此来惩罚他们。让背叛者背负一个坏名声，其他人以此让背叛者付出代价。这些代价也将损害背叛者作为未来合作伙伴的生存力——不管是在恋爱和婚姻关系中，还是在商业合伙关系中，或者是在政治活动中。人们愿意用自己的方式惩罚背叛者，这一点已经被不计其数的、与合作和信任有关的经济学实验证实，这些实验包括囚徒困境、独裁者博弈、公共物品博弈和其他经济学博弈。[①] 但是我们现在不谈实验，而是先看一看日常生活中更具体的案例。

我们都清楚，恶意的传言能对某个人的社会、经济和政治名声造成很大的损害。恶意的传言是一种惩罚方式，能够允许道德警察对背叛者造成致命的伤害，同时又不把自己暴露在遭受报复的危险中。在某些情况下，被惩罚的背叛者甚至没有觉察到这些八卦的存在。当在工作上或家庭中遭遇不顺的时候，人们就会抱怨，把这些不顺归因于运气不好或因果报应。最有趣的是，各种形式的道德攻击是最好的广告方式。

道德攻击的目的是告诉每个人，欺骗已经被发现，而且不被认可。这种道德攻击的轻微形式是不停地按喇叭。比如，像许多典型的意大利人一样，我驾车的时候风格比较狂野。当我驾车行驶在加利福尼亚的大街上，没有遵守某些交通规则时，其他的司机就会对我按喇叭，即使他们没有因为我的驾驶受到直接的影响。对像我这样违反交

① 关于人们对背叛者进行惩罚的研究，请参考 Fehr 和 Fischbacher（2004）以及 Egas 和 Riedl（2008）的总结。

通规则的家伙进行道德攻击，跟其他情形下的道德攻击相比，简直是小菜一碟，不值一提，这些情形包括：欺骗自己的配偶，或在体育比赛、商业交易或政治活动中进行欺骗。这里仅仅举一个例子，某些被他们丈夫欺骗的女人会花上大笔的钱，把她们骗子丈夫的名字或面孔印在巨幅海报上，贴在繁华的都市地带，送给他们一个坏名声，保证没有其他的女人将来会跟他共度余生。

对未能进行合作的个体进行惩罚的现象存在于许多动物社会中——合作在这些动物中都扮演重要的角色。比如，当猕猴在森林里发现了一棵果实累累的果树，它们通常都会发出呼喊，招呼其他的群体成员，一起饱餐一顿。灵长类学家马克·豪瑟（Marc Hauser）报告说，如果某些猕猴不通知其他猴子就把所有的果子都吃光，一旦它们被撞见干了这事的话，就会遭到其他群体成员的攻击。[①] 我不会把这种攻击称为道德攻击——在猕猴中没有什么道德，但是这种情况跟人类的道德攻击又非常相似。

人们害怕遭到道德攻击，这样的担心不无道理：因为没有合作或破坏规则而被他人施加于身的代价，可能很大。因此，为什么我们感觉自己被人盯着或我们的身份被人知道就更可能进行合作，存在两种原因：除了树立合作的好名声，从未来的投资者那里得到看得见摸得着的好处之外，我们还想避免偷奸耍滑可能招致的惩罚。欺骗那些认为我们会合作的人是自私的、不道德的，甚至是不合法的。不管博弈的性质如何，在合作性博弈中进行背叛同时会引燃另一样东西——竞争。当我们欺骗一个伙伴或一个群体时，就相当于我们把自己的利益

① Hauser (1992).

置于他们利益之上。我们这是有意识地做出了竞争而不是合作的决定。正如合作能带来好处——比如，要是我们的利他主义能够得到宣传，我们在名声上就能积累印象分；竞争也有代价，但如果我们的竞争或自私行为隐藏在匿名的幕布后面，这些代价就可以被减少或避免。人们选择跟其他人合作时喜欢身处聚光灯下，以便每个人都能看到，都来欣赏，并希望每个人都能奖赏自己的行为。相反，当人们选择背叛，选择伤害而不是帮助别人的时候，他们更喜欢暗箱操作。

暗中竞争

纽约城 1977 年断电事件

1977 年 7 月 13 日晚上 8 点 30 分，由于多次雷击导致电线和中继站受损，纽约城的大部分地区都陷入彻底停电的状态中，这种状态持续了大概 24 小时。[①] 灯火熄灭，数百万人被抛在黑暗中，一股如山洪海啸般的犯罪浪潮冲击了整个城市，尤其是纽约最贫穷的地区。因为黑暗既保证了匿名性，又阻挡了警察的干预，人们劫掠商店，盗窃公寓，砸碎窗户，纵火焚烧整个街区的建筑。就在这一夜，纽约有超过 1500 家商店遭到洗劫。偷窃和破坏财产伴随着其他暴力犯罪：人们在街上或在家中被抢劫或被枪击，女人被强奸，还有 500 多名警察受伤。到了第二天晚上电路最终修复的时候，有 4000 多人被捕——这是在纽约城历史上最大规模的逮捕。然而，头天晚上犯了法但是没被抓的

① 关于纽约城 1977 年的断电事件，更多信息可以在维基百科的“New York City blackout of 1977”标签下找到，网址：http://en.wikipedia.org/wiki/New_York_City_blackout_of_1977。

人数，恐怕要远远超过这个数字。

显然，13 号晚上劫掠商店的人，或进行抢劫、强奸和谋杀的人并不都是职业罪犯。他们中的许多人可能都没有犯罪记录。这种情形正如意大利谚语，*L'occasione fa l'uomo ladro*，即“只要有机会，人就去做贼”。这个谚语暗示，这个世界上的人不能简单地分成好人和坏人，前者不偷不抢，后者作恶多端。相反，在适当的情况下，任何人都可能变成贼——甚至是杀人犯。另外一则意大利谚语（*I proverbi sono la saggezza dei popoli*）说“谚语是人类的集体智慧”。它们揭露了人性的某些基本真相，但是通常并没有附上随后的解释。要解释为什么“只要有机会，人就去做贼”，我们需要求助于行为的理性模型。

经济学和进化生物学的模型告诉我们，偷窃基本上是一种自私的竞争行为，损人利己。在一个“好”机会中，收益高而代价低。为了让偷窃有代价，社会制定了保护他人财产的法律，并且惩罚那些违犯法律的人。遵守这些法律，就像遵守向所有公民征税的法律一样，相当于在一个公共物品博弈中，被迫把个人的代币贡献给公共基金。如果不捐献代币，甚至从公共基金中偷窃代币，就要付出代价。如果这个代价被取消的话，欺骗的收益就不能再被损失抵消了。

黑暗提供的匿名性和免疫性唆使人们打破社会契约，以损害他人为代价释放他们的自私和竞争倾向。这种损害可以发生在个人层面，也可以发生在社会整体层面。通常来说，这样做的人一般是能从中获利最多的那些人——穷人和被压迫者。百万富翁不需要为了得到一台新电视机，而抢劫一家电器商店。而穷人和被压迫者则常常感觉到，在合作性博弈中，他们是受不公平社会契约强迫的人。

无论是被规则调节（比如在体育比赛中），还是被针对犯罪的法律震慑，竞争跟合作一样，都是人性中的一个内在成分。而且，竞争的收益成本率波动可能会导致有害的行为，而这些行为通常都是被克制的。由于坐牢的人中贫穷和没受教育的人最多，这难道意味着，当在合作性博弈中有利可图时，人们进行背叛的生物倾向在这些人身上更强烈吗？教育、财富和工作稳定能保护我们不受有害的竞争倾向的影响吗？这些能让我们即使在违法乱纪更有利的情况下还继续像老实人一样规规矩矩吗？我不这么认为。在适当的时候，受过良好教育的人和有钱人与任何其他人拥有同样的背叛倾向，但是这种倾向可能表现在不同的背景下。举例来说，在背地里受到匿名性的保护，这种情形容易释放有害的竞争倾向；这种倾向就在一种受过良好教育的群体中存在着——大学教授。

匿名同行评议

与一个国家政治、法律和经济生活有关的许多决策，以及与该国公民健康和幸福有关的许多决策，受到许多领域学术进步的影响，相关领域包括政治科学、法律、经济学、社会学、生物学和医学。而这些领域的进步，反过来，又受研究资助的影响，也受研究论文和研究专著发表的影响。资助和发表对于研究型学校也有好处。在美国，当某个教授从政府获得一大笔研究经费的时候，有一半以上的钱会直接进入他所在大学的口袋里。在英国，教授在权威期刊上发的文章越多，他们所属的大学就会得到政府越多的资助。毫不奇怪，在申请经费和发表文章方面非常成功的教授，许多大学对其趋之若鹜，他们还可以获得来自学校的更快晋升和更高薪水。对知识的追求，曾经是学者在家里拿笔在纸上书写的职业，现在已经成了一笔大买卖，而且许多大型大学越来越像公司一样在运作。

毋庸讳言，鉴于获得经费和发表论文的重要性，这两项活动已经变得竞争激烈；只有一小部分提交给学术期刊的论文能够被接受和发表，而且只有更小一部分的经费申请能够被批准。谁决定哪一个被接受、被批准？政治家？政府雇用的特别专家？不，是教授自己。通过一种叫作“同行评议”的过程，他们阅读彼此的作品，然后给出接受或拒绝的建议。因此，当一个审稿人建议接受时，他或她就不只是推进一个有价值的事业——这个事业能有益于社会并且让人类的未来变得更好，而且这个审稿人也在推进这位投稿人的事业，让他的钱包变得更鼓。相反，一篇文章或一份经费申请被拒绝，无论是在心理上还是在财政上，都将对某位研究者产生毁灭性的后果。在人类的任何事情上，人们都会彼此谈判，为自己的努力争取好的结果。同样，在评审知识和学术工作的时候，审稿人的个人利益也在其中扮演非常重要的角色。此外，人性本身可能会妨碍他们做出客观的判断和决定。

发明同行评议的那个人——我将把这个人叫作“发明家”——必须意识到当每一篇论文或每一份经费申请被审议时，审稿人对于这份作品是接受还是拒绝的建议，就相当于在一个标准的囚徒困境中进行合作或背叛。如果在他们的职业生涯中，教授们相互审阅彼此的作品，这个博弈就是在以频繁转换角色的方式不断进行。审稿人先做决定，对投稿人的作品给出接受还是拒绝的建议。不出所料，如果投稿人针锋相对，在下次两者角色调换而进行互动的时候，就会做出同样的建议。

这个“发明家”必须意识到，如果教授们相互之间进行博弈，在同行评议过程中做出的决定就会简单地追踪玩家的行为，而跟他们的优点无关。这将会是一场灾难，平庸的个体将会拥有闪耀的学术生涯，而许多纳税人的钱将被浪费在吊儿郎当或不知所云的研究项目上。更惨的是，两个玩家扮演审稿人和投稿人的频率具有不对称性。举例来说，资深教授更可能评审年轻大学生的作品而不是相反。同时，他们建议的影响也具有不对称性。比如，某个审稿人的一次建议可能会影响投稿人的整个学术生涯。这些不对称性可能导致试图影响结果的尝试。某个投稿人可能通过贿赂的方式，试图鼓励或奖赏积极的建议，而使用恐吓或暴力来阻止或惩罚消极的建议。大学教授的确偶尔诉诸暴力惩罚拒绝他们的同行：就在不久前，因为同事拒绝了自己终身教职的申请，亚拉巴马大学的一位生物学教授开枪杀害了评审团中的三个人。[①]

保护审稿人，保证他们安全无忧，不受被自己拒绝的投稿人的伤害，是“发明家”主要考虑的问题。人们认为要解决这一问题，可以让审稿人的身份处于保密状态。既然没人知道他是谁，也就没人能够伤害他。通过这种方式，审稿人不用担心玩“一报还一报”的游戏，也会对行贿的企图或惩罚的恐吓具有免疫力。这位“发明家”认为，一旦审稿人不受任何外界的影响，将会对投稿人的作品做出诚实和客观的评价，因为这么做是正确的（同时也因为他们已经签署了意向协议，大意如此）。他在考虑人性如何影响投稿人的行为方面可谓用心良苦。可是这个“发明家”忽略了致命的一点：审稿人也是人。任何人，在被赋予权力对另一个人的作品、职业和财政成功做出匿名条件下的评判时，很可能会受诱惑，利用这种权力为自己谋取好处。

问题在于，尽管教授比其他人更有资格评审各自的作品，但他们

① “Said 教授被指控在亚拉巴马州谋杀三人”，《纽约时报》，2010 年 2 月 10 日。

同时也属于同一个共同体，会为了有限的资源，比如研究经费、论文发表和社会地位而进行竞争。这个共同体专注于生产高水平的重要作品。而用来实现这个共同体目标的这种利他性动机，不可避免地跟以邻为壑推进个人议程的自私性动机搅和在一起。来自经济学和进化生物学的模型告诉我们，利他性动机和自私性动机的相对重要性，取决于合作与竞争的收益和代价权衡。匿名性剧烈地改变了这种代价收益权衡，使得这种情形更有利于竞争：因为匿名性减少了个体能够从合作中得到的好处（减少了合作的动机），而且几乎完全消除了竞争的代价（为卷入自私行为提供了动力）。

为了更好地理解这一点，回想一下：只有在合作能够提升他们的好名声，增加他们个人收益的未来预期时，人们才更可能跟他人合作，或对自己所在的社区做贡献。在同行评议系统中，对他人作品进行客观和诚实的评议有助于整体的学术共同体，但是匿名性剥夺了审稿人通过合作获得一个好名声的机会。除了合作带来的间接利益的减少，审稿人的匿名性还大大减少了竞争的代价。经济学和进化生物学的模型预测，如果给予人们一个机会，伤害他们的竞争者而不必付出代价——不因伤害而受惩罚——他们就倾向于这么做。在 1977 年纽约城断电事件中，人们的所作所为符合这些模型的预测。同样的情形还包括战争期间士兵入侵他国，对普通民众犯下令人发指的罪行，或者比如地震或大飓风等自然灾害之后，由于法律强制系统的崩溃而引起犯罪数量飙升的情形。匿名审稿人的行为也跟这些模型的预测一致吗？当黑暗降临的时候，大学教授也会像纽约大停电时的暴民那样谋杀他们的同行，抢劫同行的财产吗？

审稿人变为竞争者

调查审稿人匿名性对同行评议过程的影响，为我们打开了一扇人性之窗。除了其他工作，大学教授也要做大量研究，而同行评议系统面临的就是数以百计的研究。可悲的是，这些研究的结果以及来自同事的逸事证据告诉我们，匿名审稿人有时候的确会抢劫被他们评审的投稿人的学术财产：他们剽窃这些投稿人的思想，拖延他们作品的发表，以便让自己有时间重做，还声称那是自己的原创。匿名审稿人有时候还会永久性地损害或毁掉被评审人的财产：他们通过苛刻的负面评价，压制这些投稿人论文的发表，或阻止他们获得经费资助。除了偷窃财产和毁坏财产之外，匿名审稿人还会对投稿人犯下几乎等于是专业"谋杀"的新罪行，比如：他们可以建议拒绝某个同行永久教职的申请。

多年以前，我向国家科学基金会（NSF）提交了一份申请，打算获取经费从事一项研究。这个美国国家机构资助了数以万计的科学研究。当NSF收到了一份教授的资助申请时，它会邀请其他大学同一领域的教授提供匿名评审，给出接受还是拒绝的专家建议。NSF给出了详细的审议指导，要求审稿人对研究计划的科学价值以及对整个社会的可能影响进行评估，不要对审稿人自身或审稿人总体的工作做出个人化的宽泛评价。即使有这样的建议，其中一个匿名审稿人还是一开始就对我的申请给出了这样的评论："这个投稿人（就是我）曾经从国立卫生研究院获得了大量资助，如果他以为自己同样可以从NSF拿到钱的话，那就大错特错了。"我很纳闷：对一项研究计划的科学价值，居然有那么多的限制意见。

受到某个匿名审稿人不应有的严厉批评和人身攻击（在拉丁语中，

我们称之为 *ad hominem*，即对人不对事），绝对是一次心理上的创伤经历。这种经历对一个研究者的伤害，超过了来自拒绝本身所导致的专业损害。为了能在匿名的同行评议系统中活下来，在学术上取得成功，一个研究者必须变成厚脸皮，有能力把拒绝和伴随拒绝而来的事业挫败完全不当一回事。在自己的学术生涯中，我已经被拒绝过数百次，想必自己的脸皮在这个过程中长厚了不少，但是收到苛刻的匿名评审意见，还是会让我有辞掉自己工作，干脆搞点儿园艺的冲动。与其与周围的人类生活在一起，还不如置身于绿色植物之间，让人更放心、更安全。

当然，不是每个使用匿名同行评议系统的人都会朝他们的竞争者开枪射击，或至少不会总这么做。许多拒绝是理所当然的，提供了建设性的批评，帮助投稿人学会如何生成高质量的作品。更常见的评审情况是，对一篇文章或一份资助申请的匿名评议是混合式的，既有积极意见，也有消极看法。英国博士彼得·罗思韦尔（Peter Rothwell）和克里斯托弗·马丁（Christopher Martyn）做了一项研究，发表于2000年出版的《大脑》期刊上。这项研究发现，多个独立审稿人对于一份稿件应该被接收、修后再审还是拒绝的意见一致性，居然不比随机水平高。[①] 如果我的一份稿件收到了三份评审意见，通常的情况是这样的：一个说这份稿件好极了，无与伦比；一个说还可以，表现平平；还有一个则会说，这是所有稿件里最垃圾的一份，狗屁不通。请留意这是发生在我的好文章身上的遭遇，不好的文章通常会得到三份负面评价。对于某些期刊来说，既有好评也有差评的稿件依然有机会

---

① Rothwell and Martyn (2000).

发表。但是，对于拒绝了大多数稿件的期刊来说，一份负面评论就是致命的，特别是当这则意见来自一位有影响的资深教授时，而这就是通常情况。

试图通过匿名同行评议系统发表文章、获得经费，就像是步行通过雷区：地雷无处不在，而你每走一步就可能引爆一颗。不过，大多数的地雷威力很小，爆炸不足以引发致命伤害。于是你能够拿回自己的脚，舔舐上面的伤口，整装之后，再次前进。然而，持续的爆炸，以及伴随每一次爆炸而来的焦虑、恐惧和愤怒，可能会引发心理伤害，增加巨大的时间成本和资源成本，从而迫使你缓慢行进，左摇右晃、踉踉跄跄地曲折前进，甚至倒退几步。

你时常会碰到这样的学术中人，他们尝试通过建立一条通过雷区的安全走廊来对抗这一系统。这一走廊将允许他们以稳定的速度直线前进，避免因持续爆炸产生的压力和痛苦。他们中的某些人在自己漫长的学术生涯中发表了数以百计的论文，但是这些论文中的大部分只出现在一到两本期刊上。因为与杂志编辑有个人联系，他们的文章从来没有被拒绝过。我观察过这些另类的家伙，因为他们对自己的成功过于自信，于是决定踏出他们的安全走廊，向一份没有关系的期刊投稿。果不其然，他们踩中了一颗地雷，“轰”的一声，像其他人一样被炸得粉身碎骨。

吸血鬼与狼人之战

到现在应该很清楚，在同行评议的过程中存在大量的主观性；评审匿名性允许人们手执利斧，砍倒他们的竞争者而不受惩处。但是不要忘记人类可不仅仅是在单打独斗的层面上进行竞争。他们也属于不同的群体，为了自己所在群体的利益而与其他的群体竞争。在研究和学术这一行里，竞争可能涉及来自不同国家的人：男人对抗女人，年长者对抗年轻人，来自大型研究型大学的教授对抗来自小型学院的教授，做人类研究的对抗做动物研究的，研究猴子的对抗在实验室里用老鼠做研究的。因此，当一个审稿人和一个投稿人来自不同的群体时，匿名评审为审稿人提供了一个难得的机会，让他们可以通过评分打击竞争者群体。我是一个猴人（即研究猴子的科学家），因此在把资助申请提交给同行评议时，最害怕它会落入鼠人（研究老鼠的科学家）的手里。无论我们是谁，他们只想干掉我们，因为我们的动物比他们的更酷，而且他们想要所有动物研究的资金都落入他们自己人手里。这就类似于《暮光之城》系列小说中的吸血鬼与狼人。这些斗争发生在现实生活中，而不是只存在于一个妄想迫害狂的教授头脑中，这一点已经被关于同行评议系统的大量研究所证实。

某些更有趣的研究比较了单盲同行评议和双盲同行评议的稿件评审结果。单盲评议是传统做法，其中审稿人是匿名的，而投稿人则不是，而在双盲评议中，投稿人也是匿名的。为了实现投稿人的匿名，稿件或基金申请的第一页因为包含作者的姓名和个人信息，在被评审之前都要去掉。结果发现，当投稿人是女性、其他国家的公民或来自竞争性学术机构的教授时，来自传统的单盲评议相比双盲评议更有可能给出拒绝的评审意见。换句话说，当审稿人知道投稿人的身份之后，他们的评审意见表达了对于特定群体的诸多偏见。请注意：双盲评议比单盲评议更好，但远不完美，因为在许多情况下，审稿人依然可以猜到投稿人是谁。对女性的歧视具有更为严重的后果，因为这可能会迫使女性远离研究和学术。尽管有越来越多的女性获得了博士学位，满怀热情地开始了自己的学术生涯，但与男性相比，她们中有更多的人会逃离学术圈。[①]

就我所知，已经有人正式研究单盲和双盲同行评议的年龄群体效应。不过，众所周知的是，在学术界，不管是由于过去的关系还是出于共同的利益考虑，来自相同年龄群体的人通常以损害其他年轻群体为代价，在各自的事业上相互帮助。比如，婴儿潮时期（从 1945 年到 1960 年）出生的那一伙人在美国学术界是一个势力强大的群体：他们中的许多人身居高位，掌握生杀予夺的权力，能够决定年轻研究者职业生涯的生死和成败（关于婴儿潮时期出生者的裙带主义，已经在第三章讨论过）。许多婴儿潮时期的出生者不是帮助更年轻的研究者，而是千方百计、随心所欲地把权力和资源掌握在自己手里，粉碎了他们之后的好几代人的职业希望和追求。我陆续认识了一些资深教授，他们从美国政府那里获得了长达 30 年的研究资助。可是，这些老家伙不断地写下苛刻的负面评论，阻止年轻的科学家获得他们的第一份经费资助。有一位政府经费的主管人员，审查过好几百份资助申请的评议。他曾经对我说："资深教授杀死了他们的年轻后生。" 当然，除非那位年轻后生是他们亲生的或收养的，他们才会刀下留情，放他一马。

对同行评议系统进行的研究同时发现，当投稿人提出要求，认为某个特定对象与自己存在竞争因而不要选为审稿人时，他们的稿件以

① 许多研究发现存在基于裙带风、性别或其他因素的匿名同行评议偏差，比如 Lloyd（1990），Wenneras and Wold（1997），Link（1998），以及 Budden et al.（2008）。对于同行评议系统中的性别歧视，还存在另外一种观点，请参考 Ceci and Williams（2011）。

及经费申请与没提要求相比更可能获得通过。这再一次说明，审稿人竞争是一个真实的现象。还有研究发现，当审稿人签名暴露他们的身份之后，他们的评审更可能包含建设性而不是毁灭性的批评。最后，对于拒绝率超过 90% 的权威期刊来说，投稿得到严厉的匿名评审意见是再正常不过的了。某些投稿人只把他们最好的稿件投给权威期刊，即使他们报告了自己最新的最激动人心的发现，依然以得到他们这一辈子最糟糕的评论而告终。

如果你是一个刚刚从权威期刊比如《科学》或《自然》收到不公平拒绝意见的科学家，你可能身处一个非常出色的队伍里。胡安·米格尔·卡姆帕纳利奥（Juan Miguel Campanario）是西班牙马德里阿尔卡拉大学的一名物理学家。他在网上建立档案馆，收集了 30 多个案例，这些案例无一例外都是关于那些后来使其作者获得诺贝尔奖的描述重要的科学或医学发现的论文，最初是如何被权威期刊的匿名评审专家当成学术垃圾扔掉的。[①] 卡姆帕纳利奥还记录过这样的情况：某些论文报告了值得获得诺贝尔奖的重大发现，但一经发表就遭到了严厉批评，这些同行研究者通过写信或评论的方式否定这项新发现。卡姆帕纳利奥对于诺贝尔奖得主遭受拒绝和批评经历的总结，巧妙地说明了教授在发表他们最好的作品和使其获得同行认可的过程中必须克服的障碍。

卡姆帕纳利奥的在线档案馆里面的案例只是冰山一角。每一个领域的历史都充满了类似的情形：论文报告了重要的发现，要么是马上就被严厉拒绝，要么在很长一段时间里被忽视。真相就是，与一般质

---

① 档案地址：www2.uah.es/jmc，也请参考 Campanario（1998）。

量的作品比起来，杰出的作品更难发表，这是因为，原创性和革新性研究项目相比保守性项目更难获得资金支持，而后者只是对已有研究的小小扩展。这种现象有很多可能的解释：声称有重大发现的论文比其他论文审查得更严格；许多这样的新研究被发现是站不住脚的，因此拒绝是正确的；新观念很难被理解，而且很难与已有的范式契合；或者科学进步的整个过程是非常保守的，总是小步前进。所有这些解释在某种程度上都是正确的，但是我认为，研究者之间的竞争同样扮演着重要角色，而审稿人的匿名性让这种竞争变得更突出。

一些同事认为我关于同行评议系统的观点过于悲观，危言耸听。他们承认匿名审稿人有时候马马虎虎会犯错误，可能给投稿人带来不公正的伤害，但是这些结果很少是有意的。而且他们认为，这跟竞争没有多少关系。总体说来，匿名同行评议系统得到了很多支持，这也解释了为什么它直到今天依然流行。我的观点是，审稿人应该公布他们的身份，以便为他们写下的话负责任，或为他们滥用这一系统而付出代价。这种想法比较小众，而且总是面临着强大的阻力。这种阻力主要基于这样一种人性的考虑：每个人都害怕投稿人会报复拒绝了他们的审稿人，即使这种拒绝是公正的、合理的。匿名同行评议系统的支持者确信，审稿人永远是诚实和专业的。而且，他们似乎很少相信投稿人会按规则出牌，不对拒绝感情用事，克制他们想要对不良审稿人进行复仇的冲动。

这就引出了一个重大问题：为什么人性对于投稿人行为的影响如此轻而易举就得到了承认，而人性对于审稿人行为的影响就这么容易被一笔抹杀？这里有一个可能的解释。投稿人针对不良审稿人的报复是某种形式的自卫，而我们都认可人类拥有强烈的自卫本能。审稿人可能会利用匿名性伤害他们的竞争者，这种观念则意味着我们拥有一种侵犯本能，没人招惹就进行攻击。而且，在匿名性改变了竞争的代价和收益，让它变得有利可图之后，我们会表现出这种侵犯本能。尽管就像自卫和报复一样，这种没人招惹就进行攻击的倾向已经植根于我们的大脑中，但是自卫更容易在道德和法律的立场上获得正当性。我们预期人们会尝试伤害那些伤害了他们的人（即使《圣经》也建议"以眼还眼，以牙还牙"），但是伤害某个什么都没做的人，仅仅因为这样做是可能的，或这样做是有利的，就会被认为是不道德的。因此，认识到审稿人可能利用匿名性伤害他们的竞争者，就是承认人类是一种道德败坏（或仅仅是不道德）的物种。所以，最好还是承认我们人性中有坏的因素，不过我们能把它们改造好。

尽管"人类的集体智慧"以及经济学家和进化生物学家发展的理性模型都告诉我们，"只要有机会，人就变成贼"，不过很多人发现这种人性观难以接受。人类行为是受道德原则或宗教信念的指引，还是受成本收益比率的影响，两者相比，前面的观点令人感到更舒服。人类行为的理性模型被贴上了愤世嫉俗的标签，因为它们没有给道德和宗教留下空间。然而，即使最现代、最文明、最具有宗教性的社会，也需要通过调节合作和竞争的成本与收益（比如，通过法律强制系统），强迫他们的公民进行合作，压制自私的竞争性倾向。警察每天都在街上，保证我们不屈服于偷窃和谋杀他人的诱惑，同时保证一旦我们做了这些，就会很快被抓到。然而，许多人倾向于相信这个世界被分成了好人和坏人，而警察的存在是为了保护好人不受坏人的伤害。

就像其他任何人一样，大学教授这类受过良好教育的人，对于自身行为成本收益比率的改变也很敏感。审稿人可能利用匿名同行评议实现自己的竞争性目的，而根本不顾他们曾经签署过不这么做的承诺。当被人盯着或相信自己被人盯着时，人类更有可能行事规矩，待人慷慨，因为他们预期自己帮助别人会被奖赏，而伤害别人会被惩罚。不过，当夜幕降临时，匿名性统治一切，原来的预测就都不算数了。

当然，即使在背地里，某些人依然选择行事规矩，乐于助人。要是在纽约城下一次断电的午夜，自己碰巧置身于中央公园，我当然希望周围的每个人都做一个好公民。对于断电时待在家里的那些人，我建议他们待在里面，锁好房门。而在其他情况下，当你正在从事要求双方合作的社会交易时，我的建议是这样的：让所有的灯都亮着，让其他人知道你正在盯着他们。

第六章

爱情经济学和爱情进化生物学

对于配偶结合而言，最不可思议的心理适应机制是罗曼蒂克的爱情，
它在人类的心灵中创造出一种对所爱之人的渴望和心理依恋，
这与一个幼小的孩子和母亲之间存在的情感关系并无二致。

贝弗利山庄出了什么事?

根据娱乐小报的说法，电影明星珍妮弗·安妮斯顿和布拉德·皮特由他们的经纪人安排，于1998年开始了他们的初次约会。两个人都很漂亮，长相出众，事业成功，并准备好开始一段稳定的感情。随后不到两年，他们就在马里布举办了豪华盛大的婚礼。他们为寻找一个完美的爱巢，耗费了长达9个月的时间。最后，两个人花费1350万美元在贝弗利山买下一栋占地12000平方英尺（约1115平方米）的豪宅，又用了两年多的时间对豪宅进行彻底装修，甚至包括在家里新建一所幼儿园。看得出来，这对新婚夫妇计划建立一个新家庭。此外，珍妮弗和布拉德也成了商业伙伴，他们合资成立了B计划娱乐公司，拍摄了多部成功的影片，包括《特洛伊》以及新版的《查理和巧克力工厂》。按照好莱坞的标准，这对伉俪拥有着一段漫长而甜蜜的婚姻。在这个时期，他们频繁地以一对幸福伴侣的形象出现在《人物周刊》和《美国周刊》的封面上。虽然这些杂志经常报道的话题是婚姻背叛、虐待配偶，或者明星绯闻，但珍妮弗和布拉德跟这些经典题材没有一点儿关系。然而，天有不测风云。2003年11月，布拉德和安吉丽娜·朱莉在拍摄他们的新电影《史密斯夫妇》的时候结识，两个人以闪电般的速度坠入爱河。2005 年 1 月，布拉德和珍妮弗对外宣布两人分手。2005 年 10 月，他们办完了离婚手续，而这时，安吉丽娜已经怀上了布拉德的孩子。

出了什么问题？布拉德和珍妮弗的爱情不是真的吗？他们对彼此的承诺不够坚定吗？他们的生活目标不一致吗？是什么事情，使得他们改变了要待在一起的念头呢？如果布拉德不确定珍妮弗就是他的完美伴侣，而要寻找安吉丽娜那种类型的女人，他为什么之前想要跟珍妮弗稳定下来？

这些问题已经被很多人回答过千万遍，他们中既有小报记者、名人传记作家、心理学家、精神病学家，也有占星家以及数以百计的其他关系专家和名人专家。然而据我所知，还没有小报记者去采访经济学家或进化生物学家，询问他们为什么布拉德和珍妮弗的婚姻会走向末路，覆水难收。当然，你可能会问，为什么要询问他们？经济学家和进化生物学家对于爱情和亲密关系了解多少呢？其实，他们了解的比你想象的还要多。巧的是，对于为什么有的婚姻关系会一帆风顺，而有的浪漫关系则中道崩殂，经济学家和进化生物学家给出了很多答案。他们甚至会在这个话题上走得更远。因此，让我们首先界定什么是爱情，以及爱情为什么会存在。

爱情经济学

两个经济学家的观点

根据《家庭论》（*A Treatise on the Family*）一书的作者、芝加哥大

学经济学家加里·贝克尔（Gary Becker）的观点，我们会选择能够给自己带来物质利益的配偶，而且只要配偶带来的物质利益超过相应成本，我们就会留在这种关系中。[①] 当成本上涨而收益减少时，我们就会结束这段关系。根据贝克尔的说法，发生在布拉德和珍妮弗身上的事情就没什么可奇怪的。当他们初次相遇时，他们能给对方想要的东西，他们这样继续交往了好几年，因为他们都能从这一过程中获得收益。接着，情况开始发生变化。对于至少其中一个人来说，留在这种关系中的收益已经不够了，而相关的成本却在不断上升（比如失去与其他人约会的机会）。当成本超过收益的时候，关系就解体了。这种分析体现了经济学家如何看待浪漫关系的一个模式：我们理性地开始一段关系，理性地结束一段关系，而爱情只不过是一种事后的想法。但不是所有的经济学家都同意这一点。

经济学家、公共知识分子罗伯特·弗兰克（Robert Frank），就是反对者中的一员。对于亲密关系的谱系，他更强调浪漫主义的一端。在 1988 年出版的《激情的理智：情绪的策略角色》（*Passions Within Reason: The Strategic Role of the Emotions*）一书中，他否定了对浪漫关系进行铁石心肠的成本收益分析，而是认为爱情至关重要，他甚至还试图用经济学的观点来解释爱情的存在。[②] 弗兰克关于爱情的观点被镶嵌在一个更为一般的关于情绪起源的理论中，这一理论结合了生物学和经济学，试图解释我们为什么会有情绪，以及我们的情绪如何帮助我们解决日常生活中面临的某些问题。

---

① Becker (1981).

② Frank (1988).

就像贝克尔和其他的经济学家一样，弗兰克把浪漫关系视为一种合作事业。两个人为了这项事业的共同目标而待在一起，这些目标包括但不限于养育后代和积累资产（或制作影片，假如你是好莱坞演员的话）。然而，与其他经济学家不同，弗兰克是一个乐观主义者——他既不相信人们永远在追求自私的个人利益，也不相信他们的行为必然是理性选择的结果。他认为，浪漫关系的标志是，即使在成本收益比率对其中一个人或对两个人都不利时，他们还能相互做出承诺待在一起，至少是试图这么做。这怎么可能呢？正如我们在前面章节中看到的那样，假如两个合作者之间没有血缘关系，这种关系就可能带有各种风险。经济学家告诉我们，长期的合作关系会导致他们称之为承诺问题的一种现象。

为了说明这个问题，弗兰克设计了下面的案例。想象有两个人，一个叫史密斯，一个叫琼斯，他们想合伙开一家餐馆。他们的天才和技能互补，这给他们的合作带来了优势：史密斯是一个天才的厨师，而琼斯是一个出色的经理。倘若两个人都各做各的，他们的潜力将十分有限。不过，要是合作的话，两人都有机会进行欺骗。史密斯可以从食物供应商那里拿回扣，而琼斯可以从钱柜中偷钱。如果其中一个人欺骗，另一个人损失就会很大，而如果两个人都欺骗的话，他们都要面临更大的损失。这是一个经典的囚徒困境。然而，在这样一种情况下，采取一报还一报的策略是不现实的——对于他们中的任何一个人来说，一旦欺骗被人发现，他们的餐馆事业就走到了尽头。此外，假如经常检查彼此的行为，也会让他们处于被欺骗的焦虑之中。史密斯和琼斯没有采取这种方法，而是选择了一个不同的策略：他们做出了永不欺骗彼此的承诺，为此签订了一份合同。

如果史密斯和琼斯都是纯粹理性的人，只根据合作和欺骗的相对成本和收益做决定，那么他们的承诺就什么都不是，注定会失败。问题在于，当两个人首次开始他们的合作事业时，不管对两个人来说这是多么有利可图，迟早情况都会发生变化。这时，对于一个人或两个人来说，欺骗与不欺骗比起来可能都更划算。欺骗的诱惑似乎很难抵御，特别是在不太可能被抓住的情况下。如果未来有助于欺骗的情形能被提前预知，这种合作关系或许还有希望。比如，如果欺骗机会每10年都会出现，史密斯和琼斯可以简单地只签一个10年的合同。除此之外，如果史密斯和琼斯以非理性的方式行事，在他们展示自我的时候愿意放弃欺骗的机会，这种合作关系也有希望。不幸的是，史密斯和琼斯不能预料未来欺骗的机会什么时候会出现，他们对彼此的了解也不充分，因此不能预测情况改变时，对方会做出怎样的选择。

就像我们在前一章中看到的那样，尽管合作的困境和解决它们的策略在动物和人类中是相似的，但人类依然想出了更聪明的做法来解决这些困境，使得哪怕在欺骗更有利的情况下，个体都会坚守最初的承诺。第一，存在名声效应：当其他人（未来的事业伙伴）发现谁合作谁欺骗时，欺骗就会带来代价。第二，不管有没有出现对欺骗更为有利的情形，对欺骗的制裁将让这一选项不再具有吸引力。最后，存在涉及道德和情感的内在控制机制，这些机制在其他动物中被认为是不存在的。史密斯和琼斯可能坚持他们的承诺，永不背叛对方，也许仅仅因为他们认为欺骗是错的，这么做会感到内疚。如果签合作合同的人对彼此做出过道德承诺，并且以适当的情感支撑它的话，那么这种承诺就有机会在现实中坚持下去。

一言以蔽之，弗兰克的情绪理论认为，情绪之所以存在，是为了帮助人们解决承诺问题。他的观点是，虽然人类被认为是一种进化而来的自私生物，他们的行为被认为完全受成本收益比率的控制，但是由于人类的社会生活变得如此复杂，他们必须依赖与其他人的长期合作才能生存下来，繁荣发展。在这种长期的合作关系中，我们很有必要抑制自己的自私冲动，学会在有利可图的情况下忽视欺骗的诱惑。不管我们的是非感是一种经过自然选择进化而来的“生物本能”，还是一种对来自我们父母、社会和文化的社会契约的内化，不管它们的最佳利益是什么，道德在促使人们合作方面都卓有成效。正是在这种意义上，情绪能帮助我们。我们不仅仅认为不遵守承诺是错的，我们还会为此感到内疚，还会因为给另一个人带来痛苦而感到后悔。这些负面情绪将是背叛承诺的强大障碍，尽管这对那些不能感受他人情绪的社会病态者是一个例外。除此之外，正面情绪对于坚守承诺也非常重要。当第一次做出承诺的时候，我们感觉良好，如果这一承诺坚持了很长时间，甚至可能永远坚持下去时，我们会感觉更好。也就是在这里，浪漫的爱情介入进来。

爱情：完美的商业解决方案？

从一个经济学家的眼光来看，所有的合作关系都是商业伙伴关系：不管其目标是生孩子还是运作好莱坞星球餐厅（这是一家由演员阿诺德·施瓦辛格、西尔维斯特·史泰龙和布鲁斯·威利斯共同投资成立的联合经营企业），都没有什么本质的不同。倘若为了完成它们的目标，这些关系需要持续足够长的时间，那么就会产生通常的承诺问题。作为惯例，这一问题的解决需要名声效应、强加制裁、道德和情感之间的联合。在浪漫关系的案例中，在承诺问题产生之前，两个商业伙伴必须找到彼此。罗伯特·弗兰克使用另一个商业比喻，来帮助我们理解这个过程是怎样运作的。

弗兰克说，寻找最佳的浪漫伴侣，与在房屋出租市场上寻找最佳公寓具有很多相同之处，或者类似于作为一个房东，想要寻找最佳租客。作为租客，需要花时间花精力来搜索和检查正在出租的公寓。同样，作为房东，你也需要花时间花精力来面试可能的租客，评估他们的可靠性。如果你非要等到检查了所有的公寓或者面试所有的租客之后再做最终决定，那么你将永远做不了决定。市场上有太多等待出租的公寓，也有太多想要租房的租客。每天，都有新的公寓出现在市场上等待出租，都有新的租客打电话给房东。相反，在找公寓时，你可以只参观部分公寓；在找租客时，你只面试部分潜在的租客。通过这种方式，你将对与自己打交道的对象有个初步了解。接着，根据弗兰克的观点，当双方都能达到一个合理的质量阈限时（也就是，他们觉得某些选项已经足够好了），他们就终止自己的搜索，打算尘埃落定，进行谈判。承诺问题随即产生，于是两个当事人就打算通过签订租约的方式解决这一问题。

有两个原因表明签订租约是必要的。第一个原因，当一个租客找到一个满足自己质量阈限的房东，或一个房东找到一个满足自己质量阈限的租客，他们对这个人的过去并不清楚，也不能预测这个人未来的行为，而这些对于做出一个好决定是必要的。某个租客可能前几个月都按时支付租金，接着就耍赖，开始拖欠租金。某个房东也可能在刚开始很友善，接着就翻脸，拒绝对公寓进行必要的维修。

为预测两人未来的行为而收集关于这两人的必要信息需要花很长很长的时间。如果没有签订租约，那么当租客或房东其中任何一方做了错事或不好的事情时，他们之间的伙伴关系就会恶化。这与餐厅合伙关系的类比非常明显。即使租客和房东各自的表现都很完美，没有中断他们合伙关系的理由，但是他们中的任何一个都不能保证，说自己已经达成了对自身来说最好的交易。理论上，租客甚至可以在一个月之后找到更好的公寓，而房东也可以在第二天找到一个愿意支付更高租金的租客。如果双方都为了更好的交易而继续搜索，可以相信，他们的合伙关系迟早会终结。为了让合伙关系发挥作用，他们必须终止搜索。

如果没有租约，房东和租客之间的商业伙伴关系就不可持续。和一位随时会中断合作关系的家伙在一起而体验到的不确定感，会让自己处于应激状态，充满烦恼。此外，不管离开的收益是否足够高，如果两个人中的任何一个都能随时结束这段关系，最后的破裂对双方来说都将代价高昂。因此，双方最好都限制彼此理性决策的潜能，缩减彼此的选项。通过签订一份租约，不管发生什么事情，每一方都保证对另一方忠诚，在租约涵盖的时间期限内放弃接受更好交易的机会。这种方法使得双方都能从他们情境的稳定性中得到好处，同时也能避免关系破裂所带来的不可预料的代价。

就像租客和房东一样，人们也想要稳定和长期的关系，但是他们只有有限的时间和精力去寻找伴侣。他们抽样寻找可能的伴侣，当他们发现某些人满足自己的质量阈限时，就决定安定下来。然而，选择了一个伴侣之后，情况也就发生了变化。人们会渐渐发现自己伴侣性格和行为中的新特点，而这些是他们从前没有注意到的，或者人们注意到伴侣行为的改变，抑或另一个更有吸引力的人出现。无论如何，或早或晚，欺骗或关系破裂的机会就会出现。鉴于双方已经在关系中进行了大量投资，对这一关系的共同目标来说，关系破裂将代价高昂，甚至可能是毁灭性的。为了减少这种事情发生的可能，人们签订了婚姻的契约。这种契约会对破坏婚姻关系的一方进行经济方面的严厉制裁，比如支付高昂的律师费、赡养费和孩子的抚养费（想要了解这方面的更多信息，请询问老虎伍兹）。如果分手的原因涉及与他人一起进行欺骗，就会带来名声受损的高昂代价。比如，某人的名字被印在巨大的广告牌上，受到公众的道德谴责（见第五章）。不过，所有这些措施对于防止关系破裂来说都是不够的。

亲密关系的情况可能因为以下原因发生剧烈的变化：双方待在一起的代价过于高昂或收益减少，或安吉丽娜·朱莉走了进来，于是其中一人六神无主，满盘皆输。在这种情况下，经济处罚没有用，名声受损没有用，道德和内疚感以及对另一个人痛苦的同情也没有用。在这种情况下，一种非理性的力量出现了，它不但没有阻遏分手，反而促使人们待在一起，不管处于何种情形中，不管代价收益比例是多么糟糕，不管其他人怎么想，也不管珍妮弗·安妮斯顿的情绪如何崩溃。这种非理性的力量就是爱情，爱情战胜了理智、金钱、名声、道德和同情。根据弗兰克的观点，爱情能够最终解决承诺问题，也是唯一能够保证两个人待在一起的解决方案。他认为，相比基于物质的自我利益或合作交换，基于非理性爱情的关系会更成功。“身在爱情关系里的人们，真的会把物质的自我利益放到一边吗？”弗兰克自问自答，“有证据表明，很多人都会这么做。”

在《激情的理智：情绪的策略角色》一书中，弗兰克抨击了他的同行，论证了人类行为的理性模型是不充分的；人们的很多行为，与他们的自我利益并不一致。弗兰克写道：

> 正如理性主义者所强调的，我们生活在一个物质世界里。长期来看，最能带来物质成功的行为将占据主导地位。然而，我们反复看到最具适应性的行为，并不是直接来自对物质优势的追求。因为在重要的承诺和实施问题上，这种追求通常会弄巧成拙。有时候为了把事情做好，我们必须停止关心这样的问题：自己是不是力所能及做到了最好。①

在浪漫关系中，爱情是作为承诺问题的解决方案而存在的。这是一种终极证明，证明“为了把事情做好”，我们必须以非理性的方式行动。因此，我们就要忽略自身决定的成本和收益，热情拥抱纯粹的利他主义，以及它的代价。

弗兰克说的对吗？爱情真的是作为承诺问题的解决方案而存在吗？还是让我们以更批判的方式检验一下弗兰克的观点吧。在我看来，他的观点存在四个方面的问题：三个比较具体的，一个比较一般的。

第一个问题是这样的：正如弗兰克所暗示的那样，如果浪漫关系像其他的合作性商业伙伴关系一样，会产生同样的承诺问题，那么为什么商业伙伴不陷入爱情以解决他们的承诺问题呢？如果签署一份公寓租约，就像签署一份婚姻契约在维系伙伴关系方面一样无效，为什么租客并不总是与其房东陷入爱情呢？因为爱情只发生在（某种）浪漫关系中，但不发生在任何其他类型的人类合作伙伴关系中，这就存在两种可能的结论：要么爱情不是承诺问题的解决方案，要么爱情是承诺问题的解决

① Frank (1988), p. 211.

方案，但是浪漫关系和商业伙伴关系所需要的解决方案是不同的，也就是说，浪漫关系提出了特定的问题，因而需要特定的解决方案。

第二个问题，我们看到弗兰克主张，基于非理性情感的关系本质上要比另一种关系更稳定：这种关系基于理性思考和物质交换的前景。事实是这样吗？实际上，我们可以认为事实恰恰相反——爱情的非理性，使得浪漫关系容易受到活泼善变的怪念头的影响。相比之下，建立在理性因素基础上的伙伴关系，可能会像这些理性因素一样长久。我不知道克林顿和希拉里是否现在还对彼此充满激情，但很明显，他们从自己的伙伴关系中——无论在事业上，还是在经济上——受益良多，而他们的关系也看起来非常稳固。[①] 在莫妮卡·莱温斯基丑闻被曝光之后，以及克林顿的总统任期结束之后，那些预期他们会离婚的人都错了。根据娱乐小报的报道，布拉德和安吉丽娜非常相爱，但是他们看起来整天在打架，总是处于感情破裂的边缘。也许真正把他们绑在一起的并不是爱情，而是他们共同的利益，包括孩子与共同资产。

如果爱情真的为承诺问题提供了一种解决方案，那么这种解决方案会持续多久呢？这是与承诺模型有关的第三个问题：它不能解释两个人之间的爱情什么时候结束，以怎样的方式结束，又为什么结束。如果爱情是一种非理性的情感，它的产生与处于一种关系中的成本和收益无关，就会导致这种推论，即这些成本和收益的改变不会导致爱情的终结。尽管真爱永恒，但是芸芸众生的爱情似乎在关系开始时最为强烈，此时激情达到了顶点，然后就慢慢减弱，甚至在某些情况下，

---

① 莫里斯1996年的作品《权力中的伴侣：克林顿夫妇和他们的美国》（*Partners in Power: The Clintons and Their America*）说明比尔·克林顿和希拉里·克林顿具有一种强烈的“商业性”伙伴关系。

爱情会最终消失得无影无踪。

然而，承诺模型将会预测相反的时间类型。根据这个模型，当两个人开始一段浪漫关系时，他们的伙伴关系对两个人都有好处：他们拥有共同利益，想要追求共同目标，因为与联合起来相比，单干要么是不可能，要么是效率低。简而言之，在开始的时候，爱情是不必要的。根据承诺模型的观点，关系后期才需要爱情，那时情况开始出现变化，待在一起对于某个人或两个人来说都不再是更有利的选择。因此，随着时间的变化，爱情应该变得越来越强烈，用以保证这些非理性的情绪能够捍卫关系，防止它被理性的主张推向破产的境地。这是实际发生的情形吗？

爱情的承诺理论还有一个更为一般性的问题：它不能解释这样一种观念，即爱情不仅仅与维持亲密以及对伴侣的承诺有关，同时也与追求一段带有欲望对象的关系（有时候是毫无回报的）有关。为了说明这一点，我将介绍一部欧洲文学杰作：埃德蒙·罗斯丹于 1897 年创作的戏剧《大鼻子情圣》（*Cyrano de Bergerac*）。下面是该剧的梗概：

> 在 1640 年的巴黎，有一位才华横溢的诗人和剑客，名叫西哈诺·德·贝热拉克，他不可救药地爱上了自己美丽而聪慧的表妹罗克珊。不幸的是，西哈诺有一只丑陋的大鼻子。他不想告诉罗克珊自己爱上了她，因为他害怕被她拒绝。不过，罗克珊告诉西哈诺，说她爱上了他的一个学员，年轻帅气（但不怎么聪明）的克里斯蒂安，要求西哈诺保护他。西哈诺甚至做得更绝，开始以克里斯蒂安的名义给罗克珊写情书。罗克珊很快就被写情书的这个人迷得神魂颠倒，她以为这个人是克里斯蒂安。一天晚上，克

里斯蒂安站在罗克珊的阳台前面向她表白，而西哈诺就站在阳台下面低声告诉克里斯蒂安该怎么说。笨嘴拙舌的克里斯蒂安让他很着急，最后西哈诺把他推到一边，在夜幕的掩护下，自己装作是克里斯蒂安向罗克珊求爱。

克里斯蒂安和罗克珊结婚了，但不久法国和西班牙打仗，他和西拉诺都被派到了前线。在漫长的战争中，西哈诺每天都以克里斯蒂安的名义给罗克珊写信，倾吐相思之情。为此，他每天早晨都会冒着生命危险偷偷穿过西班牙防线，找一个邮局把信寄出去。当罗克珊跑到前线来看克里斯蒂安的时候，克里斯蒂安要求西哈诺把真相告诉罗克珊。但就在西哈诺打算这么做时，克里斯蒂安被子弹击中不幸牺牲，于是西哈诺话到嘴边又咽了回去。

15年之后，罗克珊进了一个修道院，西哈诺每周都去看她。这一天，一生中树敌无数的西哈诺在去看望罗克珊的路上，遭到对手的伏击而头部受伤。但他还是出现在了修道院门口，脸上带着痛苦的表情，慢慢地往前走，不过看起来还是像往常一样神采奕奕。夜幕降临的时候，西哈诺要求把克里斯蒂安的最后一封信读给罗克珊听。于是他就开始读信，当天色完全黑了，他还在读，读的时候就像他早就把信中的内容铭记在心一样。罗克珊这才意识到是西哈诺写了这些信，他就是她一直以来所深爱的那个人。西哈诺把帽子移开，露出了伤口。罗克珊大声说她爱他，他不能死，可是西哈诺伤得太重。当罗克珊弯下腰吻他的时候，他微笑着死去了。

如果无论是贝克尔的理论还是弗兰克的模型，都不能解释西哈诺·德·贝热拉克，都不能解释他的情感与行为，那么哪一种模型能做到这一点呢?

有其他的爱情理论能帮助我们理解这种现象吗?

也许，生物学能提供我们所需要的答案。

爱情进化生物学

性、爱与锤子

如果你在街上随便问一个人什么是爱情，这个人很可能会说，爱情意味着找到完美伴侣，受到性吸引，发展热烈的感情，并与这个人共度余生。假如一个进化生物学家恰好路过，听到这样的谈话，他可能会出人意料地反驳说，爱情与性吸引或伴侣选择没有多少关系。根据进化论的立场，性吸引之所以存在，是为了促进性交，而性交存在是为了让繁衍成为可能。生物学家和进化心理学家非常熟悉性吸引如何工作，什么样的人有吸引力，以及为什么这样的人有吸引力。[①] 虽然有时候性吸引与浪漫的爱情形影不离，就像孪生姐妹，但事实未必一定如此。类似地，尽管你可以认为，性吸引和浪漫爱情都影响甚至决定伴侣的选择，实际上，选择一个长期伴侣，可以完全与性吸引或浪漫爱情没关系。为什么人们与某个特定的他人成双结对，而不与其他人在一起，原因很复杂。理解这种现象需要许多不同领域的理论和知识，比如人类学、生物学、经济学、心理学和社会学。不过，理解为

① 在 1994 年《欲望的演化》(*The Evolution of Desire*) 一书中，戴维·巴斯 (David Buss) 详细地讨论了性欲望和性吸引。

什么人们彼此坠入爱河，并不需要知道任何性吸引和伴侣选择的知识。

爱情存在于人类所有的文化中。在人类任何一个历史阶段，诗歌和歌曲都以相似的方式描述过爱情。这些事实意味着，我们体验浪漫感情的能力具有基因基础，植根于我们的大脑中。最近，人类学家海伦·费舍尔（Helen Fisher）与同事进行了神经成像的研究，声称他们已在大脑中找到了“爱情回路”的具体位置。[①]

尽管在沃尔特·迪士尼的影片中常常有这样的场景：动物彼此爱上对方，或宠物爱上它们的主人。不过，这种对于动物内在生活的拟人化观念远离现实，不是真的。我相信，浪漫爱情是人类独有的，这种体验经过数百万年的进化，从我们的祖先与黑猩猩和其他类人猿的祖先分道扬镳的那一天就开始了。就像我们许多其他的心理、生理和身体特征一样，人类爱的能力也是经过自然选择进化而来的。话虽这么说，经过自然选择进化而来的特征，完全可以在后来的环境中，具有与最初功能不同的另一种功能。

以性欲为例。没有人会质疑性与性吸引进化而来是为了促进繁衍。然而，在人类社会中，人们的性吸引不只针对异性，也会针对同性，或针对还没有性成熟的个体，其中的原因非常复杂。这并不必然意味着，存在不同种类的性吸引，出于不同的原因进化而来。相似地，浪漫爱情也通过许多不同的方式表达出来：孩子可能爱上其他的孩子（我在 7 岁时经历了自己的初恋），成人会爱上同性或异性的其他成人，而且无论是孩子还是成人，都可能爱上他们的宠物，甚至是无生命的物体，比如玩具汽车。这可不是说存在许多类型的浪漫之爱，也不意

---

① 详见 Fisher, Aron, and Brown（2005）。

味着浪漫之爱出于许多不同的原因进化而来。尽管有许多不同的表现形式，浪漫之爱永远是同一种现象，而且很可能被进化赋予了某种特定功能。

思考一下这个隐喻。锤子可以用来钉钉子，打碎窗户玻璃，或者杀人。这并不意味着有许多不同类型的锤子，或者锤子是因为不同的原因而被发明出来。那个发明出锤子的人很可能只想到了一种功能——钉钉子，而其他的功能是随后出现的。我猜想，爱情的进化功能并不是用来解决合作关系中的承诺问题，而仅仅是用来鼓励男人和女人成双结对，越久越好，以便一起照料孩子。

成双结对和养育孩子

在其他灵长类，包括与我们最相似的类人猿中，性吸引、性交以及繁衍的运作方式与其在人类中的运作方式是一样的，不过这些灵长类中的母亲和父亲并不存在成双结对的现象。以猩猩为例，当繁衍季节到来时，雄猩猩与雌猩猩虽然只是初次见面，但它们会在接下来几分钟的时间里进行交配，完事之后双方就不再见面了。当几个月之后猩猩幼崽出生时，雌猩猩独自把它养大。猩猩和其他的灵长类幼崽都是被自己的单身母亲养大，这没什么可担心的。当然有一些会生病，然后死掉，但这与幼崽的健康状况有关，与父亲不在身边没多少关系。同样，父亲出现在这些幼崽的生活里，也不会让它们成年以后过得更好。像许多其他的灵长类雄性一样，雄猩猩只会让雌猩猩怀孕，但不会帮着照料孩子。对于这一点，雄性和雌性没有觉得好，也没有觉得不好。没有依恋，没有成双结对，也没有类似于配偶之间浪漫之爱的东西。

这种类型也有例外。在某些灵长类中，父亲的帮助要么对于幼崽的生存很有必要，要么对于它们能不能过上好日子有着举足轻重的影响。有一种小型的南美猴子叫作绢毛猴（tamarin），雌性一次产两只幼崽，但它还没有强大到这种地步：可以任何时候都把两个幼崽带在身边。如果父亲不帮着带孩子，幼崽就挺不过出生之后的第一周。为了把父亲留在身边，保证它帮着带孩子，雌性与雄性结成伉俪，一生中的大多数时间都黏在一起。绢毛猴和猩猩的案例说明了一个不仅在灵长类中适用，在所有的脊椎动物中也适用的简单原理：当父母中的一方独自就能成功养育后代时，单亲就是常规模式，雄性和雌性不会形成长期的配偶关系。[①] 在大多数哺乳动物中，这位单亲都是母亲，而在鱼类中，这位单亲通常是父亲。然而，当子代需要双亲照料才能生存下来，才能成功过渡到成年时，雄性与雌性就会结成伉俪，共同养育后代。大多数的鸟类都是成双结对的，因为巢中的雏鸟需要喂食，而无论是父亲还是母亲，没有谁能独自承担这项工作。

伊利诺伊大学香槟分校的心理学家克里斯·弗雷利（Chris Fraley），与两个同事一起对大量的科学文献进行了分析。他们首先分析了 44 类哺乳动物，接着又分析了 66 种灵长动物，试图重构跨越时间的成双结对现象的进化史。[②] 在他们的分析中，成双结对的界定主要是看在某一物种中，一只雄性与一只雌性是否会花大量时间在一起，是否存在配偶看护行为，是否存在广泛的身体接触和亲近，以及是否存在分离悲伤。结果显示，被认为是成双结对的哺乳动物都存在双亲

① 关于猩猩，请参考 Knott and Kahlenberg（2010）；关于绢毛猴，请参考 Tardif, Carson, and Gangaware（1990）。

② Fraley, Brumbaugh, and Marks (2005).

照料；此外，这些动物寿命较长，幼崽的发育期比较漫长和缓慢。对灵长动物的专门分析也发现了完全相同的结果：成双结对和双亲照料在灵长动物中都很少见，但这些现象一旦出现，通常都会同时存在。在这些物种中，幼崽发育缓慢，非常柔弱，需要照料。弗雷利和他的同事得出结论，认为成双结对和双亲照料在哺乳动物中是协同进化的；在父亲开始承担照料孩子的物种之中，很快也会出现成双结对现象。

这个规律对于人类同样适用。如果父亲不与母亲一起抚养孩子，那么孩子就将缺乏他们被双亲照料时所具有的重要优势：父母共同喂养孩子，保护他们免遭危险，给他们钱，教会他们各种有用的技能，鞭策和支持他们，帮助他们解决麻烦。有两个主要的原因，使得在孩子对父母的需要程度方面，人类与其他绝大多数的灵长动物都不同。一个是我们有硕大的头部，另一个是我们生活在充满竞争的复杂社会中。按照动物的标准来看，人类的头部是非常大的，而且需要很长的时间来发育成熟。事实上，在母亲怀孕的时候，婴儿的头部长得非常大，因此母亲必须在婴儿头部完全长成之前把他们生下来，否则婴儿的头部就无法从产道中通过。出生之后的大脑发育还需要持续很久。在这样一个漫长而缓慢的成熟阶段里，人类的婴儿非常脆弱，需要无微不至的照顾。因此，父亲的帮助可以说是生死攸关。同样，孩子能不能成为一个具有社会胜任力的成年人，事业有成，与父亲的帮助也息息相关。我在第二章中已经谈及，人类社会的竞争格外激烈，因此年轻人需要他们能够拥有的全部裙带主义的援助，只有这样，他们才能转变为一个成功的成年人。虽然单身母亲也能设法养活自己的孩子，满足孩子的基本需要，但是她们的孩子可能没法与其他孩子相提并论。因为那些孩子能得到父亲的额外援助，他们拥有双倍的裙带联结来依靠——特别是当他们想在军队里或学术界混一辈子的情况下。

如果在动物和人类中，雄性和雌性成双结对的目的与共同照料孩子有关，而不是像布拉德和珍妮弗那样，与成立电影制作公司有关；如果爱情的存在是为了巩固这种联结，那么我们就能做出这样的预期：如果没有生孩子，或者父母双方的工作都完成了，他们想要把重心转移到自己的生活上，爱情这时候就会消退，这种成双结对的关系就会解体。仅仅在自己家里建立一所幼儿园是不够的，实际上你得让里面有孩子才行。

配偶关系的解体

在 1955 年上映的电影《七年之痒》（*The Seven Year Itch*）中，一个已婚男人陷入了与自己欲念的对抗之中：他想要抛弃自己的妻子和幼小的孩子，与玛丽莲·梦露扮演的、住在隔壁的一个年轻女人私奔。这个电影里面有一个著名的场景：梦露站在地铁门口，她的裙子被一列驶过的火车吹了起来，掀过了她的膝盖。电影的片名暗示了婚姻中离婚最容易发生的那个时期，这与美国人口调查局的统计结果是一致的。对于这个时间点的一种可能解释是，经过七年的婚姻，许多夫妇都已经成功地养育了一两个孩子，度过了孩子最危险的婴儿期，终于可以松一口气了，他们这时意识到自己并不想继续留在彼此身边。或者他们一直都没有孩子，于是打定主意不能再拖，是时候寻找另一位配偶了。布拉德·皮特和珍妮弗·安妮斯顿在共同度过没有孩子的七年之后离婚，于是我们看到，布拉德心里发痒的时间点跟这个理论是相符的。或者，也许当玛丽莲·梦露和安吉丽娜·朱莉出现之后，所有的预测都不管用了：不管有没有孩子，已婚男人包括美国总统都开始心里发痒，梦露和朱莉让他们的脑袋里有了新想法。我能找到一些证据来支持婚姻出于共同抚养后代的第一种理论。不过，在玛丽莲和安吉丽娜的经历中，我们也能找到对第二种理论的支持。

要理解第一种理论，重要的是要知道在人类和其他灵长类动物中，婴儿死亡的风险在婴儿早期非常之高，这种风险随着婴儿的长大而缓慢下降。因此，如果一对夫妇在有了孩子之后立刻分手，这个婴儿就会有性命之忧，悲惨命运可能就会随之而来。对本土文化进行的人类学研究支持这种观点，即在生命的最初几年，人类婴儿需要他们能得到的一切帮助。母乳喂养通常被认为能够减少婴儿患病的风险，这是因为，母亲把她抗病的免疫物质通过母乳传递给了婴儿。在当代的狩猎采集社会，比如南非的昆人（!Kung，布须曼人的一支）中，母亲给婴儿喂奶的时间长达四年之久。艾默里大学的人类学家梅尔文·康纳（Melvin Konner）曾在 20 世纪 70 年代研究过这一民族。他认为，在我们进化史上大多数的时间里，四年可能是平均的生育间隔。[①] 在狩猎采集群体中，婴儿完全断奶大概是在四岁：在这个年龄阶段，从母乳到固体食物的饮食转变也完成了。婴儿夭折的风险则进一步降低。这时候，母亲通常又有了另一个孩子。但不是所有的夫妇有了第二个孩子就心满意足。

20 世纪 80 年代末，人类学家海伦·费舍尔——她后来于 2004 年出版了《我们为何而爱：自然与浪漫之爱的化学》（*Why We Love: The Nature and Chemistry of Romantic Love*）一书——根据联合国人口统计年

① Konner and Worthman (1980).

鉴的记录，收集了全球 58 个不同的人类社会的离婚数据。[①] 她发现，已婚夫妇倾向于在他们结婚四年左右离婚，通常是在他们有了一个孩子之后。对此的一种解释是，许多人类夫妇为了能成功地照料孩子，会在一起待上一段最短的时间。然而，费舍尔把这一观点推进了一步，猜想人类可能是一种连续性的一夫一妻制者。尽管“连续性的一夫一妻制者”听起来很像“连续性的杀人凶手”（即连环杀手），这个词仅仅意味着，人们会在某段时间与一个伴侣进行社会性的结合，但他们不会一辈子都与这个人绑在一起；他们连续地从一个伴侣走向另一个伴侣。根据费舍尔的观点，人类很可能每隔四年，有了孩子之后，就定期更换他们的配偶。而事实上，没有可靠的证据表明，人类实行的是连续性的一夫一妻制。尽管在全球范围内，许多社会的离婚率都在不断升高，但还是有很多夫妇长期厮守，不离不弃，共同养育孩子。他们也不认为，作为父母，自己的工作已经完成，哪怕他们的孩子早就能自食其力，独当一面。我自己的父母结婚已经超过 50 年了，而我的母亲依然坚持给我买袜子和内衣。显而易见，她并不认为自己当妈的任务已经完成。

当离婚发生时，从结婚到离婚的时间间隔，则随着社会和时代的不同而不同。

2010 年，一项由意大利统计局进行的婚姻和离婚调查发现，意大利人的婚姻平均持续 15 年。[②] 男人离婚的平均年龄是 45 岁，女人则是 41 岁。意大利人现在结婚相对较晚，通常是在他们 35 岁左右，甚

① Fisher (1989, 2004).

② 意大利国家统计局（ISTAT）的研究结果后来被写成了一篇文章，刊登在 2010 年 7 月 22 日的《意大利晚邮报》（*Corriere della Sera*）上。

至快 40 岁的时候。因此离婚更容易出现在这样两种情况下：一种是他们结婚几年之后，依然没有孩子；另一种是他们已经有了一到两个孩子，而且最小的孩子已经有四五岁大。这一发现再一次与前面谈到的理论相符，即人类结成配偶是为了生孩子和养孩子。

常识告诉我们，当已婚夫妇离婚后，要么没有太多的爱重新开始，要么在开始时爱很强烈，但慢慢就会减弱。第二种可能性与爱情的另一个理论相符，这个理论是我的一个朋友喝了几杯之后提出来的。根据这种理论，爱情只是亲密关系的一个阶段，一个早期阶段。事实上，这个朋友的观点与爱情的“成双结对照料孩子”理论非常契合。根据罗伯特·弗兰克的承诺理论，两个人之间的爱情应该随着时间的推移而逐渐增强，因为背叛的风险在不断升高。与这一理论不同，“早期阶段”理论以及“成双结对照料孩子”理论，都认为爱情在关系的初始阶段较为强烈，可能会持续几年，但不一定会永远持续下去。

不过，如果人类真的像鸟类和其他哺乳动物一样，结成配偶以便联合起来照料他们的孩子，那么，为什么只有我们这一物种存在浪漫之爱呢？父亲与母亲的合作存在着承诺问题，于是弗兰克认为，浪漫之爱进化而来是为了解决这一问题。也许在某种程度上，照料人类后代的合作，与动物或人类的其他合作方式存在差异，因此这种合作导致了某种特定的问题，这一问题需要特定的解决方案。果真如此吗？我不同意这种观点。作为一种合作性的伴侣关系，在本质上，人类的配偶关系与其他的长期性合作关系没有什么不同。在许多动物中，结成配偶的个体在寻找食物、保持彼此清洁或与其他个体发生冲突时都会相互合作。在不计其数的情境下，都存在着不同人类个体之间的合作。所有这些合作关系都存在承诺问题，但这些问题的解决并不总是诉诸浪漫之爱。正如我们在下一章所要看到的那样，承诺问题不是由非理性的情感解决的，而是通过对这种联系的不断检测来解决的。

爱是一种情绪。因此，为了理解爱的进化功能，我们必须在一个更广阔的背景下考察爱情，即在情绪的进化功能视角下看待爱情。情绪既存在于社会关系的场景下，也存在于许多非社会性的情景中。

爱情就是兴奋剂
当一个人爱上另一个
它创造出一种连锁反应，导致裂变
在巨大的爆炸中释放无穷的能量
于是带来了彻底的破坏
城市被抹去
大地在摇晃
山脉被摧毁
冰山被融解
海洋沸腾
星球开裂
太阳崩溃
银河坍塌
宇宙，别了
只是因为两个人的爱情

——乔·弗兰克，《爱情囚徒》，摘自他的广播剧《在另一边》

情绪的一个主要功能是激发动机。如果我们经历了一种强烈的积极情绪或消极情绪，就会被驱动着做一些有益的事，或避免做某些有害的事。疼痛之所以存在，就是为了让有机体能做到这一点：它们会尽其所能地避免伤害自己身体的刺激。如果你是一个疯狂的人，不顾一切地把自己的手指放在厨房里的炉火上，疼痛就会产生，继而保护你的身体，不管你有多疯狂，让你自己很难伤害自己。性欲和性高潮的存在，是为了保证生物体有强烈动机参与性交，生下后代，不管它们对于这件事情有怎样的观点。性冲动是如此强大，甚至那些发誓终身不娶的神父都很难完全压抑自己的性行为。他们的情绪会不断反对他们有意识的决定，从而导致这些神父中的某些人做出不适当的性行为，还会为此卷入报纸上的新闻事件中。人们可以对所有事情做出随心所欲的决定，但是生存和繁衍问题太重要了，于是不能完全依赖人们有意识的决定。情绪进化而来是为了鼓励我们做对自己有利的事情，不管我们是否想到了这件事。我认为，浪漫之爱进化而来是为了让男人和女人结成配偶。

但是，为什么需要这种额外的情绪兴奋剂呢？我想，这一问题与我们灵长类的进化史有关。在鸟类中，结成配偶是一种古老的适应性行为。也许鸟类已经作为一种成双结对的物种存在了几千万年。这意味着自然选择有大量的时间塑造鸟类的大脑，铺设必要的线路，用以支持结成配偶的心理与行为的适应器。与鸟类相比，人类的成双结对行为在进化上较为新颖。它最近才产生——数百万年在进化的尺度上相当于是前天，而且很快就要面对大脑容量和儿童发展模式的急剧变化，这些都使得双亲照料成为一种必要和一种优势。为了完成这些任务，人类也许就从一种与黑猩猩相似的物种进化而来：这一物种在性事上是放荡不羁的，雄性在养育孩子方面不做贡献，两性之间存在着激烈的冲突，比如雄性会攻击雌性，偶尔还会强暴它们。我们类人猿祖先的大脑，也许已经被性选择塑造了数百万年，以便支持某些交配和繁衍策略，而这些策略与配偶结合无关。正如心理学家保罗·伊斯特威克（Paul Eastwick）最近提到的那样，当环境改变有利于人类种系中的配偶结合行为的进化时，自然选择不得不很快地校正人们的大脑，而这又会导致其对某些特征的反抗——这些特征恰好是被很多世纪的性选择过程打磨出来的。[①] 这在进化上是非常不容易走的一步，因为它意味着要让在性事上放荡、充满攻击性和厌恶异性的类似黑猩猩的类人猿，转变为倾向于一夫一妻制、热爱女性、具有父性大脑的人类。这种快速转变的需要导致了一个特殊的进化难题，而这一难题需要有一种特殊的解决方案。这个特殊的解决方案就是浪漫之爱和成人依恋。

不过，自然选择是如何找到这种特殊的解决方案的？浪漫之爱又是如何产生的呢？

爱情的历史

因为经常坐飞机，我不由自主地就会留意机场里的一种人类行为：离别时刻，许多人都会与自己心爱的人说再见。我见过许多丈夫握住妻子的手不放，而妻子则拿着登机牌，拖着行李办理登机手续，一直到她越过安检线。最后，在他们分开之前，两个人微笑，拥抱，亲吻对方。我还看见，最后他们必须松开手让对方走的时候，两个人的眼角流下了泪水，脸上带着悲伤凄恻的神情。毫无疑问，我不是第一个

① Eastwick (2009).

观察到这些场景的人，也不是唯一一个思考爱情本质的行为科学家。心理学家克里斯·弗雷利和菲尔·谢弗（Phil Shaver）对这一现象进行了研究，研究结果发表于1998年的《人格与社会心理学》期刊上，题目名叫《机场离别：对伴侣离别的成人依恋动力学的自然主义研究》。[①] 他们做这个研究，是因为觉得浪漫伴侣在机场离别时的表现，能够为理解人类爱情的本质和起源提供启发。

弗雷利和谢弗让观察者四人一组，写下他们在一个小城市飞机场看到的伴侣离别行为。为了对照，这四个观察者也要记录下那些一起乘飞机的伴侣的行为。下面是他们在离别伴侣中观察到的一些行为：

他们手拉着手。

他们拥抱，搂在一起，大概有五分钟。

当她要离开时，他吻了她好几次。

他们给了对方一个漫长而深情的吻。

他抚摸着她的大腿内侧。

他们都哭了，帮着对方拭去脸上的泪水。

她，用一种安慰的方式，抚摸着他的脸。

他很快走了；她哭泣着离开。

在登机的时候，她轻声地说“我爱你”。

在分别的最后一刻，两个人还在手牵着手。

在飞机起飞时，她是最后一个登机的人。

在他离开之后，她走向窗口，目送着飞机的离去。

① Fraley and Shaver (1998).

在飞机离开 20 分钟之后，她依然站在窗口。

在一个案例中，一个男子已经登上了飞机，又跑回来给了伴侣最后一个吻，这让飞机的乘务人员很生气，她们要求他立刻返回他的座位。

除了观察和记录这些离别伴侣的行为，研究者还要求他们填写问卷，用以测量他们的人格、他们关系的长度，以及在与自己伴侣分别时他们所经历的悲伤程度。这个研究意在表明，离别的伴侣表现出的行为，与那些离开自己父母的孩子的行为相比，两者在功能上是相似的。在两种情况下，都存在这些类似的行为：寻求或维持接触与亲近，表达悲伤和痛苦，照料和安慰，以及在某些情况下会有淡漠和情感的拒绝。启发这个研究的一般理论，同样也指导着当前浪漫之爱领域的大多数研究。该理论认为，爱情和成人依恋拥有它们的进化根源——孩子与他们的照料者之间，会自然而然地形成一种情感和社交的联结。这个理论的基础在大概 55 年之前就已经被提出。

20 世纪 60 年代早期，英国精神病学家约翰·鲍尔比（John Bowlby）提出了一个理论，回答了下面的问题：为什么年幼的孩子会与他们主要的照料者形成强烈的联结，这个照料者通常是他们的母亲。根据鲍尔比的“依恋”理论，年幼的孩子有一种情感上依恋他们照料者的生物倾向，这表现为他们的行为目的在于维持亲近或引起交往，比如哭喊、微笑、跟随和黏着他们。人类婴儿完全依赖他们的照料者，据此从环境中获得安全。鲍尔比认为，依恋系统可能经由自然选择进化而来。作为一套心理和行为的适应机制，这套系统能让婴儿待在照料者身边，与他互动，从而促进婴儿的生存。通过观察登记住院时婴儿与父母分离时的反应，以及阅读猴子中母婴互动的描述，鲍尔比提出了这样的依恋观点。事实上，研究发现，婴儿的依恋系统并不是人类这一物种所独有的，同样存在于与人类有关联的许多猴子和类人猿中。这一系统至少有长达3500年的历史——比人类配偶结合的行为还要古老得多。①

鲍尔比认为，婴儿的依恋系统有一套目标——维持与母亲的接触和亲近，以及特定的启动和终止条件。依恋系统在婴儿离开母亲的时候就会启动，当接触和亲近实现的时候就会终止。这套系统就像恒温器一样工作：测定当前的温度，在与预定的标准比较之后，做出相应的调整。婴儿的依恋系统拥有三种定义性特征：年幼的孩子离开他们的母亲时会表现出焦虑和对陌生人的恐惧（他们哭喊，黏着大人，显得焦虑和悲伤）；当他们感到害怕的时候就会跑向自己的母亲（把她作为一个安全的“港湾”）；当他们平静下来感到自信的时候，就以他们的母亲为“安全基地”进行探索，离开她去玩耍，但通常都会回到她身边做做检查，确保一切都正常。

尽管婴儿在从母腹中诞生时就会哭，但依恋系统的主要定义性特征——比如分离焦虑和对陌生人的恐惧——在他们六到九个月大的时候才第一次出现。依恋系统继续在儿童期余下的日子里发挥作用，甚至在青春期依然有效，尽管通过依恋系统表达的行为可能会发生改变。依恋系统的基本特征在所有孩子的身上都能看到，尽管不是所有的孩子都以相同的方式处理与他们母亲短期的分离和重聚。有的孩子对待分离较为坦然，重聚时充满爱意和深情，而有的孩子则容易为分离而

① Bowlby (1969); Maestripieri (2003).

焦虑，重聚时会以拒绝和愤怒对待他们的母亲。事实表明，婴儿依恋的基本特征以及孩子之间的差异，不仅能在所有的人类社会和文化中被观察到，而且也存在于与我们有着最近关系的猴子和类人猿之中：猕猴、狒狒，当然还包括黑猩猩和其他的大猿。

情侣之间与母婴之间在身体亲密方面具有惊人的相似性，比如浪漫情侣之间会以婴儿的方式彼此交谈。弗洛伊德是最早注意到这一点的少数人之一。弗雷利和谢弗的机场研究，以及此后许多其他研究者在 20 世纪 80 年代末的研究都表明，婴儿依恋系统的特征——维持亲近，分离焦虑，安全港湾和安全基地——同样可以在成人的浪漫关系中被观察到。[①] 而且，与母亲存在安全依恋的孩子，在成年以后的依恋关系中也会感到舒适和放松，而那些对他们的母亲或父亲感到不安全、焦虑、矛盾和愤怒的孩子，则会在他们成年以后的依恋关系中以相同的方式对待他们的恋人。此外，在浪漫关系中，伴侣之间的角色经常轮换：一方作为不成熟的个体需要关注、安慰和确信，另一方则作为提供这些资源的照料者。

鉴于过去 55 年以来的所有理论和观察，我猜想人类浪漫之爱的进化史可能是按照下面的顺序发展而来的。随着人类大脑的发展，在相当长的时间里，婴儿变得更加依赖、更加脆弱，因此父亲的卷入以及双亲的照料成为一种需要，自然选择必须设计一种方式来鼓励男人和女人待在一起，还要尽可能地长久，以便成功地养育孩子。不过，自然选择从来不是从头开始设计某种特征，而是对已有的结构进行修

---

① 这里有一个广受欢迎的成人依恋研究：*Attached: The New Science of Adult Attachment and How It Can Help You Find-and Keep-Love*（Levine and Heller 2010）。

改和再安排。婴儿依恋系统的心理与情绪的适应机制，早已存在于我们类人猿祖先的大脑中。这些机制运作得非常好，能确保婴儿与母亲待在一起。自然选择调整了这一系统，让它在成年期也能正常运作。这样，依恋系统就能把一对情侣绑定起来，让他们不那么容易分离，也不那么愿意分离。某些被用来绑定母亲与孩子的神经通路和神经化学物质，比如催产素和内源性阿片类物质（它们也在身体应对压力和疼痛的调节过程中起作用），同样影响成人之间的配偶关系的绑定。

为了在成年雄性和雌性之间培养长期情感和社会联结，自然选择不仅修饰了我们类人猿祖先的大脑，还塑造了它们的身体。我们类人猿祖先的身体很可能跟现代黑猩猩的身体差不多：非常适合于进行激烈的性竞争和性冲突，但不适合于配偶结合。比如，雄性比雌性长得更高大更强壮，有更大更锋利的犬齿，有相对较小的阴茎，有能产生大量精液的巨大睾丸。而在雌性这边，它们会通过自己月经周期的身体变化来宣告自己的生育力状况：它们屁股后面会有明显的肿胀，从而引起雄性之间的竞争。为了在两性之间培养关系，让他们结为配偶，进行合作，自然选择减少了男性和女性之间在身体尺寸、力量和武器方面的差异。接着，它又在女性身上取消了明显的排卵标志，增加了她们整个月经周期内的接受性。这给成双结对的男女提供了机会，让他们可以在所有时间里做爱，于是强化了他们的联结，增强了一个孩子诞生之后这个男人认为他是自己亲生骨肉的自信，而这又反过来增加了这个男人进行父性投资的意愿。同时，自然选择也降低了男性的乱交倾向，减少了已婚男性对性的多样化需求的强度，这主要是通过减少他们的睾丸尺寸、降低他们的雄性激素水平来实现的。与雄性黑猩猩相比，人类的男性拥有与他们身体相比相对较小的睾丸，并生产相对较少的精子和雄性激素。我曾经看过一个幻灯片，某个研究者一手拿着黑猩猩的大脑，一手拿着它们的一颗睾丸。两者看起来几乎一样大，当然这不是因为黑猩猩的大脑比较小的缘故。

在人类男性中，还存在另外一种与配偶结合有关的生理适应性表现，即无论是身处一段承诺关系中，还是结婚后有了孩子，这些男人的睾酮水平都会出现明显的下降。① 对于在浪漫关系中做出承诺的男人来说，较低的雄性激素水平会抑制他们对其他女人的欲望，从而让他们把精力放在自己的女人和孩子身上。这个现象已经被很多研究证实，包括最近由我的同事和我在芝加哥大学做的一项研究，该研究涉及 500 多名工商管理专业的学生。最后，许多研究者，包括心理学家辛迪·哈森（Cindy Hazan）和德布拉·蔡夫曼（Debra Zeifman），都认为人类勃起的阴茎那不可思议的长度，也是为了配偶结合而进化出来的一种适应机制。② 相对身体而言，人类的男性拥有灵长类中最长的阴茎。长阴茎使得各种各样的性交体位有了可能，包括更为亲密的面对面、腹部对腹部的体位，这可能会促进性交过程中的社会性结合。面对面的性交在灵长类中非常少见，但却在倭黑猩猩中广泛存在，这是一种与我们存在亲缘关系的灵长动物。像人类一样，倭黑猩猩利用性行为来强化它们的社会联系。人类的长阴茎也增加了女性性高潮的可能，这能够提高女性参与性行为的意愿，从而巩固情侣之间的联系。

通过自然选择进化而来的多种身体的、生理的和心理的适应机制，

---

① 关于睾酮与浪漫关系的研究，请参考 Ellison and Gray（2009）和 Maestripieri et al.（2010）。有关父亲身份对于睾酮的影响，请参考 Gettler et al.（2011）。

② Hazan and Zeifman (1999).

促使人类的男性和女性结为配偶，合作养育后代，这一模式通常都能很好地运作。对于配偶结合而言，最不可思议的心理适应机制是浪漫之爱，它在人类的心灵中创造出一种对所爱之人的渴望和心理依恋，这与一个幼小的孩子和母亲之间存在的情感关系并无二致。成功的配偶结合，需要伴侣之间在心理和生理层面深深的相互依赖，其中一个人的缺失或死亡，对于另一个人来说简直就是危及生命。相反，无论是对于作为配偶的两个人来说，还是对于他们的孩子来说，牢固而稳定的浪漫关系意味着在健康和长寿方面的诸多好处。尽管经济学能帮我们理解配偶关系形成的某些层面，以及伴侣之间的某些合作问题，但是进化生物学告诉我们，人类浪漫的配偶结合，绝不是建立在合作和互惠利他原则基础之上的商业伙伴关系。

现在，回到最初的问题：为什么珍妮弗·安妮斯顿和布拉德·皮特最初陷入爱情，最终却劳燕分飞？我们在这一章中讨论了经济学和进化生物学的爱情理论，这些理论能解释好莱坞的明星以及我们这些芸芸众生为什么结成配偶，又为什么分道扬镳吗？

好了，读一读下面摘自《美国周刊》2010 年 8 月 30 日的两则报道，然后自己判断一下：

> 演员尼尔·帕特里克·哈里斯（在著名的电视剧《天才小医生》中扮演儿科医生杜奇·豪瑟）和他的伴侣戴维·波特卡希望通过代孕妈妈生下双胞胎。了解这对夫妻的一位知情人士透露：“他们从一开始就想要孩子，想要成家。这就是为什么他们坠入爱河的原因。现在这个梦就要实现了。”

女演员哈莉·贝瑞谈到自己女儿的父亲、她的前夫加布里埃尔·奥布里时说道："你认识到，你并不打算跟所有人都走那么远。我们打算把这个神奇的小家伙带到世界上来……过去我们是一家人，但现在我们不再是了。"

第七章

联系测试

人们可以承受来自好朋友的侮辱，
但不愿承受来自陌生人的戏谑。
因此，对另一个体施加负面影响，
能够给你提供让你明白你与他的关系到底怎么样的可靠信息。

狒狒对承诺问题的解决之道

雄狒狒之间会形成合作关系，以便建立攻击性联盟，以此在战斗中相互支持。就像在前面章节中讲到的商业伙伴或浪漫伴侣一样，雄狒狒们同样面临着承诺问题：两只狒狒中的一只可能会欺骗和出卖对方，或者简单地中断它们的关系，把对方抛在身后，弃之如敝屣。因此，雄狒狒们想出一种怪异的方式，用来处理这种承诺问题：它们抚弄彼此的睾丸。

据了解，其他的灵长类也会参与类似的活动。在古罗马时代，两个男人会抓住彼此的睾丸，发誓说对彼生死不相背负；在公共法庭做目击证词的时候，男人们则会抓住自己的睾丸，以此作为一种可信的标志（因此有了"证明"[①]一词）。[②]雄狒狒和古罗马男人的行为可以用累赘原理（Handicap Principle）来解释。这一生物学理论认为，无论是在朋友关系、浪漫关系还是在商业关系中，想知道一个同伴给出的

---

① 英语中证明（testify）跟睾丸（testicles）具有相同的词根。——译者注

② 不过这一问题存在某些争议，根据一些词典的解释，单词 testicle 和 testify 都是来自拉丁词 testis, 意思是"目击"。

承诺信息是否可靠，最有效手段就是给对方施加一个代价，评估对方“购买”这个代价的意愿。不过，在我阐述这一原理之前，还是让我们回过头来，看看雄狒狒令人费解的怪异习惯吧。

成年雄狒狒是一种富于侵略性的危险动物。尽管它们的身材相对较小——大概相当于德国牧羊犬的尺寸，但是雄狒狒长得强壮，攻击速度很快。同时，它们拥有巨大锋利的犬齿，这意味着，被雄狒狒咬上一口可能就是致命的。它们也会毫无畏惧、毫不犹豫地攻击比它们自身大得多的动物，比如狮子和黑猩猩。不过，成年雄狒狒的攻击很少独自进行。它们总是结伴而行，或者三四只结成团伙发动攻击，这让它们的攻击变得异常危险。尽管雄狒狒在饥饿的时候会联合起来猎食小动物，同时也会合作对付它们可怕的天敌，不过因为这样两个原因而进行的合作其实是相对较少的。当雄狒狒形成攻击性联盟时，大多数的时间它们都是利用该联盟与其他雄狒狒战斗。

狒狒社会是一个充满竞争性的环境。成年雄狒狒会彼此竞争，要么是为了与雌狒狒交配，要么是为了在支配等级中获取和维持自己的优势地位。狒狒是一种非常淫荡的猴子——雄性喜欢与许多雌性交配，而且经常进行。与它们的身体相比，雄狒狒具有很大的睾丸，一天之内可以射精 10~15 次，甚至更多。然而，高地位的雄性垄断了富有生育力的雌性，同时还不准低地位的雄性染指，连靠近它的后宫妃嫔都不行。我在第二章中提到过，1977 年克雷格·帕克的研究发现，雄狒狒们想出了一个办法，能够打破高地位雄狒狒对富有生育力雌性的垄断局面。[①] 两只雄狒狒会进行串联：其中一只雄狒狒会与那

① Packer (1977).

只正在看护雌性的高地位雄狒狒打斗，于是另一只就能利用这个空隙与那只被看护的雌狒狒交配。几天之后它们还会故技重施，只不过各自扮演的角色发生了变化：前一次如愿以偿的那个家伙现在要帮它的同伴，为此它要和高地位雄狒狒干上一仗，以便分散对方的注意力。鉴于通过打斗而帮助另一个体交配是一种利他行为，因此帕克的研究成了灵长类中互惠利他的经典案例。成年雄狒狒为了夺取权力也会结成联盟，就像第四章中谈到的雄性猕猴所做的那样，不过雄狒狒之间的结盟更为频繁。为了让自己在社会等级中的排名上升，两只或三只雄狒狒会结成团伙，与一只高地位的雄狒狒打架，把它击败，让它丧失地位，或者彻底地让这位被废黜的国王滚蛋，将它从原来的群体中驱逐出境。

不管雄性与雄性结成联盟的目的是为了性还是为了权力，这种联盟都不是在匆忙之间随机建立起来的。就像人类政治联盟的形成需要大量网络一样，狒狒们也会花很长时间结识彼此，发展社会关系，以及在它们建立联盟之前建立一定程度的信任。联盟成员之间的社会联系要求它们经常在一起活动，还要彼此轮换理毛。倘若维护适当，两只雄性之间的合作关系可以持续很长一段时间，从而进行多次联盟。

不过，正如为了交配和权力而存在竞争一样，寻找良好的政治盟友也存在竞争，而高地位的雄性则是大受欢迎的联盟伙伴。这种竞争使得雄性之间的合作关系变得不太稳定，使得这种关系能在任何时候被终结，也使得背叛有利可图：哪怕那只雄狒狒是你认为最好的朋友，也可能在战斗中改变立场，反戈一击，与你最可怕的敌人站在一个战壕里，勾肩搭背，狼狈为奸。狒狒无法签订一份书面的合作契约，更不可能以经济制裁的威胁来强制执行这份契约。同时，狒狒也不会说话，因此一只雄狒狒必须用其他的办法来判断，它与另一只雄狒狒的友谊是否稳固，以及其他的狒狒是否能作为可信赖的联盟伙伴。

现在，你可以想象这样一种场景。在一个夏日的午后，40~50 只狒狒坐在一起享受清风的吹拂。一些狒狒在空地上寻找食物，另一些则在理毛或睡觉。克林特·伊斯特伍德和埃迪·墨菲是两只成年雄性，它们占据着群体中的高位，同时很受雌性的青睐。它们各自都有由三到四只雌狒狒组成的后宫妃嫔，克林特和埃迪整天与它们交配，而且这些妃嫔对它们很忠诚。群体中的其他雄性，如果运气好的话，也会得到一只青睐它们的雌性的眷顾。而群体中的某些老同志则远离交配事业有一段时间了。（它们是一种特殊的西非狒狒，即几内亚狒狒。这种狒狒有点儿像生活在东非的狒狒，群体中的雄性拥有较少的后宫妃嫔。）克林特和埃迪坐的地方有 20 米远，各自守护着自己的事业。出人意料的是，它们两个开始望着对方，进行目光接触。就在这一瞬间，它们的头脑中冒出一个决定：是时候进行联系测试了。

克林特和埃迪奔向对方。在跑的时候，克林特做出了一个有趣的面部表情，它的眼睛半闭，耳朵向后平贴在它的脑袋上，而埃迪则快速地舔着自己的嘴唇。相遇的时候，每只狒狒都像公狗撒尿那样抬起它们的腿；把对方的睾丸握在自己手里。它们甚至都没有看对方一眼，就奔回原地，坐下来，继续忙自己的事，好像什么事情都未发生过一样。整个过程只持续了几秒钟，而且自发进行：之前没有什么事情发生，之后也没有。群体中的其他狒狒几乎没有注意到——其实这样的一幕，它们已经见识过很多次了。

我从前的博士生杰西卡·惠瑟姆在芝加哥的布洛克斯菲尔德公园观察几内亚狒狒的时候，对于这种场景已经见过了几百次，而且她还拍下一些很精彩的视频。当时她正在为自己的硕士论文收集数据。[①]顺便说一句，她还别出心裁地给这群狒狒起了好莱坞明星的名字。尽管在猴子和类人猿中，同性恋行为并不少见——在很多情况下，雄性和雌性都会趴在同性的身上，但是雄狒狒之间抚摸生殖器的行为却与性没有多少关系。这是一种被灵长类学家称为“问候”的社会仪式。杰西卡发现具有稳定合作性关系（比如经常一起理毛和形成联盟）的一对雄狒狒会经常相互问候，而那些关系比较糟糕或关系不稳定的雄狒狒要么绝不相互问候，要么打算问候，但最后却没法完成这种仪式。

在某些未完成或被放弃的问候仪式中，一只雄性会对另一只雄性眨眨眼，暗送秋波，接着便朝它走去，但是对方把头扭向一边，无动于衷，什么表示也没有，于是那只雄性只好停下来返回它原来的地方。有时候，两只雄性都会跑向对方，但是在抓住对方睾丸的前一秒钟，它们改变了主意，于是迅速转身，奔回自己的根据地。看起来其中一个或它们两个在最后一秒钟的时候突然想到，这样亲密的交流绝不是什么好主意，或它们因为纠结于不知道对方会做何反应而精神崩溃。另外一位研究雄狒狒问候行为的研究者是密歇根大学的灵长类学家芭芭拉·斯马茨。在她观察到的600多次问候仪式中，大概有一半没有成功，这是因为其中一只雄性或两只雄性在完成交流之前拔腿就跑了。[②]这种中断可以发生在任何时间：从一开始的时候，某只狒狒主动望了对方一眼，发动媚眼攻势，到快要完成时，它的手已经开始触摸另一只狒狒的睾丸，最后功亏一篑。在慢放的录像带中，斯马茨发

① Whitham and Maestripieri (2003).

② Smuts and Watanabe (1990); Smuts (2002).

现，在互动的过程中，两只狒狒都会监控彼此，能在一瞬间对微妙的眼神和动作的改变做出反应。对方任何犹豫的表现，都会成为自己中断这种问候行为的一个理由。

当两只狒狒相互抚摸对方生殖器的时候，它们面临着巨大的危险。一方只需轻轻扯掉对方的睾丸，就可以轻而易举、一劳永逸地让对方断子绝孙。因此，让另一只狒狒抚摸自己的睾丸，意味着对对方的善意有着非同寻常的信任。另一方面，如此接近另一只雄性，还打算碰它的睾丸，这样做的雄性也把自己暴露于巨大的危险之中，很容易遭受“被羞辱者”的攻击。被雄狒狒的锋利犬齿咬上一口，可能就会让自己送掉小命。因此，向另一个体发起问候时，需要对它拥有强烈的信任，确认对方不会对这种具有潜在危险、冒犯隐私的行为做出过激反应。只有两个雄性都对对方做出同样的友好承诺时，问候才能正常进行。当友好问候没有受到相应回报时，个体可能会有问候意愿，但最终还是会放弃。比如，一只低地位的雄性想要对雄性首领示好，而对方却没有兴趣，就会发生“放弃问候”的现象。

有时候，问候还会以打斗告终。斯马茨的报告说，在她观察到的问候中，大约有 7% 以威胁、追逐和身体攻击而结束。一对非常亲密的朋友可能会进行最强烈的问候——它们会抚摸各自的睾丸和阴茎长达几秒钟，而且它们的问候从来没有半途而废的情形。关系好的时候，同伴是不是比自己地位高都不重要了。通常来说，低地位的雄性发起问候的次数与高地位的雄性发起的次数是相同的。低地位的雄性可能通过问候来收集高地位雄性的信息，判断它对自己容忍的意愿和支持的力度。高地位的雄性则通过问候来表达它接受对方留在自己群体中的意愿，以及它可以作为一个潜在盟友的意愿。处于合作关系中的两个同伴，会通过给彼此施加影响的方式，频繁地评估双方对这段关系的承诺，检测它们联系的强度。通过承受危险和容忍负担，雄狒狒们证明了它们在多大程度在乎这种关系。让我们现在详细地探讨一下，为什么会出现这种情形。

联系测试的逻辑和累赘原理

联系测试的重要性在 1977 年发表的一篇论文中得到了论证。这篇论文名为《联系测试》(*The Testing of a Bond*)，由以色列的进化生物学家阿莫茨・扎哈维（Amotz Zahavi）撰写。在这篇论文中，扎哈维对合作和沟通行为提出了一些新颖而又充满争议的观点。[①] 作为一名进化生物学家，扎哈维认为，与存在血缘关系的家庭成员之间的合作相比，没有血缘关系的陌生个体之间的合作，本质上是不稳定的。我们知道，两个陌生人可能会因为具有共同的利益，或追求某种共同目标而建立合作——这种共同目标没有另外一个同伴将很难或不可能实现，比如生孩子。然而，扎哈维认识到促成合作关系的这种情形可能会发生不可预料的、迅速的改变。因此，他强调说，为了决定是继续投资还是终止某种关系，个体必须频繁地测试这种联系的强度，评估同伴的承诺。

以人类的浪漫关系为例。情侣之间会评估伴侣对这段关系的承诺，他们最直接的做法是不时地相互询问，“你爱我吗？”“你确定你爱我？”或者“你确定你想跟我生活一辈子？”相爱中的情侣总是这

① Zahavi (1977).

样做，也应该这样。

不过可惜的是，这种做法并不是评估承诺最可靠的方法。当然，对动物来说，这根本就不是一种选项。对于自己的感受和未来的行为，人们常常缺乏诚意，或毫无线索。扎哈维最初的想法是，评估一段关系有多重要，最可靠的方式是看某人愿意为它付出多少代价。你的职场老板可能告诉你，说你是一个有价值的员工，还时不时地表扬你，给你戴高帽。不过，老板有多在乎你的最好指标，是看老板愿意给你多少薪水。言辞很便宜，但薪水不是。

当不涉及金钱的时候，某人愿意为某一物品支付的价格，可以用另外一种通货来计算。对于动物来说，最有意义的通货是适应性：生存和繁衍的能力。这就是自然选择做生意时使用的通货。为了评估某种物品——食物、配偶与某个联盟成员的一段关系——对某个动物有多重要时，我们必须测量为了获得和保住这个物品，这个动物在多大程度上愿意拿它的生存和繁衍来冒险。根据扎哈维的说法，“获得关于对方承诺可靠信息的唯一方式就是给对方施加代价，以对他或她不利的方式行事”。扎哈维相信，通过这种联系测试而获得的承诺信息是可靠的，这是因为，只有真正拥有承诺的个体才能支付得起这种代价。通过逐渐提高这种强加的代价，以及确定同伴将在什么时候中断双方的交往，个体就能得到精确的信息，知道对方对这段关系的承诺如何，以及现在投资于这段关系的意愿如何。假如一只雄狒狒想要准确知道它的盟友在多大程度上在乎彼此之间的联盟关系，它就可以继续握住同伴的睾丸，直到头部遭受袭击或被咬伤。得到消极反应的可能性随着时间的推移会急剧上升，因此，能把这种问候仪式延长哪怕一秒钟，都是一个能够表明承诺强度的重大成就。

通过给同伴施加代价的方式来测试社会联系的强度，这种观点是累赘原理的具体应用。这种更为普遍的理论是由扎哈维于1975年首次提出的，后来获得了扩展和完善。[①]他提出累赘原理，是为了解释动物沟通中诚实的信息或不可靠的信息为什么会存在，但这一原理也可以被应用于许多其他的现象中，包括我们随后将会谈到的许多人类行为。累赘原理的主要观点是：便宜的信号容易伪装，因为任何个体都可以发出这种信号，而昂贵的信号需要的资源只有卓越的个体才拥有。因此，昂贵的信号能够传递这些个体诚实的信息，因为只有它们才能使用这些信号，只有它们才付得起账，买得起单。

扎哈维声称他在向一个学生解释问题的时候，想出了累赘原理。这个学生提的问题是：为什么雄孔雀拥有巨大的靓丽的尾巴，以及为什么雌孔雀倾向于与拥有最长、最重和最累赘的尾巴的雄孔雀交配。他认为，如果大尾巴很容易生长出来，那么不管它们的年龄、体格、力量和健康程度如何，所有的雄性都会拥有一条大尾巴。但是这样一条大尾巴并不便宜，而且可能会对雄性的生存带来不利后果：这条大尾巴不但生长起来代价不菲，而且还会阻碍雄孔雀的灵活性，潜在地减弱了它逃避天敌的能力。显然，强壮健康的雄性可以承受大尾巴的代价，而虚弱和有病的雄性做不到这一点。用扎哈维的话来说，雄孔雀的尾巴就是一个累赘。那么，为什么雄孔雀要携带这样一个累赘呢？也许它的目的就是告诉雌孔雀：它能。雄孔雀通过这种自我阻碍的方式，向雌孔雀展示自己有多么优秀。累赘越大，说明这个雄性越优秀。

---

① Zahavi and Zahavi (1997).

因此，根据累赘原理，个体通过展示对它们不利的特征来表明自己的素质。累赘信号因为它们代价的巨大，反而具有了内在的诚实性。雌性相信展示这种信号的雄性，觉得它们是很有魅力的配偶。当然，拥有巨大而昂贵尾巴的雄孔雀可不会有意识地这么做，是性选择而不是有意识的思考导致了这种大尾巴的进化。拥有这种尾巴基因的雄性在雌性眼里更有吸引力，相比其他雄性留下了更多的后代，也因此在群体中留下了它们更多的基因副本。

雄孔雀的尾巴是一个身体累赘的案例，不过累赘同样也可以表现在行为上。行为上的累赘意味着进行可能减少自己生存机会的冒险。一个经典的行为累赘的案例是非洲瞪羚的弹跳行为。在面临像狮子一样的猎食者时，它们就表现出这种行为。当瞪羚发现狮子时，它们中有一些会在狮子前面忽上忽下地弹跳，而不是尽可能地拔腿就跑。这些家伙为什么要浪费时间和精力，做出这种可能危及自身性命的行为？它们疯了吗？扎哈维的解释是，弹跳是一种行为累赘，某些瞪羚这样做就是向外界展示，它们是多么强大、多么敏捷。它们在告诉狮子，自己是很难被抓住的，因此对狮子来说，追逐它们就是浪费时间。狮子最好去追逐更容易捉住的猎物，也就是那些见到狮子就拼命逃跑的瞪羚。这里的假设是：狮子的确有时候会追逐弹跳的瞪羚，或在过去弹跳行为初次进化时至少这么做过。那些不太合适从事这项危险活动的瞪羚，有可能通过弹跳行为进行欺骗，但更可能因此搭上自己的小命，于是它们的基因就没有遗传给后代。在进化史上，欺骗基因被自然选择淘汰了，而弹跳的诚实基因则扩散到了整个群体中。需要注意的是，这个例子过度简化了自然选择的工作方式。事实上，与“诚实”和“欺骗”关联的特定的单个基因是不存在的，而且行为特征通常由多种基因通过复杂的相互作用控制着。

在动物世界，另外一个可能的行为累赘案例则鲜为人知，即成年雄狒狒会抱着幼崽跟其他狒狒进行打斗。[①] 想象一下这种场景。两只雄狒狒准备开打：它们威胁性地瞪着对方，不怀好意地露出了锋利的犬齿。突然，其中一只狒狒抓起附近的一只狒狒幼崽（有时候是强行从幼崽的母亲那里把它抢过来），用胳膊抱住这只幼崽，继续威胁它的对手。为什么它要这么做呢？它是在告诉对方，它是幼崽的爸爸，恳求对方饶了它吗？它是在威胁要伤害对方的孩子吗？或者它想用幼崽作为盾牌吗？累赘原理提出了另外一种解释：战斗时用胳膊抱住一只幼崽，这是一种明显的累赘行为。很有可能，某只雄狒狒通过抓起并抱住幼崽的举动，是想告诉它的对手自己非常强壮，哪怕手里抱着幼崽，都能在战斗中击败它。在两个男人打架时，常常听到有人会说出这样的豪言壮语，“哪怕我的双手绑在背后，都能打败你”；怀抱幼崽的雄狒狒展示的信息与此有异曲同工之妙。

这里提到的三个案例——雄孔雀的尾巴、瞪羚的弹跳行为，以及雄狒狒的抱持幼崽行为——都存在其他的解释，虽然研究者很难确定哪一个解释才是正确的。不过，累赘原理提供的解释非常有趣，也说得通。除非这种解释经过检验，被适当的数据毫不含糊地给推翻了，否则它就与其他解释一样是可接受的。

根据扎哈维的观点，累赘原理不仅能够解释有代价的奢侈的形态特征和危险而怪异的动物行为，还可以解释许多一般的社会现象，比如利他行为和裙带主义。扎哈维认为，当个体表现出利他行为时，他

---

① Stein（1984）详细地讨论了雄狒狒在打斗过程中使用幼崽的行为。

并不是真的要去帮助他人。相反，他们通过负担累赘，对自己的素质和资源广而告之。自我妨碍行为的广告效应有时更为有效，这里的金钱和资源不是用来捐给他人，而是直接浪费掉，就像人类炫耀性消费所表现的那样。富人喜欢把钱浪费在奢侈的游艇或花哨的汽车上，并不是因为他们需要，而仅仅是为了炫耀。新墨西哥大学的进化心理学家杰弗里·米勒（Geoffrey Miller）写了一本书，名叫《花费：性、进化和消费者行为》（*Spent: Sex, Evolution, and Consumer Behavior*）。在这本书中，米勒指出，当代人类社会中许多形式的浪费性支出，都是累赘原理的体现。[①] 有钱人一掷千金，只是为了让他们成为有魅力的潜在配偶；男人和女人在奢侈品上大把花钱，以便从他们的同伴那里赢得社会地位。当然，对于类似有钱人进行慈善捐赠的利他行为，存在不同的解释，而且我在第五章对其中某些解释进行了探讨。许多经济学家可能会反对这种观点，即累赘原理和它在配偶吸引中的角色完全解释了资本主义社会的消费者行为。然而，我怀疑很多经济学家——至少是我父母机构里的那些经济学家——将会对基于累赘原理的推论产生共鸣和同感，认可这种推论。在累赘原理所描绘出的世界里，生活在其中的有机体基本上是理性和自私的生物，它们的社会互动受到市场原则和广告事业的统治。累赘原理使用资本主义的原则解释了自然界。[②]

尽管经济学家与进化生物学家使用的成本收益分析具有很多相似之处，人们也越来越多地意识到，这些学科在它们的一般原则方面存

---

① Miller (2009).

② Bowles 和 Hammerstein（2003）更进一步地对比了累赘原理和某些经济学原理。

在很多趋同的地方，不过回到 20 世纪 70 年代，当累赘原理被首次提出的时候，这种观点在进化生物学中是非常激进的。通过对动物信号进行经济学的成本收益分析，阿莫茨·扎哈维走在了他的时代之前。不难想象，他的思想在被接受之前遭遇了很多阻力，因为其他进化生物学家对此深感怀疑。实际上，直到 35 年之后的今天，他还在继续战斗。对于这场斗争，他是赢还是输取决于你在与谁讨论，但有一点是肯定的：在这个过程中，扎哈维得到了许多人的关注。他的个人故事以及累赘原理的沧桑经历，在许多方面都很好地说明了科学研究的过程是怎样的，也证明了我在第五章中提到的许多研究者之间的动态关系。

在我写本书的时候，阿莫茨·扎哈维已经 82 岁，而且已经成为以色列特拉维夫大学动物学系的荣休教授。尽管已经正式从学术界退休，但他还是频繁地受邀到世界各地参加会议，到许多大学里进行讲演。他讲的英语带着浓厚的外国口音，给人一种脾气暴躁和固执守旧的印象，比如：他通常给听众分发手写的笔记，而不是在讲演中使用电脑和 PPT。他也会非常强势地提出自己的观点，对观众提出的问题进行即时的抗辩。在他的讨论会和文章中，扎哈维从来不会忘记提到这一点：当自己第一次提出累赘原理时，这种观点遭到了学术界一致的拒绝。根据他的说法，著名的英国进化生物学家梅纳德·史密斯同意在 1975 年的《理论生物学杂志》上发表他的文章，只是为了证明累赘原理是错的。许多研究者发表论文和评论，批评和驳斥累赘原理。而怀疑的主要理由在于他最初没有以数量化的术语建立和表达这一原理。直观地说，就是当时他没有使用适当的数学模型支持这一原理。而这些数学模型原本可以向人们展示通过累赘原理，基因决定的形态

阿莫茨·扎哈维博士（Dr. Amotz Zahavi）
（图片来自维基百科）

和行为特征将如何在群体中进化和维持下去。有的进化生物学家喜欢累赘原理的思想，但不认为这一原理在真实世界中真的能起什么作用。到了 1990 年，牛津大学一位著名的进化生物学家和数学家艾伦·格拉芬（Alan Grafen），在数学上证明了累赘原理是可行的，而且这一机制与达尔文式的进化动态性是一致的。从那以后，累赘原理被广为接受。[①]

事实上，累赘原理依然是有争议的，经常引起学者的争论，甚至艾伦·格拉芬写的支持性论文也遭到过批评。许多进化生物学家相信，累赘原理在某些层面有助于我们理解沟通是如何运作的，以及为什么信号会以某种方式呈现。不过，同样有许多进化生物学家质疑这一理

① 扎哈维（2003）讨论了这个富有争议的故事。

论的有效性，以及是否能够把这一理论应用于广泛的生物现象。他们不像扎哈维那样确信，认为累赘原理可以替代进化生物学中许多相当完善的理论，比如互惠利他理论和亲缘选择理论。

正如科学界经常发生的那样，当研究者提出一种新的理论或新的研究取向，认为它能够有效地解释从前难以解释的某些现象时，他们会为此欢呼雀跃，兴奋不已，想要把它运用到一切现象中。他们宣称这种新的范式将取代旧的研究范式，最终将统治整个研究领域或学科。在行为科学中，这种情形已经发生在某些范式中了。心理学家 B. F. 斯金纳（1904—1990）是行为主义（一种强调学习在行为现象中具有重要角色的研究范式）的主要支持者。他深信条件作用原则应该被应用到人类生活的所有方面，无论是养育孩子，还是政府运作。于是斯金纳在 1957 年出版的一本名为《言语行为》(*Verbal Behavior*) 的书中宣称，就像人类的其他行为层面一样，语言也是学习而来的。这一观点挑衅性地侵入了语言学的领域，遭到乔姆斯基强硬的负面回应。乔姆斯基写过一本批评斯金纳的书，这本书火力十足，充满毁灭性的力量。[①] 随后，其他的批评者也加入进来，最终导致原本作为心理学中主导性范式的行为主义的衰落。类似地，当生物学家 E.O. 威尔逊为行为的进化解释而兴奋不已，于是在他的《社会生物学：新的综合》(*Sociobiology: The New Synthesis*，1975）一书中宣称社会生物学将会接管所有其他的行为领域时，他为这个领域带来了意想不到的灾难：社会生物学遭遇了来自许多方面的批评，最终进化行为科学家们不再使用社会生物学术

---

① Skinner (1957); Chomsky (1959).

语，以便他们能不受干扰地平静工作。[①]学术界存在大量的领地，当一位新理论或新学科的学术入侵者发出威胁时，将不可避免地引发领地所有者强烈的防御反应。某些人会断然拒绝和否认这种新范式，而其他人则会广泛地审查这种新范式，使其弱点和缺陷暴露无遗。

像上述的许多杰出前辈一样，在《累赘原理：达尔文迷惑中缺失的一块》一书中，阿莫茨·扎哈维和他的妻子阿维莎格·扎哈维把他们的理论推向了各个方向，而且就这个理论能够解释的广泛现象提出了许多的断言。结果，这本书遭到了某些人的质疑，没有成为畅销书。然而，归根结底，一个科学理论的有用性是通过它所产生的新研究和新知识来判断的，而不在于它是否实现了自己曾经提出的主张，也不在于这一理论的原则被接受或被拒绝的程度如何。在这个意义上，累赘原理产生了大量的新研究和新知识，因此应该被认为是一个有影响力的成功理论。不过，阿莫茨·扎哈维在提出和捍卫累赘原理的过程中所表现出来的不屈不挠和昂扬斗志，其实给他的个人和专业发展带来了相当大的影响。在2003年的一篇论文中，他说了一些抱怨和不满的话，他说他发现在以色列生活和工作能让自己受到保护，免于遭受来自同行的攻击和拒绝，而这些同行主要在英国和美国。扎哈维写道："如果要依靠自己的同事来获得科学生涯的进展或社会地位的提升，我就不能继续发展累赘原理，因为在这么多年中，这一理论遭受了普遍的拒绝。幸运的是，我生活在世界的一个角落而且……在家里，我的社会地位和科学生涯都得到了很好的保护。"[②]

① Wilson (1975).

② Zahavi (2003), p. 862.

扎哈维关于测试社会联系的观点，代表了累赘原理一个相对较小的应用层面。从本质上说，因为累赘原理认为，个体必须承担对自己不利的代价，只有这样才能证明它们发出的信号是可靠的。因此，联系测试假设暗示，个体必须对其他个体施加不利影响，以便提取出它们对自己态度的可靠信息。与累赘原理的其他方面不同，联系测试假设还没有得到审查，也没有经过博弈论模型的检测，以确定这种机制是否能够与已知的进化过程兼容，并得到它们的支持。研究者还没有系统地收集数据，还不能提供结论性的证据，表明动物利用累赘相关的机制来测试它们之间的联系。不过，多年以来，不少研究者通过观察，积累了越来越多的看似自相矛盾的行为，这些动物和人类行为出现于社会联系的情境中，似乎与扎哈维的观点是一致的。

戳眼球、性和其他怪异的社会联系测试

除了理论工作之外，阿莫茨·扎哈维还对生活在以色列的名叫阿拉伯画眉的一种鸟类进行过多年的观察和研究。这种鸟生活在由2~20只个体组成的群体中，相互合作哺育雏鸟，捍卫它们的共同领地，防止邻近群体的入侵。当扎哈维第一次提出通过累赘原理进行联系测试的观点时，他就用了自己最熟悉的物种作为案例，即阿拉伯画眉。[①] 他描述了雄鸟在求偶的过程中，有时候会表现出富有攻击性的行为。对雄鸟不感兴趣的雌鸟会离开其领地一去不复返，而对雄鸟具有真情实意的雌鸟，哪怕在面临雄鸟不断攻击的时候，也会坚持留下

① 扎哈维夫妇（1997）共同记录下这一行为。

来。在扎哈维看来，这种攻击是雄画眉施加于雌画眉的一种不利条件，雄鸟可以通过这种行为检验对方是否适合作为配偶。扎哈维还认为，画眉鸟还会使用打扮来检验它们联系的强度。一只鸟会给另外一只鸟打扮，对方通常都是自己亲密的社会伙伴。这种打扮意味着啄咬它面部或身体的羽毛，而接受者则保持不动以保证这种交往的顺利进行。

事实上，这些并不是联系测试的伟大案例。雄性在择偶情境下攻击雌性，以及鸟类之间的打扮行为，存在其他更好的解释。在包括人类在内的许多动物中，雄性攻击雌性，是把攻击作为一种社会强制和性强暴的手段。鸟类中的打扮行为类似于灵长类中的相互理毛。而且两种情形下的行为，可以从卫生和社会功能的角度得到更为有效的解释。也许的确存在某种动物行为，它们行为的目的就是为了测试社会联系的强度，除此之外很难用其他的功能来解释。不过，在扎哈维发表他的观点之时，还没有研究者对这些行为给出明确的描述。

对于一只雄狒狒来说，抚摸另一只雄性的睾丸当然可以看作一种强制行为。不过，它并不需要为了检验它们社会联系的强度，而把自己未来的繁殖生涯交到同伴的手中。耗费时间和体验应激具有较少的危险，但毫无疑问是有代价的行为。烦扰则同时包括两者，因此容忍烦扰是一个好指标，能够判断个体在多大程度上在乎自己的社会关系。

卷尾猴（capuchin）是一种南美洲的小型灵长动物，它们生活在由很多雄性和雌性组成的大型群体中。跟猕猴、狒狒和黑猩猩一样，卷尾猴生活在高度竞争性的社会中；为了争夺社会地位，个体之间会结成对抗性的联盟。苏珊·佩里（Susan Perry）是加州大学洛杉矶分校的灵长类学家，在哥斯达黎加对卷尾猴进行过多年观察。她报告说，这种灵长类会对它们的同伴做出种种冒犯和侵扰行为，而这些同伴正是与它们结成了对抗性联盟的长尾猴。通过这种方式，长尾猴就能周期性地测试与自己要好的同伴，看看它们对自己到底有没有耐心。[①]比如，一只年轻的卷尾猴会径自走到自己的社会同伴面前，伸出一根手指对着它的鼻子，等待对方的反应。如果它们的关系很铁，那就什么事情都不会发生。但如果它的同伴已经对这段关系丧失了最初的热情，这个激惹对方的家伙可能就得挨揍。佩里发现，有时候，拥有强烈社会联系关系的两只卷尾猴会同时拿自己的手指指着对方的鼻子，然后“坐着保持这种姿势长达几分钟，它们的脸上会带着恍惚的神情，有时还摇曳生姿”。卷尾猴还会用其他的方法“虐待”与自己要好的社会伙伴，包括撕扯和啃咬它们的耳朵，或吮吸它们的手指或脚趾。在 2003 年《当代人类学》(*Current Anthropology*) 上发表的一篇论文中，佩里和她的同事指出，这些行为的功能是为了测试社会联系的强度：来自接受者的积极反应，甚至是对这些行为的容忍，都可以表明存在良好的社会关系，以及有意向在以后继续对这段关系进行投资。当这些行为得到容忍以后，两个同伴就会花上更多的时间互相理毛，继续结成对抗性联盟，对付其他的长尾猴。

2010 年 6 月在伦敦举行的一次学术会议上，佩里给观众播放了一段令人毛骨悚然的视频。这段视频显示，卷尾猴会使用另一种怪异的方式进行联系测试，这种方式充满风险，甚至令人痛苦：两只卷尾猴会用手指戳对方的眼球。我没有参加这次会议，也没有看到这段视频，不过新闻记者迈克尔·巴尔特给出了下面的描述：

① Perry et al. (2003).

> 一只猴子会把自己又长又尖又脏的手指甲，深深地插进另一只猴子的眼眶中。在佩里播放的这段视频中，接受手指甲的猴子通常都是社会盟友，可以看到它们一脸苦相，疯狂地眨着眼皮（这也是会议中很多观众的反应），但丝毫没有要把手指移开的意图，也没有反抗这种待遇。事实上，在这种可能会长达一个小时的戳眼球过程中，如果手指滑出了眼眶，猴子会坚持再把它插进去。[①]

如果扎哈维的联系测试假设都不能解释这种怪异的行为，我想也没有其他理论能解释了。

苏珊·佩里的丈夫，同样在加州大学洛杉矶分校工作的乔·曼森（Joe Manson），与她一起在哥斯达黎加做卷尾猴的研究。他发现，假如某些成年雌性常常在一起相互理毛，而且它们之间建立了攻击性的联盟关系，那么其中没有孩子的成年雌性常常就会触碰和抱持其他雌性的孩子。猴子妈妈通常并不想让它们的孩子受到这样的对待，因为孩子可能会受到伤害。于是，曼森提出，猴子母亲对这种行为的容忍可以表明它多么在乎与冒犯者之间的社会关系，也能表明它给对方提供联盟支持的意愿。他还暗示，这种联系测试的逻辑也可以应用到幼崽身上：当它们爬上其他成年雌性的背上时，这些幼猴其实在检验有需要的时候，这个雌性照顾它们的意愿。[②] 正如我们后面将要看到的那样，扎哈维认为人类的孩子也会这么做。

---

① 迈克尔·巴尔特（Michael Balter）在一篇文章中论述了苏珊·佩里（Susan Perry）的会议报告，“Probing Culture's Secrets: From Capuchin Monkeys to Children,” appeared in *Science*, July 16, 2010, pp. 266–267.

② Manson (1999).

两只白脸卷尾猴正在互相戳眼球（图片来自苏珊·佩里博士）

通过危险或令人烦恼的亲密互动进行联系测试，这种现象在其他动物社会中也广泛存在。这些社会的共同之处是个体之间会形成长期的联合关系，包括建立联盟。斑鬣狗生活在一个复杂的被称为“家族”的社会结构中。一个家族可能由多达80只斑鬣狗组成，它们会联合起来为家族的领地而战斗。像狒狒和卷尾猴的社会一样，斑鬣狗家族也是由线性的支配等级组织起来的，包括一个或多个由成年雌性跟它们的孩子组成的母系家庭，以及许多流浪的成年雄性。在哺乳动物中，斑鬣狗是较为少见的雌性统治雄性的物种之一。雌斑鬣狗比雄性长得更大，更富有攻击性，而且它们还有一个很大的阴蒂，长得就像阴茎一样。可以这么说，在斑鬣狗的社会中，“女人穿裤子”。通过与其他斑鬣狗建立联盟，雌性斑鬣狗就能攫取和维持自己的权力地位。

在鬣狗家族中，社会联系的承诺问题主要涉及两个雌性之间如何维持合作和联盟关系。研究者们发现，雌鬣狗会频繁地使用亲密的问候仪式测试它们同伴的承诺强度。这些仪式通常平均持续20秒，但也可以长达两到三分钟。在仪式当中，两只雌斑鬣狗并排站着，它们类似阴茎的阴蒂勃起，然后它们就会观察和嗅闻对方的生殖器。当这种问候出差错的时候，它们的生殖器就可能会受伤。和雄狒狒一样，这是一种充满危险的交往，个体把自己身体脆弱的部分暴露给对方。密歇根大学有一个斑鬣狗研究小组，该小组包括珍妮弗·史密斯（Jennifer Smith）、凯·哈勒凯普（Kay Holekamp）和他们的同事。该研究小组发现，雌性斑鬣狗会选择性地问候它们偏爱的社会伙伴，而这些问候仪式有助于与同一家族内部的其他雌性形成攻击性联盟，有助于共同参与针对其他斑鬣狗家族的战争，也有助于合作起来骚扰狮子。①

在斑鬣狗、卷尾猴、狒狒和其他动物中存在的问候行为，都有一个有趣的特点，即这些行为发生在最需要进行联系测试的时候，但也发生在联系测试行为不太可能导致冲突和互相伤害的时候。在斑鬣狗中，雌性会花几小时甚至几天的时间离开它们的朋友独自觅食。问候通常发生在同伴们在家族中重聚的时刻，以便它们测试和更新自己的社会关系。斯科特·克里尔（Scott Creel）与其同事的合作研究表明，野狗中的问候行为通常发生在群体将要外出打猎之前。②如果问候发生在竞争性的活动，比如喂食和交配当中，可能某些个体就会受伤。因此，问候最可能的功能不是为了减少特定时期的紧张——社会性动物会以其他方式缓解压力——而是为了检验社会关系。芭芭拉·斯马

① Smith et al. (2011).

② Creel (1997).

茨和她的同事对家犬的问候行为进行了观察，她们发现，狗跟狗打招呼经常发生在双方没有即时资源冲突的情况下。[①] 因此，问候为动物们提供了这样一种机制，可以让它们在受伤风险较小的情况下，对潜在盟友的合作倾向进行评估。

家犬完全依赖于它们的主人，因此测试它们与主人的关系非常重要，这会告诉它们：自己是否可以高枕无忧地酣然入睡，是否应该担心自己会被丢在大街上。根据扎哈维的观点，当你的狗跳到你的腿上，舔你的脸，干扰你的工作时，它其实是在对你施加影响，要看一看你在多大程度上依然爱它，依然对你们之间的关系保持承诺。当主人离开一阵子或打算离开的时候，收集信息具有特别重要的意义，因为这是确定两者之间的关系是否依然牢固的重要时刻。当然，你可能认为当你的狗舔你的脸时，它只是表达对你的感情，但我们也必须思考它为什么会以这种方式表达感情。

扎哈维认为，爱和感情的表达通常包含导致压力甚至带有攻击性的因素，因为接受者对这些行为的接受和容忍提供了可靠的证据，能够表明自己继续在这段关系中进行投资的意愿。根据这种观点，孩子对父母表达的许多充满爱意的行为，比如跳到他们的腿上或背上，本质上具有导致应激的特点，因而具有重要的沟通价值。[②] 基于这种视角，我们所有的爱情信号或多或少都是一种强制：接吻、拥抱和爱抚都会侵入个人空间，损害行动自由。“长达几个小时握住对方的手，这样的情侣放弃了这段时间里手的使用权，这是一种相当沉重的代

① Smuts (2002).

② Zahavi and Zahavi (1997).

价。”扎哈维说。进行长时间激吻的情侣，把他们的舌头伸进对方的嘴里，这是相当具有冒犯性的举动，还可能传播疾病。只有对浪漫关系具有高度承诺的人，才会从他们的伴侣那里接受这种有代价的行为。根据扎哈维的观点，在关系刚开始或没有完全稳定下来的时候，通过有代价的压力性的爱情信号进行联系测试是非常频繁的，因为这是最需要收集信息的时候。当处于长期关系中的情侣不再进行法式热吻时，可能意味着两个人不再像最初那样受到彼此身体的吸引，但也可能意味着他们的关系已经足够牢固，不再需要进行联系测试了。

现在当你听到扎哈维说性是一种终极的联系测试机制时，恐怕也不会少见多怪、大吃一惊了。根据他的说法，许多性行为的冒犯性使得性可以作为一种理想的累赘信号，用来传达和接收爱人对于关系承诺的详细信息。对于这一点，我表示难以苟同。尽管某些人觉得性行为的亲密有那么一点儿令人不舒服，这当然是真的（如果非常不幸的话），但大多数人还是觉得性行为的“侵犯性”是相当愉悦的，就像奖赏一样。而且我还怀疑，许多人会认为牵手是一个沉重的负担。因此，在浪漫关系中频繁评估某个伴侣承诺的重要性不能被过分强调。这也是该领域的进化心理学家戴维·巴斯在《危险的激情：为什么嫉妒对于爱和性是必需的》一书中的观点：

> 承诺每天都会发生变化，它随着个体财政状况、名声、年龄、健康、压力和地位的不同而不同。一个高估了自己爱人承诺的女人可能面临如下的风险：自己被抛弃，自己的名声受损，自己要含辛茹苦一个人养孩子。高估承诺也会导致机会成本：与一个承诺不够的伴侣待在一起，就会减少追求一个更好伴侣的机会。低估

> 伴侣真实的承诺水平同样会带来代价，导致自我实现的预言。比如，错误的计算可能导致你减少自己的承诺，从而促使你的伴侣也这么做，由此导致相互撤退和怨恨的恶性循环。当一对伴侣在他们的人际世界里寻求更为深入、更有意义的交往时，这种苦涩的结果就会导致他们关系的解体。[①]

扎哈维认为包括性行为在内的爱情的表示，带有浪费性、危险性，充满压力，甚至是痛苦的强制，这些都是累赘的特征。他的这个论点看起来有点儿悲观。不过，想知道为什么浪漫关系中表达爱意的时候，情侣会把舌头伸进彼此的嘴里，而不是以其他方式，比如一起下棋来表达爱意，这就提出了一个合理的问题：即使别无所长的话，也至少为思想提供了食粮。扎哈维也提出了一个与联系测试假设有关的少有争议的解释，即为什么老朋友们有时候会相互捉弄和侮辱，掴一下，打一拳。[②]言语和身体的冒犯很明显是负担，只有保持相当承诺的老朋友才能承受得住。在电影《老爷车》里，由导演克林特·伊斯特伍德扮演的男主角是一个脾气暴躁的朝鲜战争退伍老兵，名叫沃尔特。他有一个年轻的徒弟名叫小陶，是一个苗族青年。沃尔特打算教小陶学会社会交往。沃尔特跟附近的一个理发师是朋友，他们两个人每次见面的时候都会相互戏谑，用带有种族侮辱的字眼对骂。一天，沃尔特把小陶带到理发师的店里。在他像往常一样，用带有种族歧视的话问候过朋友之后，沃尔特转过头来对小陶说："孩子，你看，男人就是

---

① Buss (2000), p. 208.
② Zahavi and Zahavi (1997).

这么说话的。现在走出去，再回来，像男人一样跟他说话，像一个真正的男人。”小陶犹豫着按照他说的做了。他走回到店里，对理发师说：“干吗呢？你这个意大利老鸟。”那个理发师被小陶激怒了，威胁说要用来福枪把他的脑袋打爆。这个场景很好地阐释了扎哈维的联系测试假设背后的原则：人们可以承受来自好朋友的侮辱，但不愿承受来自陌生人的戏谑。因此，对另一个体施加不利影响，能够给你提供可靠的信息，让你明白你跟他的关系到底怎么样。

承诺问题能解决吗？

对于本章中讨论的怪异行为，不管累赘原理是不是提供了最好的解释，扎哈维的方法都很重要，因为它提出了这样的问题：联系仪式以及更宽泛意义上的亲密关系和情感表达，为什么会是现在这种形式。有人可能会说，共同参与任何活动，不管是抚摸彼此的睾丸还是并肩而立眺望夕阳西下，都能代表两个人联系的体验。况且，在参与共同活动时，监控你伴侣的行为能够提供某些信息，这些信息可能表明他或她对这段关系的感受如何。不过，事实上，在动物中观察到的联系仪式并不是随意的活动，同样也可以说，人类的某些仪式也不是随意的。在动物中，如此之多的联系仪式都由带有危险的互动组成，这并不是一个进化的意外。这些危险的互动涉及脆弱的身体部位或者易受攻击的行为，而在其他时候这些部位和行为带有身体侵犯性，令人紧张。尽管在理论上，参与共同活动中的伴侣任何方面的行为都可以提供他或她承诺状况的线索，而实际上，伴侣愿意容忍的强制行为的数量和水平能够为个体提供更为可靠的承诺信息。

累赘原理不仅可以应用于联系仪式，而且可以应用于更为广泛的动物和人类沟通的所有方面。人类的语言是一种特殊形式的沟通，其中任意的声音或姿势与物体或概念进行配对。拥有文化约定意义的词语和手势被称为符号。然而在人类的非言语沟通和在动物的沟通中，符号并不是随意的。相反，它们是专门设计用来引发符号接收者特定反应的。比如，动物由于探测到天敌而发出的警报呼叫具有特殊的声学特征，能够在听者那里引起注意和警觉。而动物和人类婴儿痛苦的哭喊同样具有特殊的声学特征，比如频率高、响度大，这样就能在它们的照料者那里引发焦虑情绪。与现代进化论对沟通的研究方式相同，累赘原理提出了为什么人类爱情和情感的表达会被“设计”成它们现在这个样子，为什么相爱的情侣会以那种方式接吻。此外，累赘原理还认为这些信号具有引发压力的特点。尽管这些假设的有效性还有待检验，但方法是对的，而且提出的问题很有价值。因此，除了把经济学的成本收益分析带到动物行为研究的最前沿，累赘原理也有助于把现代进化论的研究方法纳入对沟通的探索之中，增进我们对于这些信号的设计和功能的理解。

不过，现在回到前一章提出的合作关系的问题，使用不利条件或累赘进行联系测试，真的能够解决承诺问题吗？相比没有联系测试的关系，那些经常以强制行为进行承诺检测的关系是否更稳定、更幸福？

列夫·托尔斯泰的《安娜·卡列尼娜》有一段著名的开头：“幸福的家庭大多相似，不幸的家庭各有各的不幸。”恋爱和婚姻关系可能由于各种各样的原因而走向终结，这些原因包括一方或双方代价和收益的改变、目标的完成、与其他潜在配偶遭遇的机会等等。同样的道理适用于商业伙伴关系，以及其他的人类或动物的合作关系，特别是由没有血缘关系的个体形成的社会关系。狒狒的故事似乎在告诉我们，当你拥有一段合作关系时，你应该时刻留意它，省得事情发生变化的时候你会大吃一惊，措手不及。然而，我怀疑联系测试本身是否能让一段关系变得更牢固、更稳定，除非这种测试伴随着其他努力。任何看过肥皂剧和奥普拉脱口秀的人都应该知道这些努力是什么：让你的浪漫关系保持新鲜；保证代价收益比率总是对你们两个人有利；确保你们总是有明确和重要的共同目标；不要东张西望寻找其他的选项，因为这样会让你成为诱惑的俘虏。

第八章

在生物学市场中买一个伴儿

群体竞争在人类社会性进化过程中可能扮演着与群体合作同等重要的角色，青睐自私、富有竞争性和攻击性个体的同伴选择可能代表了一种强大的选择力量，这种力量与促进利他和亲社会行为的力量之间相互对抗。

寻找正确的搭档

不管是雄性灵长类之间的对抗性联盟，还是餐馆合伙人之间的商业伙伴关系，抑或爱人之间的婚姻，所有类型的合作关系都有一个共同的风险：事情可能会发生变化。有的同伴可以在这一时间与你合作，另一时间就欺骗你。有的同伴今天可以给你一个永久承诺，明天就终结你们之间的关系。因此，在开始与人合作之前，我们应该调查一下自己的同伴在过去的表现如何，留意他们每一步的行为；采取一报还一报策略；对合作进行激励和奖赏，对欺骗进行阻止和惩罚；使用情感、道德、宗教和法律系统让我们的同伴表现得规规矩矩；最后，我们每天还要通过一些怪异的、危险的、令人烦恼的行为或是大胆的性行为对他们的承诺强度进行测试。

即使存在这些预防措施，两个人之间的关系依然可能出现问题。导致问题的一个简单原因，可能是我们在一开始的时候就选错了人：我们选择了一个总体上不那么乐于合作的搭档，或选择了一个与自己不够匹配的伙伴。在很大程度上，我们合作关系的成功可能不是有赖于我们或我们的同伴如何行事，而是有赖于我们选择谁作为自己的同伴，以及他或她是否就是那个正确的人。

经济学家和进化生物学家发展出两种合作的理论模型，一种聚焦于同伴控制，另一种聚焦于同伴选择。同伴控制模型，比如囚徒困境，会把合作性同伴关系的形成作为一个前提，专注于每个同伴使用的策略，这些策略可以防止他们被其他个体欺骗。囚徒困境中的成功策略，常常基于某个同伴过去的行为，以及他们在未来进行欺骗的概率。在涉及一对同伴的这样或那样的模型中，研究者要么假设这种配对是由外力导致的，比如警察逮捕和审讯两名犯罪嫌疑人，要么假设个体的配对是随机做出的。对于每个玩家来说，与同伴互动的唯一替代选项是跟他或她根本没有互动。然而，在现实世界中，人们通常在许多个体之中选择他们的同伴。而且在自然界，与同伴随意产生或随机指派同伴这样的情形相比，个体选择他们同伴的情形更为普遍。当某一动物与其他动物交往的时候，它们首先会仔细选择自己的同伴，就某一岗位对许多潜在的候选人进行取样，要么是同时进行，要么是一个接一个地甄选。然后，它们会留意和控制自己同伴的行为，以便持续地从与它们的合作中获得好处。

我在第六章的时候已经提及，雇主和雇员或房东与租客之间相互选择的过程，与人们寻找浪漫伴侣的过程存在很多相似的地方。在这两种情形中，个体都是在受到供求关系调控的市场上进行运作。进化生物学家则把这种观点往前推进了一步：他们发现在人类的雇佣和婚姻市场上进行同伴选择的过程，与所有有机体（包括病毒、细菌、植物和动物）在各种各样合作性社会关系中寻找同伴的过程具有明显的相似性。[①] 有些社会关系涉及不同有机体之间互惠性的交往，这些有机体可能是植物和昆虫、寄生虫和宿主或者不同物种的动物，比如我们在第五章中讨论过的“清洁工”鱼和它们的“客户”。经济学家和进化生物学家发展出了相同的模型，能够解释所有这些迥然不同的生活层面。我们将以一种大家都很熟悉的现象开始——人类择偶市场。

人类择偶市场

多年以前，每当我走在曼谷街头的时候，就会不由自主地发现很多异性恋“混合”情侣，通常由一名白人男子和一名泰国女子组成。在几乎所有的情况下，那名男子都看起来比女伴更老更丑，他们秃顶，挺着啤酒肚，戴着深色眼镜，而那名女子却是又年轻又好看。通常情况下，我们看到更多的是非常匹配的情侣：年轻漂亮的通常和年轻漂亮的在一起，就像布拉德和安吉丽娜一样；长相平平的中年人通常也与长相平平的中年人结婚。有时候，我们会碰到一个非常漂亮的女人和一个老男人在一起，不过对方通常打扮得很精致，身材很棒，穿着一套昂贵的阿玛尼西装。换句话说，他是一名有钱的成功人士。无论在美国还是在欧洲，你很难看到一个美貌的妙龄女子陪着一个长得不好看、社交很笨拙的中年男人。

---

① 生物市场理论方面的早期综述，可以参考 *Economics in Nature: Social Dilemmas, Mate Choice, and Biological Markets*（Noë, van Hooff, and Hammerstein 2001）这本书。Noë 所写的一章（Noë 2001），以及之前的论文 Noë and Hammerstein（1994，1995），为该研究以及这一章的内容提供了很多概念方面的背景知识。

那么，曼谷到底出了什么情况？我们为什么总是会看到这些年龄和长相都不匹配的情侣呢？而且这种不匹配的方向还都是一致的。为什么我们看不到年轻英俊的白人小伙子与长相平平的泰国中年女人约会的情形呢？我所看到的泰国年轻女人不是护卫人员，因为男人与他们的女性护卫人员通常不会在中午手拉手地到处走动。很可能这些情侣正在约会，或已经订婚。这些男人从美国或欧洲去曼谷旅游，在这里遇到了漂亮女人，与她们结婚，然后带着她们回到自己的国家。从曼谷回到美国之后，我便注意到美国也有类似的混合情侣，带有年龄和长相上的相同差异，只不过相比曼谷的情侣，年龄更大。这些可能就是 10 年或 20 年之前在曼谷相遇的情侣，他们现在已经在美国定居。

我敢肯定，人类学家和社会学家对于这种现象一定有很多不错的解释，不过经济学家和进化生物学家同样也有。后者相信存在一个择偶市场或婚姻市场，在这个市场中，个体拥有在异性眼中很有魅力的特征或不怎么有魅力的特征，而伴侣的选择受到供求规律的调节。在某个市场中，拥有较低价值和较少议价权力的个体可以转移到另一个市场中。在这个市场中，他们的特征变得更为紧俏。让我们以更详细一点儿的方式解释一下择偶市场的运作过程。

每个人在择偶市场中都具有一定的禀赋，这种禀赋在其他人眼里很有吸引力，比如年轻、身体魅力、财富和社会地位。特别是年龄和身体特征，通常是人们在潜在配偶那里第一考虑的因素。这有点儿像是在水果摊上寻找成熟的甜瓜，有好几百只甜瓜等待售卖，但你甚至都不会去碰那些太小或者太青的。你会拿起那些符合你的尺寸和颜色标准的甜瓜，用手拍拍，寻找表明甜瓜成熟的其他指标。类似地，当一个伴侣满足了你最初在年龄和相貌上的标准之后，你会开始考虑其他的特征，比如地位、财富、智力、诚实或慷慨。身体特征会被首先评估，这已经被许多心理学家的研究所证实，这些研究中有一些涉及我将随后讨论的快速约会。

整体而言，男人和女人在认为异性哪些禀赋更为重要方面存在分歧。男人高度看重年轻和身体魅力，而女人则更在乎财富和地位，尽管她们也在乎对方是否拥有身体魅力。很明显，对于每个男人来说，并没有那么多年轻漂亮的女人可供选择，因此一小部分男人能如愿以偿，而绝大多数男人都只能望洋兴叹。另一方面，因为年轻漂亮的女人需求量大但又处于短缺状态，她们就能选择任何她们想要的伴侣。安吉丽娜·朱莉找到了一个男人，这个男人（也就是布拉德·皮特）拥有所有女人都想要的特征：相对年轻、帅气、有钱、健康、有名气、有权力，而且看起来是一个善良的家伙，也会是一个好父亲。禀赋良好的男人，又拥有英俊的面孔、大量的钱财、很高的名人地位或社会地位，是很稀缺的，同样处于高度需求的状态中，因此他们通常也能得到他们想要的。而那些禀赋较低的男人，比如收入较低、长相平平，这类人数量众多，只能有很少的选择。如果他们人很好，还拥有良好的社交技能，就能与一个拥有相似的较低禀赋的伴侣安定下来。不过，要是他们碰巧在社交方面很笨拙，或待在一起不能让人开心，就可能永远找不到配偶。

然而，在全球化时代，我们很容易就能环球旅行，也能在因特网上遇到其他人，这对于较低禀赋的男人来说是一个福音：移动到另外一个不同的择偶市场，在这个市场中他们的禀赋可能被认为更有价值。曼谷的当地人非常贫穷，一个美国的中产男人在这里会被当作百万富翁。最重要的是，与一个美国男人结婚能让一个泰国女人有机会脱贫，离开她的国家，成为美国公民，也许能在佛罗里达州或加利福尼亚州郊区的一座房子里度过自己的余生。因此，在曼谷的择偶市场上，与泰国产的当地男人相比，美国产的中年中产男人被许多泰国女人认为是更有价值的潜在配偶，虽然他们已经秃顶，挺着啤酒肚，戴着厚厚的眼镜。在这样的市场上，美国男人可以挑挑拣拣，他们当然会选年轻漂亮的女人。

当然，这是人类择偶市场如何运作的一个过度简化的描述。在一个伴侣身上哪些特征被认为是有价值的，还取决于人们追求的是一种短期的性关系，还是一种牵扯婚姻和孩子的稳定的长期伴侣关系。女性对男性特征的偏好还会因为她们处于不同的月经周期阶段而发生变化：相比其他阶段，她们在排卵期的时候更喜欢长相英俊、充满阳刚之气的男人。[①] 最后，在伴侣估价方面还存在文化差异。对于潜在配偶的哪些方面吸引自己这一问题，住在曼哈顿的人可能和住在几内亚农村的人有完全不同的回答。

普遍的观点是，当人们在择偶市场上为了得到一个伴侣而“逛街”的时候，他们并不总能得到自己想要的。他们能得到什么取决于他们自己的价值，以及他们所在的特定市场的供求关系。大多数女人和大多数男人都看重异性身上的同一种特征，不过这样的事实与下面的观察并不矛盾：人们通常建立亲密关系的对象，并不位于他们意愿清单的顶端。我们都想住在大别墅里，不过实际上我们都只能住在自己负担得起的房子里。同样地，对于谁是最值得拥有的配偶，人们一般来说都有共识，不过他们还是会选择与自身的配偶价值相称的人在一起。

---

① Gangestad and Thornhill (1997).

在 10 点评分的量表上，知道自己的配偶价值是 2 分、6 分还是 9 分很重要，不过这些分数也不是一个人看着镜子就能算出来的。这需要时间考验，也需要从我们的人类同伴那里得到反馈。

当青春期的男孩和女孩第一次进入择偶市场，通过约会这样的实验，他们就能评估自己的配偶价值：有的青少年发现他们拥有需求较高的特征，这让他们受人欢迎，非常成功，于是他们变得格外挑剔；有的青少年则在经历过冷淡和拒绝后，意识到他们要么满足于自身附带来的较低价值，要么必须努力工作，以提高自己的配偶价值。戴维·巴斯是一个著名的进化心理学家，写过《欲望的进化：人类的择偶策略》一书。根据巴斯的观点，对于中年时期重新进入择偶市场的个体（比如，他们有过漫长的婚姻，但以离婚告终）来说，重要的是重新评估自己在当前择偶市场中的价值：

> 与自己的前任伴侣有孩子，通常来说都会降低离婚人士的合意程度。另一方面，在他们职业生涯的进步中获得地位提升，则会提高人们的合意程度。到底这些改变了的情形如何影响某个特定的个体，最好的评估方法是看此人的短暂恋情状况。这会让一个人更精确地了解到他或她当前受欢迎的程度如何，以及决定如何投放自己的择偶努力。[①]

认为存在择偶市场或婚姻市场的观点，当然不是什么新思想。芝加哥大学的经济学家加里·贝克尔几乎在 55 年前就已经进行过类似

---

① Buss (1994), p. 93.

的分析。[①] 最近也有人做了类似的研究，比如经济学家肖谢纳·格罗斯巴德－舍特曼（Shoshana Grossbard-Shechtman）在这方面的探索，体现在他 1993 年《婚姻的经济学》(*On the Economics of Marriage*)[②] 一书中。进化心理学家也为我们理解人类择偶市场做出了自己的贡献，他们主要研究人们的征友广告，或人们在快速约会中的择偶偏好。

刊登在报纸上或张贴在约会网站比如 Match.com 里的征友广告，具有两个方面的作用：一方面给自己的特征做广告，一方面给自己的需求做广告。换句话说，一个是他们的供给，一个是他们的需求。征友广告可以被视为项目标书，反映了人们对自身价值的评估和他们对于市场的了解。很多对征友广告的研究发现，征友者会根据他们感知到的市场价值调整他们的标书。在一个高度竞争的市场中，拥有较低议价手段的个体会降低他们的要求，而拥有较高议价手段的个体会提高他们的要求。1999 年，进化心理学家博古斯拉夫·波罗斯基（Boguslav Pawlowski）和罗宾·邓巴（Robin Dunbar）做了一项针对征友广告的研究，他们客观地评估了特定年龄和性别的个体具有的市场价值。[③] 他们是这么做的：用提供某一年龄的男人和女人的数量（供给）除以寻求这一年龄的男人和女人的数量（需求）。不出所料，他们发现，女人的市场价值在 25~30 岁达到峰值，而对男人来说，这一峰值出现在 35~40 岁。相应地，这些年龄阶段的男人和女人发布的广告得到了最多的回应。他们同时发现，具有较高市场价值的男人和女人的要求更多、更为挑剔，他们会在一个潜在伴侣身上寻找许多具体

① Becker (1981).

② Grossbard-Shechtman (1993).

③ Pawlowski and Dunbar (1999).

的特征。

其他有趣的发现来自快速约会的研究。HurryDate 是一家快速约会和在线约会公司，主要为住在美国大都市里的单身成年人提供服务。这家机构的运营者设立了这样一种会面安排：以前素未谋面的 25 名男人和 25 名女人在三分钟的时间里进行交谈。交谈结束之后，他们告知负责人自己将来想不想再见到自己的搭档。如果匹配的话，组织者会把对方的电子邮箱告知约会者，以便他们能够直接联系，并会安排更为传统的约会。

进化心理学家罗伯特·柯兹班（Robert Kurzban）和贾森·威登（Jason Weeden）对 10526 名 HurryDay 约会参与者的行为和问卷数据进行了分析。[①] 他们发现，无论是男人还是女人，有些人的需求很高（他们的配偶价值很高），而有些人则不是这样。在这种快速约会情境下，与配偶价值高关联的特征几乎无一例外都是可观察到的身体特征，比如吸引力、苗条程度、身高、年龄，而那些很难观察的特征几乎毫无影响，比如教育水平、宗教信仰、性行为的开放程度或者对孩子的想法。

有一种观点认为，人们能意识到他们身在市场中，并且知道如何定位。与之一致的是，具有较高价值的个体很挑剔，最终只会选择同样具有较高配偶价值的个体作为伴侣。相反，不怎么受欢迎的男人和女人则对他们的伴侣不太挑剔。比如，体重较重的女人能够接受的潜在伴侣的范围更大，同样的情形也存在于体重较重或身材太瘦的男人那里。在这个研究中，合意程度直接与男人和女人的身体吸引力有关

---

① Kurzban and Weeden (2005, 2007).

联。很明显，鉴于快速约会的逻辑，身体吸引力成了这种情形下伴侣选择的最重要因素。不过，对在线约会进行的其他研究则发现，最能影响个体收到异性电子邮件数量的因素，在女人那里是她们个人资料中头像的吸引力，在男人那里是他们的收入。好看的女人和有钱的男人收到的电子邮件最多。

生物市场

在自然界，不同个体之间相互合作的场合可以被视为一个市场。在这个市场中，相似或不同价值的物品可以根据供求规律进行交换，通常以广告或以物易物的形式来实现。我们把它们称为生物市场，以便与使用金钱作为通货的人类市场相区别。许多生物市场都涉及两种不同类别的交易者：在择偶和繁衍市场上，交易者是雄性和雌性，而在联盟市场上，它们是高地位个体和低地位个体。交易者也可以是来自不同物种的动物，比如“清洁工”鱼和它们的“客户”，或需要昆虫授粉的植物和给它们授粉的昆虫。

在择偶市场上，雄性给雌性提供如下的商品：能让雌性卵细胞受精的精子、能让后代健康和有吸引力的高质量的基因物质，以及抚养后代时的帮助。在某些动物中，雄性还会提供能够采集食物的领地、雌性能够产卵的窝巢，还有雌性在交配之前或交配过程中可以消费的食物，这种食物被称为“彩礼”。反过来，雌性则提供给雄性可以用来受精的卵细胞、受精卵能够在其中发育的身体，以及照顾婴儿的能力。在灵长类市场上，正如我们后面将看到的那样，猴子会用理毛换取理毛，换取性，或换取在发生冲突时的支持。

在生物市场上，就如在其他种类的市场上一样，有的交易者拥有比其他交易者更高价值或更好质量的商品。比如，以领地性动物为例，有的雄性比其他雄性拥有更大的领地，或者它们的领地中拥有更多的食物或更好的窝巢。一种类别的交易者，可以根据它们的商品价值，在另一种类别的交易者中选择自己中意的对象，但是它们必须与本类别中其他的交易者竞争，以便有机会与自己喜欢的对象进行交易。雄性可以从许多不同的雌性中挑选一只作为配偶，但它必须与其他雄性竞争，才有机会与非常有魅力的雌性交配。同伴选择在市场中非常重要，因为与随便找一个同伴做生意相比，与精心挑选的、能提供高价值商品的同伴交易总是能够获利更多。对于动物来说，获利意味着它们生存得更好，未来繁衍的成功性更高。我在这里强调“选择”这个术语，是因为生物市场理论假设商品不能通过暴力获得，只能在交易对象同意的前提下获得。类似地，与自己类别中的其他成员竞争通常并不涉及侵犯或恐吓。比如，雄性成员们为了能与一个有魅力的雌性交配而相互竞争时，它们并不能通过暴力把其他成员全部消灭的方式来吸引异性。确实，同一类别中的交易者，总是试图通过提供更高价值的商品，而把其他竞争者比下去：它们试图提供比竞争对手更好的商品。反过来，同伴选择的另一种形式是选择与某一特定个体进行合作，而这种选择则建立在比较不同潜在同伴提供的报价的基础上。

比较不同竞标者的报价问题在生物市场上格外重要。当一个雌性根据雄性的领地大小而选择是否与它交配时，雌性就必须有能力直接评估领地的质量，检查不同雄性的领地，以及在这些领地之间进行比较。对拥有不同商品的个体进行抽样，可能是一个非常复杂、代价高昂和耗费时间的过程。通常来说，考察所有的投标者代价太高，因此个体只能在潜在的同伴中选择一部分来考察。于是，对于进化生物学家建立的用来预测特定个体在特定情境下做出的同伴选择的市场模型而言，抽样和评估的成本都是重要变量，因为它们决定了潜在同伴的数量是多（成本较低时）还是少（成本较高时）。

除此之外，某些策略和程序可以对潜在竞标者进行概括，对它们的商品质量进行评估。这些策略和程序的准确性，也是一个非常重要的变量。在有的生物市场中，商品的价值可以直接地被估算出来。在雄性给雌性送食物"彩礼"的昆虫中，雌性可以立刻评估礼物的大小和质量。而在其他的市场中，评估需要针对广告进行，而广告宣称代表了商品的质量。雄鸟经常通过它们尾巴上明亮的彩色条带或斑点来给自己打广告，告诉潜在对象自己健康良好，年富力强，社会地位很高。然而，有广告的地方，就有潜在的虚假信息。观看电视商业广告的人不能分辨出广告里商品的质量是否像广告所宣称的那样好。同样，当雌性通过雄性自己发出的信号对其进行间接评估时，它们也不能确定这些雄性是不是诚实的。因此，在交易者中就有这样的个体，它们假装可以提供某种高质量的商品，但却不能实现自己的诺言，这就是所谓的"搭便车者"。我已经在第七章累赘原理部分，讨论过诚实性信号和欺骗性信号的问题。使用信号给商品做广告意味着当交易者相互之间做生意时，它们不但要检查和比较不同潜在同伴的商品，还要以物易物和讨价还价，直接与这些同伴进行沟通。

在生物市场上，一件商品的交换价值是由供给和需求之间的比率决定的，而这又会随着时间的变化而变化。正如我们后面要看到的那样，雄性会给雌性提供鸟巢，用以吸引雌性。这种商品的价值会随着年份不同而发生变化，取决于该年份建造一个鸟巢的难易程度，在一个特定的时间点上有多少雄性能够建造鸟巢，以及有多少心急的雌性需要这些鸟巢来下蛋。生物市场的研究表明，不同个体之间合作关系的建立，包括同伴选择，会由于特定商品供求比率的波动而发生变化。

另外一个生物市场的特点是，它们通常是偏态分布的，这意味着某种商品有很高的需求，但其他商品则没有什么需求。这种情形，可能因为一种类别中的交易者在数量上超过了另一种类别中的交易者，或者因为某种商品数量众多而其他商品数量稀少。女人的卵细胞相比男人的精子而言处于短缺状态，因为女人每个月只能制造一颗卵子，而男人在他们的生命中，每天都可以批量生产数百万颗精子。拥有高需求量商品的交易者就成了挑剔阶层，他们能非常容易地找到一个同伴，而拥有低需求量商品的交易者则成为被选择阶层，必须战胜该阶层的其他成员，才能找到一个同伴。

在择偶市场上，雌性加剧了这个市场的竞争性，因为它们使得雄性之间相互对抗，从而迫使它们在选择配偶时提高自己的出价，比如提供更好的食物或服务，或参与更加危险的行为——在人类社会里，也许只是简单地花更多的钱。如果交易者不能提供具有竞争力的出价，将被迫选择不那么合意的选项，与一个价值较低的同伴建立关系。

现在让我从动物王国中选取一些案例，来说明这些在生物市场上调节“商业活动”的普遍原则大概是怎么一回事。

动物择偶市场

灵长类学家迈克尔·古莫特（Michael Gumert）研究过野生长尾猴的择偶市场。野生长尾猴是一种与猕猴相似的动物，生活在印度尼西亚的森林里。[1]这种猴子生活在通常由很多雄性和雌性组成的大型群体中。雌性长尾猴月经周期中大概有四五天的时间拥有很高的受孕性。它们会通过臀部的性皮肿胀来传播发情期信号。正常来说，在任何时间点上，群体中会有一半的雌性处于怀孕状态或哺乳状态，因此它们既没有生育力也对性事不感兴趣，而其他雌性的月经周期通常不是同步的，因此它们不会在同一时间都具有很高的生育力。这意味着当群体中某个雌性处于发情期时，其生育力是该群体中所有雄性都梦寐以求的高价值商品。雄性不能对这位有生育力的雌性实行性暴力，也不能使用暴力阻止其他雄性竞争者与它交配。于是，它们必须给这位"性感女神"提供另外一种商品，而且要击败其他的竞争者，以保证"女神"愿意和自己做交易。这种商品就是理毛。接受其他个体的理毛，能改善自己的卫生状况，还能缓解压力，减少紧张。这种情形有点儿像是丈夫给他的妻子按摩背部，希望妻子答应和他做爱。很多研究暗示，在猴子眼中，理毛的确是一种有价值的商品。不同个体通常会给彼此理毛，而且是以时间对等的方式进行的。低地位的个体通过给高地位的个体理毛，还能获得对方对它们的容忍和支持。难道理毛也像金钱一样，能够用来进行钱色交易吗？

古莫特观察到，当群体中出现一只有生育力的雌性时，雄性给它理毛的时间，就要比给那些没有生育力的雌性理毛的时间长得多。他同时还注意到，在一只雄性给那只有生育力的雌性理毛之后，它们通常会畅快淋漓地嘿咻一番。研究发现，相比理毛后没有交配待遇的情况，理毛后可以交配情形下的雄性花在理毛上的时间会更长。而在雌

① Gumert (2007).

性这边，它们更青睐给自己理毛的雄性，更愿意在它们给自己理毛之后用交配来犒赏它们，而那些只是坐在它们身边却无所事事的雄性则很少能得到这种奖赏。这样看来，雄性给雌性花上一段时间理毛，似乎能让它们拥有交配的好心情。对这种行为的一种解释是，雄性使用理毛来为自己与有生育力的雌性交配买单。相反，为了与雄性交配，有生育力的雌性并不会对它们做出任何的理毛行为。为了从雄性那里赢得浪漫的关注，那些有生育力的雌性唯一需要做的是让臀部肿胀的它们显得更迷人、更漂亮。

古莫特也注意到，即便都是与雌性交配，并不是所有的雄性都会花上同样的理毛代价，也不是所有的雌性都能因为与对方交配而得到相同的补偿。作为配偶，高地位的雄性要比低地位的雄性更有吸引力，因为它们可以提供更好的保护，防止其他雄性骚扰雌性和雌性的孩子。与低地位的雌性相比，高地位的雌性是更有吸引力的潜在配偶，因为通常来说它们更健康，拥有更高的生育力。可以预期，在择偶市场上，个体的价值影响它们能够获得的商品的价值，也影响它们为获得这些商品而付出的代价。与低地位的雄性相比，高地位的雄性给发情期雌性理毛的时间更少，但交配的时间更长。高地位的雌性与高地位的雄性交配的频率更高。与低地位的雌性相比，高地位的雌性付出同样的交配时间，却能从雄性那里得到更长的理毛时间。最后，与供求规律相一致的是，如果在某个时间点上，群体中有许多雄性，但只有一只处于发情期的雌性，得到这位“性感女神”青睐的幸运儿就要付出非常高昂的理毛代价。如果在同一时间里，群体中有好几只处于发情期的雌性，它们从雄性那里得到的理毛服务就将大打折扣。

古莫特给自己的论文起了一个恰如其分的名字，叫作《猴子择偶市场中的钱色交易》。2007 年，这篇论文发表之后，受到了媒体的狂热追捧。报纸、杂志和因特网上的新闻网站都把古莫特的发现作为头版头条，或多或少地在向读者表明，科学家发现了猴子的卖淫行为。史派克电视台派来一群工作人员到我的办公室，就这篇论文对我进行采访，但是我在镜头面前十足“笨嘴拙舌”，我估计这篇采访后来没有被电视台播出。

择偶市场在鸟类中很常见。鸟类择偶市场的一个经典例子是红巧织雀，一种生活在非洲南部群居性的织巢鸟。德国生物学家马库斯・梅茨（Markus Metz）和他的同事对这种鸟进行过研究。① 雄性红巧织雀会在它们的领地中建好几个巢，以便与很多雌鸟同时保持关系。不像许多其他的鸟类那样，雄鸟和雌鸟会一起照顾它们的后代，雌性红巧织雀完全是它们自己照料雏鸟。然而，雌鸟并不建巢，鸟巢是雄性提供给雌性的商品，雄性就是靠这种商品诱惑雌性与它们做交易。

雌性在选择一个配偶之前会考察许多雄鸟，而且它们的选择完全是根据鸟巢的质量。有的雄性建了好多鸟巢，有的就建得很少；有的鸟巢质量很棒，有的就一般般。雄性的领地都是挨着的，因此雌性在检查商品时，很容易就能从一个雄性的领地转到另一个雄性的领地。换句话说，取样的成本很低，雌性因而能够在检查许多鸟巢之后选择自己中意的一个。在这个市场上，就像供给总是要超出需求一样，鸟巢的数量总是要比打算安家的雌鸟的数量更多。因此，雌鸟对于鸟巢格外挑剔，而雄鸟则要提供比邻居更好的鸟巢，才能打败其他的雄性，

① Metz, Klump, and Friedl (2007).

赢得雌鸟的芳心。在某些年份，因为食物更充足从而可以进行更多的繁殖活动时，雌鸟对鸟巢的要求就会更迫切，而这时雄性建立鸟巢的速度会更快。与那些在市场上已经放了很长时间的鸟巢相比，雌性更喜欢那些在过去一周里刚刚新建的鸟巢，这就迫使所有的雄性承受着巨大的压力，尽快在市场上推出自己的新“楼盘”。

在选定一个可以在里面孵蛋的新家之前，挑剔的雌鸟会仔细地检查不同的鸟巢。当有很多雌性需要鸟巢，而雄性提供的“楼盘”数量又比较少时，雌鸟本身的市场价值就会下降，这时候它们更可能接受老旧的“楼盘”。因此，在红巧织雀的择偶市场上，同伴选择受到鸟巢价值和其他雄性与雌性交易的商品价值的调节，而这些商品的价值又反过来取决于它们在某段时间内的供求波动情况。

在昆虫中也存在着类似红巧织雀的择偶市场。不过，雄性不是给雌性提供鸟巢，而是给它们提供食物以说服它们与自己交配。[①] 在蝎蛉（scorpion fly）中，雄性给雌性提供小昆虫作为彩礼，而雌性选择配偶不仅仅意味着允许雄性与自己交配，还会拒绝或中断与其他雄性的交配。雄性想要进行欺骗很困难，因为雌性可以马上评估礼物的大小和质量。礼物越大，成功交配的可能性就越高。对蝎蛉的研究发现，在雌性和雄性的商业交易中存在一种明确的市场效应：当有许多雄性提供礼物的时候，雌性会拒绝提供较小礼物的雄性，但是在市场上只有很少礼物的时候，它们就不再挑剔，对所有的礼物无论大小照单全收。在某些种类的蜘蛛中，为了能与雌性交配，雄性会把它们自己作为食物交给对方，这是一种终极牺牲。当雌性接受某位雄性作为

① Vahed (1998); Fromhage and Schneider (2005); Noë (2001).

它的新婚伴侣时——这意味着雌蛛非常淫荡或非常饥饿，或两者兼而有之——雌蜘蛛就开始咀嚼雄蜘蛛的头部，而此刻雄蛛的下半身正忙于交配。这是一种有趣的系统，进行商品交易涉及雄性的自杀和雌性的弑夫。虽然不清楚是否有市场研究探讨过这种现象，但我预期，胖子雄蜘蛛要比瘦子雄蜘蛛更有竞争力。在雌蜘蛛好一阵子没用餐的情况下，它们可能会不管雄蜘蛛身材怎么样，只要是向它们靠近的雄性都有机会与它们交配，然后被它们吃掉。

性事以外的市场

研究发现，并不是所有的动物交易都围绕着性事。动物之间也进行其他方面的交易。在猴子中，理毛可以代表付款用来购买性行为，但也可以用来购买理毛本身，或者购买其他的商品或服务。在很多情况下，低地位的个体给高地位的同伴提供理毛服务，目的是让自己在用餐时能平安无事，或者是在被其他对手攻击时能得到这个同伴的保护。没有孩子的雌性也会给有孩子的雌性理毛，以便自己能较近地观察、触摸或抱起那些母亲们的幼崽；要知道，幼崽在所有的灵长类雌性那里都是一件高价值的商品。研究者在所有这些情境中都观察到了市场效应。猿猴们在商品短缺的时候会支付额度更高的理毛账单：低地位的猴子为了让自己在靠近高地位猴子的食物时得到容忍，跟食物充足的时期相比，它们在食物短缺的时期会为对方做更长时间的理毛服务。与群体中有很多幼崽相比，当群体中的幼崽较少时，为了让自己获得接触幼崽的机会，没孩子的雌性会给有孩子的雌性做更长时间的理毛护理。

这里，让我们详细探讨一下用理毛交换容忍、保护和支持的市场行为。对于生活在大型群体中的灵长类比如猕猴、狒狒和黑长尾猴来说，群体中的社会互动受到裙带主义和支配结构的调节。家庭成员之间相互理毛，要比它们与陌生个体之间的同样行为进行得更为频繁。猴子为自己的家庭成员理毛是因为“爱”，因为对它们的支持，但它们为陌生猴子理毛通常都是出于商业目的。在这个意义上，高地位和低地位的个体可以被认为是从事商业活动的两种类型的交易者。低地位个体在群体中得到容忍，可能是因为在群体与天敌或其他竞争群体战斗的时候，它们也可以帮上忙。低地位的个体在战争前线与其他群体战斗；在捕食者攻击该群体的时候，它们更有可能被首先吃掉。然而，当群体处于歌舞升平的和平时期，低地位的个体不用为任何其他个体卖命，它们唯一能给高地位个体提供的商品就是理毛，这可以用来换取自己被容忍的待遇。

当然，高地位个体能提供给低地位个体的服务质量存在差异；地位越高，它们就能提供越有价值的服务。在雌性之中，雌性首领是最有价值的同伴。低地位的雌性相互竞争，以期能战胜对手，获得它们女王的青睐。为了实现这一宏伟目标，它们一有机会就会试图给雌性首领理毛，而且会提供尽可能长时间的服务。理毛作为一种商品的价值会随着花费时间的增加而增加，因此雌性首领从某个雌性那里得到了越长时间的理毛服务，就会越愿意容忍和保护这个雌性。

择偶市场是双向选择的，该市场中的雄性和雌性选择彼此作为自己的同伴。相比之下，猴子理毛市场是单向的，因为对于高地位的雌性来说，无论是谁提供服务，它所得到的理毛护理几乎都是一样的。所有低地位的个体都是一样的——它们不过是苦力而已。除此之外，因为群体中通常存在着大量想要提供理毛的雌性个体，高地位者之间并不需要相互竞争以获得它们的服务。然而，高地位的个体对于社会伙伴的选择，同样拥有自己的偏好。比如，它们更愿意与家人而不是与陌生人一起玩耍。因此，如果雌性首领的女儿和另一个雌性同时向它提供理毛服务，很有可能它会接受女儿的服务，而拒绝陌生人的申请。在社会等级中，雌性首领女儿的地位仅次于它母亲。而且通常来说，相比陌生人，家庭成员之间的地位更为接近。这意味着，在给雌性首领提供理毛服务的竞争中，随着低地位雌性在地位上与雌性首领之间差距的增加，它们的议价权力会随之下降。生物市场理论预期，具有微弱议价权力的个体会降低它们的要求，变得更少挑剔。因此，尽管群体中每一个雌性都很乐意为雌性首领做理毛服务，事实上，它们的地位越低，为雌性首领理毛的可能性越小。

在生物市场理论还远未发展起来的 20 世纪 70 年代，灵长类学家罗伯特·赛法特（Robert Seyfarth）猜想，低地位的雌性为雌性首领理毛的竞争程度以及供给和需求的限制，将会导致每一只雌性做出妥协，它们会给社会地位刚刚高于自己的雌性理毛。他对一群狒狒进行了观察，结果证实了自己的猜想：虽然大多数雌性都给比自己地位高的雌性理毛，但它们服务最多的理毛对象是那些社会地位只比自己高了一个级别的雌性。[①] 这一发现得到了随后许多研究的证实，既存在于其他的灵长类中，比如猕猴和黑长尾猴，也出现于其他的动物中，比如我在第七章中讨论过的斑鬣狗。

斑鬣狗的社会结构与狒狒、猕猴和黑长尾猴很相似。虽然它们

① Seyfarth (1976, 1977).

彼此之间并不理毛，但它们会通过加入包括特定个体的小群体，以此表达自己的社会偏好。珍妮弗·史密斯、凯·哈勒凯普以及他们在密歇根大学的同事从生物市场理论的视角对斑鬣狗的社会偏好进行了研究。[①] 他们发现，尽管最高地位的斑鬣狗能够给低地位的斑鬣狗提供更多的商品和更好的服务，但是市场力量导致了这样一种现象：低地位的斑鬣狗会与家族中地位刚刚在自己之上的斑鬣狗形成最紧密的联系。同样，这一现象也是供给需求和低地位的个体之间的竞争导致的。不过，要是某一个体作为社会同伴的市场价值突然发生了剧烈的改变，会出现什么情况呢？市场会如何受这种改变的影响呢？为了考察这个问题，提出生物市场理论的先锋人物、荷兰灵长类学家罗纳德·诺埃（Ronald Noë）带领一个研究小组，以南非的野生黑长尾猴为对象，做了一个充满创意的实验。[②] 通过让某些个体成为有价值的合作伙伴，研究者在两群猴子中间创造了一个人为的市场。他们记录下为了从某位合作伙伴这里得到好处，其他猴子愿意支付多少理毛活动。接着，研究者通过实验改变这些个体的市场价值，观察与它们有关的理毛交易出现了什么变化。不过，还是让我描述一下，看看这些研究者是如何一步一步做研究的吧。

在他们研究的开头，诺埃和同事简单地记录下谁给谁理毛，理了多长时间。这样做的目的在于表明，正如在黑长尾猴中经常看到的那样，与低地位的个体相比，高地位的个体明显得到更多的理毛服务。除非低地位的个体处于发情期或者生了一个幼崽，否则它们不会成为

① Smith, Memenis, and Holekamp (2007).

② Fruteau et al. (2009).

有吸引力的社会伙伴，因为它们没有权力，作为潜在盟友的价值很低。接着，研究者分别在两个猴群中选了一只低地位的雌性，教它按压杠杆，从而打开一个盛满了食物的容器。容器中的苹果块足够每个群体成员都有机会吃到一些，尽管在通常情况下，相比其他个体，高地位的个体会吃到更多。在长达 9 周的时间里，打开容器的操作重复进行了 16 次（第一阶段）。在这段时间里，研究者记录下在打开食物容器之后，分发食物的雌性与其他猴子之间所有的理毛互动行为。

在这个实验的第二阶段，诺埃和同事在每个猴群中又训练了第二个低地位的雌性，教它学会打开另一个食物容器。现在，同样数量的食物被分开放在了两个容器中，猴子们可以同时取得食物。在引入第二只训练有素的猴子之后，研究者再次记录群体中发生的理毛交换行为。他们特别感兴趣的是，与两个食物提供者得到的理毛服务相比，它们给予同伴的理毛服务有什么变化。这些研究者预期，其他猴子将对它们非常友好，给它们提供理毛服务但不会反过来要求回报。事实表明，在实验第一阶段之前，后来得到训练的那只低地位的雌性给同伴做了很多护理，但都没有什么回报。而在为所有群体成员打开了食物容器之后，它的待遇就发生了翻天覆地的变化：它变得非常受欢迎，得到了很多的理毛服务，但却很少付出。有趣的是，当那些给自己做了最多理毛服务的猴子在场的情况下，它更有可能打开容器，这就给了这些猴子吃到很多苹果块的机会。不过，当第二只猴子开始打开另一个食物容器时，第一只食物提供者的市场价值就降到了原来的一半：与它在实验第一阶段受到的待遇相比，它依然得到了很多理毛服务，但是服务时间降到了从前的一半。研究者在两个猴群中都观察到了同样的变化。因此，在灵长类的理毛市场上，商品交易会随着个体作为交易对象的价值变化而变化，这完全符合生物市场理论的预测。

物种之间的交易：互助市场

互利共生是两个不同物种之间的个体形成的一种协作性关系，两者都能从这种相互联系中获得收益。这种现象与合作有所不同：在合作关系中，利他行为得到报答存在时间延迟，而在互利共生关系中，利他行为同时进行，这使双方都能即时受益。大量的互利共生关系不只存在于动物与动物之间，也存在于动物与植物之间。生物市场领域的研究者对互利共生现象进行了很多研究。为了说明这种方法，我首先会描述蚂蚁与灰蝶幼虫之间的交易，接着会探讨“清洁工”鱼和“客户”鱼市场。

蚂蚁—灰蝶幼虫市场

许多种类的蚂蚁都会保护灰蝶幼虫，防止它们遭受捕食者和寄生虫的威胁。作为交换，这些幼虫会给蚂蚁提供一种富含糖分的花蜜，这是由一种叫作花蜜器官的腺体制造出来的。花蜜的唯一功能是吸引蚂蚁，对它们的保护行为给予奖励。研究者发现，灰蝶幼虫会根据保护它们的蚂蚁数量来调整自己提供的花蜜数量。如果只有很少蚂蚁在场，幼虫就会制造出更多的花蜜，把其他的蚂蚁吸引过来；如果有很多蚂蚁在场，它们就会相应地减少花蜜的产量。因此，这看起来是一个生物市场，其中不同的幼虫之间相互竞争以吸引蚂蚁，同时根据需求调整它们的花蜜产量。当蚂蚁很少时，幼虫之间的激烈竞争导致它们提高报价，提高产量；当市场上有很多蚂蚁时，幼虫就可以放心地降低报价，减少花蜜的产量（制造花蜜也是有成本的）。这里存在一个有趣的插曲，就是不提供花蜜的蝴蝶幼虫有时候会被蚂蚁吃掉。这些幼虫是搭便车者，因为它们既想得到蚂蚁的保护，又不给蚂蚁提供任何东西作为回报。如果一只幼虫不提供花蜜或只提供极少的花蜜，对于蚂蚁来说它的身体就会成为一份有价值的食物。因此，吃掉这些不提供花蜜的家伙，蚂蚁能得到一箭双雕的结果：它们吃到了食物，虽然味道跟花蜜比起来有点差儿，同时它们也借此把搭便车者从群体中清除出去。[①]

清洁工—客户市场

我在第五章中只是简单地有所提及，而实际上关于“清洁工”鱼和它们“客户”之间，有更多的故事值得一说。生物学家雷东·布夏里及其同事进行的研究表明，“清洁工”鱼与它们“客户”之间的互利共生，就像蚂蚁与灰蝶幼虫之间的关系一样，都受到市场规律的调节。[②] 简单回顾一下，“清洁工”是一种小型鱼类，被称为蓝带濑鱼（学名为裂唇鱼）。它们对作为自己客户的大鱼进行检查，检查的部位包括身体表面、鳃室内部和口腔，目的在于寻找并消灭皮肤寄生虫，以及坏死或感染的身体组织。正如我前面提到，清洁工有时候进行“欺骗”，会吃掉客户口腔内部的黏液、鳞屑和新鲜的组织。从红海到太平洋和印度洋，以及从非洲的东海岸到澳大利亚东北角的大堡礁，

① 有关蚂蚁—灰蝶幼虫交易的研究综述请参见诺埃（2001）。

② Bshary (2001); Bshary and Noë (2003); Bshary and Grutter (2006); Bshary and Côté (2008).

都有这种“清洁工”鱼的踪影。布夏里及其同事在埃及的拉斯·穆罕默德国家公园里观察这种鱼，还在位于澳大利亚大堡礁蜥蜴岛的一个研究站里用这种鱼做实验。

清洁工住在被称为清洁站的小型领地中。海洋生物客户会拜访这些清洁工，而且会以特殊的姿势说明自己有被服务的需求。比如，它们可能张开自己的胸鳍，或者停止游动，保持一种头朝上或头朝下的姿势。客户每天都会拜访清洁工，寻求检查，次数从 5 次到 30 次不等，有时候会达到 100 多次。而清洁工每天要完成 2000 多次检查。客户可以直接区分不同的清洁工，也可以根据接受服务的位置而间接地做到这一点。而从清洁工看待客户的方式判断，它们似乎也能在不同的客户之间进行区分。

清洁工—客户系统可以被认为是一种市场，存在两类不同的交易者，它们分别提供不同的商品：用卫生来交换食物。清洁工通常待在自己的领地里，换句话说，它们待在自己店里的柜台后面等着顾客上门。客户则可以决定要不要拜访某个具体的清洁站。反过来，清洁工则可以接受或拒绝清洁要求，甚至忽视它们的顾客。顾客之间会存在竞争：它们经常在清洁站里排着队，等候服务。清洁工既有从附近过来的顾客，也有从远海过来的顾客。“居家型”顾客从来不会远离它们生活的地方，因此只能去住所附近的某个清洁站进行清洁，而“漂泊型”顾客通常会游过包括多个清洁站在内的一片区域。清洁工对于在它们领地中的“居家型”顾客拥有垄断权力，并不用与其他的清洁工进行竞争：它们是一群挑剔者。而“居家型”顾客则是被选择的阶层，这意味着有时候它们别无选择，只能接受糟糕的服务，因为再糟糕的服务也好过没有服务。它们要等候很长时间，但只能得到很短时间的清洁服务。相比之下，“漂泊型”顾客可以去不同的清洁站，因此它们会选择能提供最好服务的清洁工。作为顾客的漂泊者可以很挑剔，因此“清洁工”鱼就必须相互竞争，通过提供更好的服务来留住这批顾客。

两位“漂泊型”顾客或一位漂泊者与一位居家者，可能会竞争来自同一位清洁工的服务。有时候，一位客户拜访清洁站的时候，清洁工此时正在给另一位顾客做检查；其他时候，两位或多位顾客同时找同一位清洁工请求提供服务，而清洁工就必须在它们之间进行选择。顾客之间的竞争不会诉诸武力，只会通过对清洁工发出检查邀请的方式进行。当清洁工在不同客户之间进行选择时，生物市场理论预测它会选择更有价值的顾客，即选择漂泊者而不是居家者。这是因为，如果清洁工忽视了漂泊者，它将可能永远地失去这位顾客，而在被忽视的情况下，居家者依然会继续拜访自己的店，因为这个倒霉蛋实在没什么别的选择。因此，如果某个居家者需要清洁，而一名漂泊者也现

清洁工鱼正在为其客户服务

身在同一个清洁站里，这位居家者就只能排队等候或晚一阵子再来。相反，如果某位漂泊者没有从清洁工那里得到及时的关注，它就可能游去别的清洁站，永远都不回来。

观察和实验的结果都表明，相比居家者，清洁工的确会给漂泊者予以优待。在一个研究中，清洁工服务过程中有 51 次从居家者转向漂泊者，但只有 1 次从漂泊者转向居家者。当一个漂泊者和一个居家者同时要求服务时，在 66 次之中清洁工有 65 次都选择了挑剔的“漂泊型”顾客。最后，漂泊者得到了更好的服务：它们早上就能得到清洁（早晨对所有“客户”鱼来说都是一个好时间，因为没什么比上班之前冲个热水澡更舒服的了）；它们从来不排队；它们得到清洁护理的时间很长；最重要的是，它们不会被清洁工咬上一口。当某位漂泊者偶尔受到忽视或被一个马虎的清洁工咬了一口，它就会去另一个清洁站，再也不会出现在这个清洁站里。

有趣的是，即使有时候居家者体型更大，自然也拥有更多的寄生虫（这对清洁工来说意味着更多的食物）时，清洁工还是更愿意给漂泊者服务。布夏里用假的漂泊者和居家者做了一些精心设计的实验，来验证清洁工并不总是选择“肥胖”的顾客这一结论。然而，当清洁工必须在两个漂泊者之间进行选择时，它们通常选择体型更大的那位，这意味着对方拥有更多的寄生虫和黏液，能够让它们饱餐一顿。不过，鉴于布夏里总是检验清洁工对于不同种类顾客的偏好，因此不同种类之间的其他差异也许同样能够解释他的发现。这种可能性得到了另一位研究者的关注，他就是加州大学圣芭芭拉分校的行为生态学家托马斯·亚当（Thomas Adam）。他最近发表了一篇论文，名字很有创意，叫作《竞争鼓励合作：当“清洁工”鱼相互竞争时，“客户”鱼得到更高质量的服务》[1]。亚当没有研究清洁工在不同种类的客户之间如何进行同伴选择，而是把自己的精力放在了一种特定的“客户”鱼身上，这种鱼叫作橙带蝴蝶鱼。这种鱼有的只有很小的领地，包括一个清洁站，而有的则拥有很大的领地，包括很多清洁站。多个清洁站就意味着清洁工之间的竞争，于是市场理论预测，清洁工会给在它们领地中拥有很多清洁站的顾客提供更好的服务。亚当的研究发现，实际情况的确如此。拥有更多选项的顾客得到更迅速的清洁服务，服务的时间也更长。而没有选择的顾客就只能排队等候了。

回到布夏里的研究，在他的“清洁工”鱼和“客户”鱼市场中，有一个有趣的插曲。研究发现，尽管大多数的“客户”鱼都是草食性的，只吃海藻，但依然有 15% 的“客户”鱼是肉食性的，吃其他的鱼。这意味着当清洁工进入这些捕食者的口中时，就有被对方吞食的危险。特别是在它们没有做好清洁工作，不小心或故意伤害了这位大佬的情况下，危险更大。当清洁工欺骗了一位草食性顾客时，对方最多“勃然大怒”，独自游走或追赶这位冒犯者。但在肉食性顾客怒气冲冲的情况下，后果可能就会非常严重。用市场动力学的术语来说，清洁工只是用清洁与无害的顾客交换食物，但是与捕食者交换的还有它们自己的安全。于是，生物市场理论预测，不管是居家者还是漂泊者，肉食性的顾客与草食性的顾客相比都会得到更好的服务。你瞧，事实表明，捕食者与无害的顾客相比被咬的情况的确更少。正如我在第五章提到的，清洁工的欺骗行为，也就是咬顾客，会让它们“摇

① Adam (2010).

晃”，因此顾客摇晃的频率可以作为“清洁工”鱼欺骗行为的好指标。与草食性顾客相比，捕食者顾客摇晃的情形要少多了。

为了防止清洁工进行欺骗，顾客可以做些什么呢？首先，正如第五章中提及的那样，顾客倾向于拜访有好名声的清洁工，它们过去没有行骗的记录。其次，如果顾客受到愚弄，前往一个好名声的清洁工那里但却被它欺骗，它们可以通过攻击或试图吃掉它来进行惩罚。如果欺骗者被吃掉，你就可以说惩罚是有效的。不过，即使清洁工仅仅被顾客追得抱头鼠窜，这种遭遇也会影响清洁工未来的行为。很明显，在“考虑”欺骗的时候，清洁工就会把遭受惩罚的可能考虑进去。如果惩罚选项被排除，那么欺骗就会泛滥，导致局面失控。这在一个实验中得到了证实：研究者对顾客进行轻微麻醉，结果发现当它们处于半睡半醒的朦胧状态时，清洁工大肆进行欺骗，它们不再对寄生虫下手，而是把顾客的黏液和身体组织当作食物。

生物市场理论预测，与肉食性的顾客相比，草食性顾客不得不接受清洁工更多的欺骗行为，事实也确实如此。前面也已经提到过，在清洁站里草食性顾客会表现出更多的摇晃行为，这一规律对居家者和漂泊者同样适用。“居家型”顾客对清洁工欺骗行为的惩罚，与挑剔的顾客采取的换店策略一样有效。用博弈论的术语来说，猎食者杀死清洁工的可能，导致它们对这位狠角采取无条件的合作策略，以免惹上麻烦。因此，生物市场效应影响同伴选择，不过同伴选择机制也很重要。具体说来，同伴选择的选项决定了首先形成何种类型的配对。然而，涉及“清洁工”鱼做出的欺骗频率时，同伴选择选项就要让位于客户控制机制了：不管同伴选项如何，猎食性客户与非猎食性客户相比极少受到欺骗。

正如“清洁工”鱼和“客户”鱼市场表明的那样，虽然囚徒困境和生物市场模型似乎在探讨合作互动的不同问题，但在同伴控制和同伴选择问题方面，二者存在着明显的联系。最近，许多以人类为对象的研究发现，当个体被允许选择一个同伴而不是与另一个人随机配对时，他们会变得更信赖别人，也更值得信赖，在双人的囚徒困境博弈中更有合作性，也会为公共物品的制造捐献更多。[①] 这些都发生在允许人们自主选择同伴的情况下，因为具有合作倾向的个体会相互选择，从而排除背叛者。然而，如果同伴选择带有竞争性（换句话说，就是市场力量产生影响），背叛者也会体验到压力从而表现得更有合作性，以便在市场上成为有吸引力的个体，被他人选为同伴，进而有机会在大家都想进入的圈子里占有一席之地，而这样的圈子里很容易给人各种合作的好处。

这导致了一种有趣的观点，认为把同伴选择的机会与竞争性市场联系起来能够促进亲社会行为的出现。也就是说，这样的联系能导致对自己有代价但对群体有好处的行为。不过在对这一点做出详细说明之前，我想要说明另一个有趣的人类市场——书籍作者和代理 / 出版商市场。

书籍作者—代理 / 出版商市场

尽管出版书籍是人类独有的合作性事业，不过与在其他动物中一样，这一事业也遵循生物市场的同样规律。这个市场上存在两种主要的交易者：写书的人（作者）和经营出版公司的人（出版商）。作者提

① 关于这类研究的一个范本，可参见 Hauk（2001）。

供的商品是他们的稿件，里面是他们的思想、故事、事实或说明。出版商提供的商品则包括把稿件变成许多书籍拷贝的印刷设备，同时也包括把书营销和分销到不同终端的资源。这两种类型的交易者必须相互合作来做这件事，虽然有越来越多的作者自行出版他们的作品。在某些情况下，第三种类型的交易者，即文稿代理人，会在作者和出版商之间扮演中间人角色。代理人代表作者，帮助他们寻找出版商，与出版商谈判达成一个好交易。出于这种讨论的原因，代理人和出版商起着相似的作用，因此我会不加区分地使用他们。

在每种类型的交易者中，他们提供的商品质量存在相当大的差异性，因此他们作为潜在合作伙伴的价值也存在差异性。在作者当中，有人只能写一些不能发表的胡言乱语，也有人能写出发行量达数百万册的畅销书。同样地，出版商之中有的很出色，有的就一般，而代理人有的效率很高，有的效率很低。仅仅在美国，每年就有成千上万的人炮制出自己的书稿，但大多数都不会被出版。只有一小部分书稿变成了书籍，其中又只有一小部分成了畅销书。写出一本畅销书的概率很低，尽管如此还是有人不断地写书，这和人们买彩票是一样的道理：书籍出版是一个胜者通吃的市场，尽管成功概率很低，但瞬间成为百万富翁的诱惑还是促使人们笔耕不辍，不停地写。

毫不奇怪，这个市场是偏态分布的：作者远远多于代理人和出版商。因此，在大多数情况下，代理人和出版商是选择者阶层，而作者则是被选择阶层。作者与作者之间相互竞争，目的是为了找到愿意与他们交易的代理人和出版商，于是他们争先恐后地把数以万计的稿件发到这些人的邮箱里，信誓旦旦地承诺自己的作品会成为畅销书。不过，这些作品中的绝大多数在被匆匆扫视之后就被拒之门外。当然，代理人和出版商也会相互竞争，他们竞争的是极少数的畅销书作者，因为这位作者能给他们带来巨额的回报。因此，在这个市场上存在着双向的竞争性同伴选择，不过作者这边无疑要承受更大的压力。

正如在其他生物市场中一样，商品的质量以及相应的交易者的价值，是由随时波动的供求关系决定的。什么决定着作者的市场价值呢？人们可以认为是作品的质量，但情况并不总是这样。很多原因都会导致一些相当差劲的书成了畅销书，而某些杰出的作品却不能被出版或很快被忽略了。有些原因是客观的，可以理解，比如为某本书投放的广告数量和进行的营销力度。有些原因则带有随意性，很难控制，比如人们的阅读偏好和社会趋势。这里简单地给出一些例子。根据网站 Just My Best 的说法，罗伯特·波西格的小说《禅宗和摩托车维修艺术》最初被 121 家不同的出版商拒绝过，结果却成了一本超级畅销书：在全球范围内卖出了 500 多万本。在约翰·格里沙姆的小说《杀戮时刻》遭到 15 家出版商和 30 位代理人的拒绝后，他最终自费出版了这本书。另外一些更有名的自费出版物则包括了詹姆斯·乔伊斯的《尤利西斯》和马塞尔·普鲁斯特的《追忆似水年华》，这些名著在出版之前都屡遭拒绝。下面是网站 Just My Best 的说法：

> 斯蒂芬·金（Stepen Edwin King）的前四部小说都遭到过拒绝。“这小子从缅因州主动发来了手稿。”比尔·汤普森说道，他在双日出版社工作，是斯蒂芬·金的前任编辑。汤普森先生觉得手稿有点儿意思，要求看其他的作品，但仍然拒绝了随后的三部小说。不过，金经受住了被拒绝的打击。而汤普森先生最后还是以 2500 美元买下了第五部小说的版权，虽然汤普森的同事们对它

不抱期待。这部小说的名字叫作《魔女卡丽》(*Carrie*)[1]。

这些案例说明，代理人和出版商并不需要根据质量来决定接受还是拒绝某个作品。他们决策时主要考虑的是作品的销量，而仅凭单书的质量不能很好地预测作品会不会热卖。另外两个因素可以更好地预测某件作品是否能成功以及该书作者的市场价值：同一个人写的前一本书有没有成为畅销书，以及这本书的主题是否有很多人感兴趣。按照这一思路，一旦读者对某个作者或某一主题产生了兴趣，他们就会购买这位作者的书或这个主题的书，而不管书的质量怎么样。

什么决定了文稿代理人的质量呢？主要是他们从前的成功和名声。某些代理人非常成功，因此作为交易伙伴拥有很高的价值。比如，在科普领域中，某个特定的文稿代理人如果被认为非常成功，就会受到许多作者趋之若鹜的追捧。作为许多畅销书作者的代理人，能够把几乎所有自己接手的书籍兜售给出版商，因为他知道出版商会相互竞争以期得到这些书稿。于是，他的作者会得到高额的预付款项，而他们的书也更可能成为畅销书。出版商的质量对于一本书的成功具有重大的影响。一般来说，高质量的出版商具有下面的特点：有过出版畅销书的成功经历，具有品牌知名度，拥有雄厚财力为书籍进行促销和宣传。

考虑到作者市场价值的决定因素，假如某位作者写了他的第一本书，书的主题很少有人感兴趣，那他就很倒霉。我的前一部作品是《马基雅维利式智力：猕猴和人类如何征服世界》，这是我写给大众阅

---

① Just My Best Publishing Company, http://www.jmbpub.com/interest.htm.

读的第一本科普书，谈的是猕猴的行为。无论从哪个方面看，这都不是一个热门的话题。果不其然，我在代理人和出版商那里寻求出版合作的时候遇到了麻烦，因此我旅行到了出版界的“曼谷”：我移动到一个不同的市场，在这里我的禀赋被认为更有价值——学术书籍出版市场。大学出版社通常出版学术书籍，涵盖狭窄的主题，也只有很少的读者。而且，大多数的大学出版社因为缺乏资金，很少或从不进行促销。在偌大的书籍出版市场上，这几乎就是死亡之吻了。因此，大学出版社出的书，平均只有几百本的销量，任何书要是能卖上一千本就会被认为是成功，就能获利颇丰。在学术书籍出版市场上，为大众写的科普书很容易就能卖到一千本以上，被认为是一种很有价值的商品，因此写这些书的教授受到交易伙伴的高度追捧。在这个新市场上，我会做得相当不错：尽管我年老秃顶，还挺着啤酒肚——当然，这是一种象征性的说法，我依然能找到一位年轻漂亮的妻子。

书籍出版市场就像灵长类理毛市场，供给和需求的暂时波动能急剧地改变某些商品的价值，也能改变拥有这些商品的交易者的价值。比如，20 年前，谈经济学、心理学与人类行为之间关系的科普书没有多少需求，因此主要由大学出版社出版。然而，史蒂芬·列维特和史蒂芬·都伯纳的《魔鬼经济学》获得了不可思议的成功，同样获得成功的还包括史蒂文·平克（Steven Pinker）和马尔科姆·格莱德维尔（Malcolm Gladwell）的作品。这些都极大地提高了大众对这类科普书的需求，而这类科普书的市场价值也随之有了明显的提升。突然之间，代理人和出版商对做经济学和心理学研究又能给大众写书的教授产生了浓厚的兴趣。随着这些书的供给增加以及需求降低（因为在很大程度上导致这种书获得成功的新奇效应在慢慢减退），越来越多这样的新书最终只能在学术出版的“曼谷”市场上找到买家，即使它们中有一些比它们的畅销书前辈质量更好。

尽管书籍出版市场主要受经济利润驱动，而不是为了像生存和繁衍这样的目标，但它依然是一个有效的生物市场。这种市场与人类和动物中的择偶市场很像，与涉及不同物种有机物的互助市场也很像。在书籍出版市场上，拥有不同价值的商品的交易者，通过竞争性的同伴选择机制和遵循供求规律，可寻找到合意的合作伙伴。这一市场把物体（书籍）变成钱（或者权力和名声），就像科研事业、同行评审、经费申请和发表论文一样，也涉及个体与个体之间的谈判。因此，进化生物学家和经济学家提出的竞争性和合作性社会行为的模型，也适用于书籍出版市场。

现在，让我们回到那个想法，即把同伴选择的机会和竞争性市场联系起来能够促进亲社会行为的出现。任教于加州大学尔湾分校的进化心理学家蒋彦生（Yen-Sheng Chiang，音译）在 2010 年发表了一篇论文。在这篇论文中，他报告了一个有趣的研究结果：最后通牒博弈是一种与第五章中提到的独裁者博弈相似的双人进行的经济博弈；当人们参与这种博弈时，竞争性的同伴选择会促进公平行为的出现。[①] 第一个玩家（提议者）从一定数量的金钱中拿出一部分给第二个玩家（回应者），而回应者可以决定是接受还是拒绝分配者的提议。蒋的研究比较了人们在两种不同情境下的行为：他们能选择自己的同伴，或者他们的同伴是随机指派的。他想要知道的是，与随机指派同伴的情形相比，可以自行选择同伴的情形是否会导致人们做出更公平的提议。

① Chiang (2010).

这个研究包括 58 名参加者，他们是美国西北部一所公立大学的本科生。研究者把他们招募过来，配对之后，让他们玩最后通牒博弈。每个提议者都有 100 个筹码可以分配，这些筹码在实验后会转变为相应的金钱。实验通过联网的计算机进行。在标准处理阶段，参与者进行 5 轮博弈，这时他们的同伴是由计算机随机分配的，他们也不知道同伴的任何信息。从第 6 轮博弈开始，参与者进入了一种新的情境——长达 15 轮博弈的同伴选择处理。在每一轮博弈中，研究者会给参与者提供扮演另外角色的其他参与者的历史信息，要求他们在本轮博弈中自行选择，按照想要和谁进行博弈的偏好强度对这些同伴进行排序。

果不其然，当参与者有了对其他玩家进行偏好排序的机会之后，提议者会把过去拥有很高接受率的回应者和最近没有拒绝较低提议的回应者排在前面，而回应者则更愿意和最近给出较高提议的提议者在一起。换句话说，无论是提议者还是回应者，都倾向于与表现出利他行为的参与者配对，而他们这样做也是出于自私的动机，是为了让自己的收益最大化。最后通牒博弈是一个零和博弈，当一个玩家得到更多时，另一个玩家必然得到更少，可以认为得到更少的玩家表现出了利他行为。因为每个人都想与同一个人配对博弈，因此同伴选择变成了一个竞争性的过程。要知道，不是所有人都能够与他们喜欢的同伴配对，于是提议者和回应者都必须战胜他们的同类竞争者，才能在市场上具有吸引力。在同伴选择处理阶段，平均看来，提议者比在标准处理阶段给出了更公平的提议，前者是 46.28 个筹码，后者是 42.20 个筹码。因此，这个实验出色地说明了当同伴选择在竞争性市场中发挥作用时，自私可以导致公平的出现。

罗纳德·诺埃把这一观点发挥得更远。[①]他认为，无论是单个有权力的个体（比如村庄的头人、国王、军阀或祭司）还是机构（元老院或政党）都欣赏群体成员表现出亲社会行为，即为了群体的利益牺牲自己的行为倾向，也是成为优秀的“团队成员”的行为倾向。因此，亲社会行为或利他行为的进化是受到鼓励的。在最近的人类进化中，把利他个体选作群体成员的选择已经在狩猎团队、突击小组和军政府等等的形成中发生过无数次。从进化的视角来看，自然选择青睐人们选择具有利他倾向的个体作为自己的社会伙伴，只有在这种选择给双方都能带来好处的情形下才能发生。比如，打猎的首领应该在一天结束时，会因为自己选择了正确的猎手而获得更多的猎物，而被选中的猎手也要比那些没有被选中的猎手得到更好的收获。类似地，人们可能为了实现生产某种公共产品的目标而结成一个团队，比如清理火车站或保护环境，根据那些能够让他们成为优秀团队成员的特征而进行的选择，从长远来看，是鼓励所有个体都表现出亲社会行为的。这些特征可包括对团队忠诚、愿意支持失败的队友，以及能够公平分享等。

诺埃评论说，这样的特征与现代社会依然是高度相关的，“成为一个团队成员在工作场合非常重要，无论对于雇员还是对于雇主来说都是如此。被认为是一个优秀的团队成员要比把一件工作做好更重要，也比聪明、有创造性、能为组织赚钱、拥有很多其他的优点更重要”。诺埃还认为，使得个体成为一个优秀团队成员的特征如果具有遗传基础的话，就会得到自然选择的青睐。这些特征在被一个核心

① 诺埃（2007）。

权力（比如独裁者）统治的裙带主义社会中更会受到鼓励，因为在这样的社会中，尊重权威和遵守规则的个体受奖赏，而个人主义的特征，比如挑战权威则会遭到惩罚。不过，诺埃也认为在平等社会中，团队成员同样拥有优势，因为在这样的社会里，他们被其他的利他主义者召集起来加入团队。在所有的社会中，人类在动物中都独树一帜，因为我们有能力把团队成员的表现报告给共同体中的其他人，而这会增强团队成员获取一个好名声的需要，也会强化人们对利他主义者的偏好。

鉴于构成团队成员的特质损害了带有这些特质的个体，但却对个体所属的群体有利，因此如果这些特质是基因决定的，它们就能够通过群体选择的方式得以进化。群体选择是一种有争议的进化过程，自然选择在该过程中选择对个体不利但却对群体有利的行为特质。诺埃的观点为亲社会行为的进化提供了一种不需要诉诸群体选择的机制。按照他的观点，通过建立一个好名声和被选为一个团队成员，由此带来的好处就会抵消亲社会行为对个体造成的代价，因为这种行为意味着个体要为群体利益而牺牲自我。

同伴选择在人类亲社会行为进化中扮演重要角色的观点，存在一个问题，即这种机制也能在相反的方向下运作。处于竞争或战斗中的强权者或强权组织会倾向于与好斗的个体结成同伴：比如那些自私残忍的暗杀者和雇佣军，他们为了自卫或谋利会毫不犹豫地杀人。因为群体竞争在人类社会性进化过程中可能扮演着与群体合作同等重要的角色，青睐自私、富有竞争性和攻击性个体的同伴选择可能代表了一种强大的选择力量，这种力量与促进利他和亲社会行为的力量之间相互对抗。

第九章 人类社会行为的进化

对于一个来自火星的人类学家来说，
所有的人类看起来都在以相仿的方式进行交往，
与木星的居民表现出的行为模式迥然不同。

进化的行李

艺术家、音乐家、科学家、哲学家、精神领袖和其他杰出人士的名人传记都为洞察人性提供了一扇独特的窗口。这些人的成就影响了亿万人的生活和工作。简单地想一想，我们就知道有多少人的生活受到了下列人物的触动：莫扎特和毕加索，爱因斯坦和达尔文，柏拉图和亚里士多德，甘地和加尔各答的特蕾莎修女。然而，要是有人检查这些智力或精神杰出人士的社会生活，恐怕就会发现，他们中有很多人在社会生活方面留给我们的印象，要远远低于那些“专业”遗产带给我们的震撼。

西班牙画家巴勃罗·毕加索充分利用了他的名声和艺术才华，几乎与他成年生活里遇到的每一个女人都上过床。其中还包括一名 17 岁的女模特儿，遇到她时毕加索已经 45 岁了，两人后来还生下一个孩子。根据传记作家帕特里克·奥布莱恩的说法，毕加索结了两次婚，与三个女人生过四个孩子。不管他的婚姻状况如何，他总是背地里同时与几个情人保持关系。[①] 毕加索是一个极为多产的画家，他的作品

① O' Brian (1994).

包括油画、素描和雕塑，总数高达五万多件。不过，工作显然不是他脑子里唯一在想的东西。单纯从作品来看，毕加索非常成功。很多男人通过艺术、音乐、科学或其他智力活动赢得名声之后，就会欺骗他们的妻子，利用这些名声和很多女人保持关系，以此来满足自己贪婪的性欲。

正像许多伟大的头脑很容易受到狂热性欲的诱惑，另外一些人则会被政治权力的前景吸引。现在我要举一个个人专业领域里的例子来说明这一点。奥地利动物行为学家康拉德·洛伦茨，曾经因为在动物行为方面的研究而获得了 1973 年的诺贝尔奖，但他在很长一段时间里都不能与自己的同事融洽相处，也因此不能在他的国家里找到一个学术职位。这也许正好应验了那一句拉丁谚语：*Nemo propheta in patria*（没有人会在自己的家乡受欢迎）。曾于 2005 年出版过《行为类型：康拉德·洛伦茨、尼克·廷伯根和动物行为学的建立》一书的科学史家理查德·伯克哈特认为，洛伦茨曾在 1938 年加入纳粹党，目的是在德国获得一个研究职位。事实上洛伦茨的确这么干了，于是他在 1940 年获得了纳粹政府安排的一个教授岗位，任职于柯尼斯堡大学。[①] 洛伦茨不是第一个与独裁政府做交易的学术中人。更宽泛地说，他为了推进自己的事业发展，而选择与政治权力保持一致。其实他遵循的是一个著名的传统，这一传统起源于古代世界，并在文艺复兴时期的欧洲建立起来：科学家、艺术家和音乐家寻求来自皇帝、国王和教皇的庇护，通常不只是为了在这一过程中获得雇用、支持和保护，也是为了能为他们自己积累强大的政治权力。

---

① Burkhardt (2005).

还有，许多精神领袖和宗教领袖在鼓励他们的追随者过一种精神生活的同时，自己则表现出对现实世界物质利益的狂热兴趣。加尔各答的特蕾莎修女是一名阿尔巴尼亚裔的罗马天主教修女，她于1979年获得了诺贝尔和平奖，还于2003年被教皇约翰·保罗二世列入天主教宣福名单。然而，这位修女却毫不犹豫地支持那些富有而腐败的人物，包括海地的独裁者让-克劳德·杜瓦利埃，以及前任财务主管和白领罪犯查尔斯·基廷，因而从他们那里获得了几百万美元，甚至还不用交税。专栏撰稿人克里斯托弗·希钦斯在他1997年出版的《传道士身份：特蕾莎修女的理论与实践》一书中指出，特蕾莎修女对于帮助穷人没有太大兴趣，她更喜欢积攒大量金钱，用以支持推动自己宗教激进主义的罗马天主教信仰。[①]

显然，杰出人物受过更好的教育，他们拥有更高的智力、艺术才能、宗教或道德原则，但他们也和人类中的其他人一样，拥有许多共同的特点：社会和政治野心，对金钱的贪婪，与同时代人的竞争，放纵的性欲，以及婚姻问题。在许多情况下，这些名人的智力或精神成就与他们社会生活的内容和质量方面存在着严重的脱节。为什么会有这种脱节呢？

我认为，原因在于人类的社会生活背负着沉重的进化的包袱——在某些方面，我们都具有强烈的生物倾向，因此会在个人生活中追求相似的目标。说到底，我们需要的都是同样的东西：金钱、权力、名声、性、爱情和孩子。相比之下，我们的才智潜能几乎是无限的，能够以一千种不同的方式去实现我们的欲望。我们用自己的才智做什么

① Hitchens (1997).

与我们的进化史和我们的生物倾向没什么关系，而是与我们的环境、我们所受的教育以及父母给予我们的机会有关。在理论上，只要有合适的环境，任何人都能成为成就卓著的画家、音乐家、哲学家或理论物理学家。有些特出的人推进了这些领域的发展，他们的专业化水平如此之高，甚至门外汉根本不能理解他们的成就。我们之中有多少人能够拍着胸脯，满怀自信地说，自己能完全理解阿尔伯特·爱因斯坦对物理学的贡献或路德维希·维特根斯坦对哲学的影响？然而，完整理解许多诺贝尔奖获得者的社会生活，仅仅需要我们懂得一些灵长类社会行为的知识。学术和精神领袖，以及国王、皇帝、政客、将军、摇滚明星、电影和体育明星，他们与那些没有这些成就的普通人相比，在社会行为方面通常都是相似的，甚至他们与猴子和类人猿以及其他动物相比，也会让我们得到同样的结论。

人类中心主义和自由意志

在阅读我的作品《马基雅维利式智力：猕猴和人类如何征服世界》时，一个从前对猕猴的社会行为没有多少了解的朋友做出了下面的反应："哇，这些猴子看起来好像人啊，它们就是人！"而我则回答道："不，是人类看起来像其他的灵长类。人类就是灵长类。"

我们所属的物种——智人，属于一群被称作灵长类的哺乳动物，或者更准确地说，我们是一群被称为大猿的灵长类动物。在这个星球上曾经存在过很多种类的大猿，但其中的大多数已经灭绝。残存下来的大猿包括黑猩猩、倭黑猩猩、大猩猩和猩猩。与我们关系最近的亲戚是黑猩猩和倭黑猩猩，它们与我们的基因物质有 98% 都是相同的。与我们和其他大猿存在密切关系的是小猿（长臂猿和大长臂猿）和旧世界猴，后者包括猕猴和狒狒；它们跟我们的基因物质大约有95%是相同的。化石证据以及不同物种之间的DNA对比研究显示，我们的原始祖先与其他大猿的祖先分开的时间是600万到500万年前，与长臂猿和大长臂猿的祖先分开的时间是大概1000万年前，而与猕猴和狒狒的祖先分开的时间是大约2500万年前。

在能获得基因数据之前，人类的系统分类建立在身体结构解剖相似性的基础之上。而在达尔文发表进化论之前，这些相似性根本得不到科学的解释。人类的系统分类其实并不是特别有争议。即使是相信进化只是一种理论的创世论者，看起来也没有挑战我们作为一种灵长类的种属地位。[①] 顺便说一句，进化不只是一种理论，也是一个事实，这一点已经在进化生物学家道金斯2009年出版的《地球上最伟大的表演：进化的证据》一书中得到了雄辩的说明。回过来头，谁会在乎分类呢？它不就是一堆标签吗？

但我们的确在乎我们“人性”的其他方面。在发现了人类和猕猴行为的相似性之后，我那位朋友的惊奇反应，是许多人思考他们自身和他们行为时的一种典型方式。首先，是“它们像我们”而不是“我们像它们”。这与人类中心主义有关，这是一种认为人类位居宇宙中心，而其他一切都围绕他们转动的思想。告诉一些人存在着像猕猴和黑猩猩那样的灵长类，而且它们与我们在行为方面很相似，就像告诉托勒密，在地球轨道上发现了两颗新的行星。也许我们的太阳系会因此变得更大一点儿，但我们依然居于中央位置。我们就是太阳，其他

① Dawkins (2009).

一切都是行星，不管它们有多少。

人类中心主义在某些人类特质上比较强，而在其他的人类特质上则相对弱。人们的面孔和身体与其他动物的面孔和身体是类似的，但涉及这些相似性的时候，没有人关心恒星和行星之间的区别。沃尔特·迪士尼公司和世界各地的玩具制造商，利用动物和人类的相似性制造出卡通人物或填充类的动物玩具，因此大赚数十亿美元。不是每个人都清楚，我们的骨头、肌肉、皮肤、心脏、肺、胃和肠子与其他动物同类器官工作的方式是一样的。但我敢肯定，许多人知道这个消息的时候，可能会耸耸肩膀，然后说"好啊，那又如何？"不过，当我们发现了行为之间的相似性时，我们的人类中心主义就会破门而入。我们与它们不像，是它们像我们。也许吧。

人类和其他动物之间具有行为上的相似性，这常常会导致无穷无尽的争论。相比自己的面孔和身体，人们对于自己的行为通常具有一种不同的观点，就像身体是生物性的，而行为则是某种特殊的东西，是非生物性的。我怀疑导致这种观点的一个因素是自由意志。我们生来就具有特定的面孔和身体，而在整形外科手术被发明之前，我们无法改变自己的容貌和身体。现在，只要我们能负担得起，我们几乎可以拥有自己想要的任何类型的面孔和体形。然而，我们不需要对自己的行为进行任何专业整形外科手术，因为我们每天都以自己的方式进行着某种整容手术。清晨醒来，我们为这一天做计划。然后我们改变主意，又做了不同的计划，这一过程有时会持续很多次。我们做任何事情之前都是先想一想，然后再做。思考是原因，行为是结果——或者我们相信是这样。在这个过程中，我们有意识地对自己的行为做了好几百次决策。数百万年的进化怎么会影响这一过程呢？猴子和类人猿在丛林中做了几百万年的那些事情，怎么能与自由意志的产物相提并论呢？

自由意志和人类中心主义常常携手而行，如影随形。笛卡儿是17世纪的法国哲学家，他提出过那个著名的命题——“我思故我在”。在笛卡儿看来，人类是唯一具有自由意志的存在，其他动物则像机器一样。于是，他也相应地把人类置于宇宙的中心。许多人都持有与笛卡儿一样的观点，包括心理学家威廉·詹姆斯。他于1890年写道，全部生活的“刺激和兴奋”来自“我们觉得生活中的事情都是在某个时间点被决定的，它不是无数世代之前就已形成的某种链条快速运作的单调过程”。

不过，近两个世纪以来，人们不得不打消人类与动物具有本质上的不同的想法。“人类具有行为独特性”这一信念，可能已经成为捍卫我们优越感的最后一座堡垒，不过这座堡垒可能也处在崩溃之中了。对于自由意志，来自心理学和神经科学的实验给出了自己的判断。引用电影《公主新娘》里面的一句话说，就是“我不认为事情是你认为的那个样子”。

2007年，《纽约时报》发表了一篇文章，名为《自由意志：现在你拥有它，现在你没有它》。现任《纽约时报》科学栏目副编辑的科学专栏作家丹尼斯·奥弗拜（Dennis Overbye）报告了对两位科学家的采访：一位是本杰明·李贝特（Benjamin Libet），他曾是加州大学旧金山分校的生理学家，于2007年去世；另一位是丹尼尔·魏格纳（Danniel Wegner），哈佛大学的一名心理学家，他对自由意志现象进行了深入研究。[①] 在20世纪80年代，李贝特做了这样一个研究：他要

① 丹尼斯的文章“Free Will: Now You Have It, Now You Don' t”，见《纽约时报》，2007年1月2日，原文链接：http://www.nytimes.com/2007/01/02/science/02free.html。

求志愿者用他们的手选择一个随机动作，比如按按钮或敲击手指，而与此同时，研究者会通过脑电图的方式记录下志愿者脑部的电流活动。李贝特要求他们在自己有了要做出动作的意识时看一下时钟的钟面，报告秒针的具体位置。研究发现，就在志愿者有意识地感觉到他们决定做出某种动作之前的大约半秒钟，控制手指运动的大脑神经元中会出现一个电流峰值。换句话说，在一个优势的决定做出之前，大脑已经在无意识地控制行为。看到某种动作能让人们意识到这一动作，这种事后意识会导致这样的幻觉，行为是决策的结果，而不是反过来。李贝特的实验表明自由意志是一个幻觉——我们的心智在我们身上玩的一个诡计。他的发现得到了许多神经学科学家的支持（虽然，按照惯例，还是有质疑者对此提出了批评）。而在 2002 年出版的《自由意志的幻觉》（*The Illusion of Conscious Will*）一书中，丹尼尔·魏格纳提到了很多研究。这些研究发现，人们很容易被欺骗，认为他们控制或引发了自己的行为，哪怕实际情况并非如此。①

在《纽约时报》的采访文章中，李贝特说，他的结果为自由意志的不完全版本留下了空间，即我们对我们意识到自己在做的事情拥有否决权——当我们意识到自己在做什么时，我们依然可以选择抑制自己的行为。而魏格纳则讨论了当人们被告知自由意志是一种幻觉时，会导致什么样的后果。他说，有的人担心，给自由意志判死刑会损害我们的道德感和法律责任感，人们可能会觉得他们再也不需要为他们的行为负责任了。然而，魏格纳相信，在现实世界里告诉人们自由意志是一种幻觉，对于人们的生活和他们的自我价值感没多少影响。大

① Wegner (2002).

多数人都会否认。“它是一种幻觉，但它是一种格外持久的幻觉；它总是会回来的。”魏格纳这样说道。他把自由意志与人们一次又一次看到的魔术师的把戏做了对比，“尽管你知道它是把戏，但你每次都会被愚弄。这种感觉永远不会消失”。

挤在我们脑袋里的算法

许多人反对这样一种观点，即人类的社会行为植根于我们的大脑，经过自然选择的作用进化而来，这一过程发生于人类进化史的早期，或我们动物祖先的历史长河中。有的人是基于宗教的原因而反对，比如创世论者，他们中有很多人相信一切就像《创世记》里描述的那样，人类是上帝制造出来的。有的反对者是知识分子，即某些文化人类学家和心理学家，他们认为生物学和进化与理解人类行为没什么关系，强调在行为方面文化的影响要大于生物性因素的作用。

令人惊讶的是，行为是进化而来的这种观点在某些进化生物学家那里也不怎么受欢迎，他们就是那批研究基因、细胞或一些名叫果蝇的小昆虫的专业人士。他们把好几百只果蝇放在一只玻璃罐里，诱发某种程度的环境变化——比如，在不同的时间段关灯或开灯，然后在许多世代之后观察果蝇的基因如何受到这种“故障”的影响。这些进化生物学家在他们的实验室里研究进化现象，而不是在野外与果蝇之外的动物待在一起。比如，科学期刊《进化》会发表很多用果蝇进行的实验研究。有一次，我把一篇稿子投给这份期刊，报告了对灵长类行为进行的进化分析，结果这篇稿子很快就被退回来了，原因是“灵长类不是研究进化的标准物种”。“我认为查尔斯·达尔文不会同意你的这个观点。”我对期刊编辑这样说。

对有的进化生物学家来说，进化只存在于他们实验室的围墙之内。对其他人来说，进化停在了他们家门口：这一过程只能发生在丛林中，他们可不希望进化发生在自己家里。他们不想听到进化如何影响他们行为的话。他们就像有的天主教徒一样，每个周日都去做弥撒，而在教堂外面，有关宗教的一切就会被抛到九霄云外，他们在一周里的其他时间会像没有宗教的人一样做自己的事情。令人震惊的是，怀疑者中居然也有一些是相信进化过程塑造了人类心智的进化心理学家，他们认为我们的行为与进化没有多少关系。我作为其中一员，有一段时间很难接受这样一个观点：自然选择在人类的心理过程中留下了它的标志，但却没能对当代的人类行为产生任何影响。而后者恰恰就是本书所有内容的设定前提！在我论述进化心理学家关于心理进化和行为进化之间的立场之前，还是先从整体上谈一谈进化心理学家，以及人类的心智是如何运作的吧。①

进化心理学家并不认为人类的心智是一块白板——一个空空的容器，我们可以往里面填充各种各样的信息，这些信息是靠我们惊人的学习能力从环境中获得的。相反，他们认为心智具有某种生物倾向性，在特定情境下能够产生特定的情绪而不是其他的情绪，学习某些事情时比学习其他事情学得更好，以某种特定方式解决问题，甚至在知觉和处理环境信息的时候会犯特定的错误。比如，孩子们具有学习语言的生物倾向性，直到他们到达青春期；之后，他们的大脑变化让学习

① 关于进化心理学这个学科，我推荐大家看这个在线文档：“Evolutionary Psychology: A Primer”，原文链接：http://www.psych.ucsb.edu/research/cep/primer.html。

一门新语言变得非常困难。这一情形也存在于许多中年以后学外语的人那里，他们同样会恍然大悟：一切都已经太晚了。社会心理学方面的研究发现，个体对自己的看法相比别人对自己的看法要更积极。我们眼中的自己，比别人眼中的我们更善良、更聪明，也更成功。人类的心智是驱动他们的身体参与生存和繁衍竞争的一种装置，因此这种装置让我们以为自己身在宇宙中心是有道理的——人类中心主义是一种心理上的适应物。而且，这种装置具有许多保护我们的机制，帮助我们应付来自外部世界的物理威胁或心理威胁。西格蒙德·弗洛伊德，作为一个超越了他的时代而具有天才直觉的人，就发现了许多这样的保护机制，比如说对不良记忆的压抑。

人类心智的倾向性被进化心理学家称为“算法”（algorithm），它们与计算机程序具有相似性：两者都是设计出来用以解决特定问题或任务的。算法具有明确的遗传基础，经由自然选择进化而来，因此具有特定算法基因的个体就要比没有这些基因的个体在生存和繁衍方面更为成功。算法代表了一种解决方案，针对的是早期人类和他们的祖先在环境中所面临的那些反复发生的问题：如何自我定位和导航；如何寻找食物，把可以吃的有营养的与有毒的没营养的区分开来；如何探测捕食者以及逃避它们的攻击（还有避免危险的动物，比如毒蛇和蜘蛛）；如何避免来自其他群体的某些人的潜在的致命攻击，或来自己群体某些人的伤害或强制行为；如何学会与自己社区的其他人进行沟通；如何分辨家庭成员和陌生人；如何交朋友，与他们一起训练重要的社交技能；如何与其他人在互惠的基础上建立合作关系，以及如何识别和惩罚欺骗者；如何建立有效的政治联盟，从而使得自己能击败对手，赢得地位；如何在短期择偶关系中寻找和选择有意愿的配偶；如何与某个异性建立长期择偶关系，以便成功地进行繁衍和养育后代；如何支持和塑造孩子的发展，以便他们能够成为成功人士；无论在生命早期还是生命晚期，当个体无法自食其力时，如何从照料者那里取得帮助和支持。

这些问题大部分都在早期人类的生活中反复出现，为它们寻找一个合适的解决方案可谓生死攸关，而这通常意味着两种结果：有的人会留下很多的子孙，而有的人则可能会断子绝孙。很难想象，所有人都必须靠他们自己找出这些问题的解决方法，在他们的一生中从零开始进行学习，事先没有机会或极少有机会获得经验，并且需要从大量潜在的不同选项中找到一个最合适的答案。这绝不可能。所以，自然选择会帮我们一把，它会向我们推荐我们的祖先使用过的成功方案。在有的情况下，对某一问题正确应对的行为倾向已经完全植根于我们的头脑中，每当面临那个问题的时候，应对方案就会自动化地激活。而在有的情况下，我们必须依靠自己找出解决方法，但我们的内在倾向会在正确方向上推我们一把。显然，当我们说一种特征——骨头、身体器官或行为——是自然选择的产物时，我们暗示说这种特征是基因控制的。然而，这并不意味着单个基因控制着特定的算法，也不是说环境就不重要。心理和行为算法可能受到许多基因的控制，这些基因之间存在着错综复杂的相互作用。实际上，特征或特质总是基因与环境交互作用的结果。两者之中缺了哪一个，另一个都不能正常运作。

在我们的头脑中，我们拥有的算法种类取决于在我们祖先的环境中反复发生的问题的种类。倘若人类曾经是小型鱼类，我们天生就会具备各种各样的倾向：游泳、导航、在水中定向；逃避鲨鱼和其他捕食者；与其他鱼类协调运动；诸如此类，不一而足。但人类是具有高度社会性的灵长动物，因此我们必须处理其他灵长类同样面临的典型的生态问题：在森林或巨大的开阔空间中进行空间定向，寻找适合我们生理特征容易消化的食物，避开危险的动物，以及应对在复杂而又高度竞争的社会里由于长寿而产生的一系列问题。这样看来，也难怪我们许多的心理和行为算法都与解决社会问题有关。

但这些算法到底是什么，它们究竟在为我们做什么？从结构上来说，它们是复杂的神经通路，有的位于特定的大脑部位，而其他的则扩散到整个大脑，形成一个密集的神经联结的复杂网络。对于人类来说，一种新的研究技术已经开始告诉我们这种算法到底是什么，它们在哪里，这就是功能脑成像技术：当我们有了某种具体的想法或在解决特定的问题时，它能够让研究者得到我们大脑相关区域的视觉图像。不过，了解算法的物质基础和功能定位是一件格外复杂的事，直到现在我们对此了解的都很少。我们知道更多的是关于算法的功能：它们为我们做什么，以及它们是如何运作的。

在这些算法之中，有的是简单的偏好：人们喜欢某种视觉的、听觉的、味觉的、嗅觉的刺激，而不是喜欢其他的同类刺激。人类的婴儿天生就对面孔感兴趣，特别是面孔上的眼睛。性成熟的异性恋男子容易被具有婴儿特征的女性面孔吸引（这可能意味着对方年龄较小），他们也很容易迷恋那些细腰肥臀的女子（这可能意味着对方富有生育力）。而所有年龄阶段的女性都容易被婴儿的面孔吸引。婴儿或孩子则容易被他们母亲或其他婴儿或孩子发出的声音吸引。我们有一种喜欢吃糖的倾向。除了简单的偏好之外，其他的算法在面临特定情境时倾向于让个体产生特定的情绪，在遇到许多选项时倾向于让个体做出特定的决策。更宽泛地说，这些算法能让特定的个体在特定的情境中以特定的方式行事。情绪代表了一种非常强大的生物倾向性，用以帮助我们对付在各种环境中遭遇的问题。我在本书中讨论的所有社会情境，几乎都有情绪的参与。

情绪：启动器和程序协调器

当生态问题和社会问题产生时，我们拥有一些可供支配的行为算法帮助我们来解决这些问题。但自然选择不仅仅为我们提供了问题的解决方案，而且它要保证我们实际上能使用这些方案，并且能非常迅速地使用。面对外部环境，行为并不总是直接地被激发出来，进行应对。相反，行为是由我们身体内部的因素引发的。环境扣动了身体内部的扳机，而身体内部的扳机进而引发了行为。这个内部扳机被称为动机。动机，或“想做某事”，并不必然需要自由意志，也不需要被明确意识到。我们被驱动着做某件事情，可能完全没有意识到动机的存在。在许多情况下，动机的基础是一种开始于身体内部的生理反应；这种反应把一件环境事件记录下来，传向大脑。举例来说，如果你把自己的食指放在火苗上，火苗就会灼烧你的皮肤，伤害分布在你指尖上的神经细胞，然后你会觉得痛，迅速缩回手指。疼痛，作为一种身体和大脑联结产物的生理反应，就成了扳机，动员你尽快地缩回你的手指。

情绪和疼痛很相似，但更为复杂。本书第六章已经提到过，情绪的一个功能是激发动机，但情绪所做的远远不止这些。根据进化心理学家约翰·图比（John Tooby）和莱达·科斯米迪（Leda Cosmides）的说法，情绪是自然选择设计的“电脑程序”，不但可以驱动行为反应，而且还能协调和组织其他的算法以及下位程序。在很多情况下，有机体为了做出适当的行为反应，需要在激活某些算法的同时抑制其他算法的启动，这是因为在任何一个时间点上，我们的身体总是面临着多个不同问题所导致的冲突，而这需要有一个适应性的解决方案。[①]

试想一下，你现在独自一人走在深夜的街道上。你还没有吃晚餐，看到有人在麦当劳里吃汉堡包，闻到了法式炸鸡的味道。这些线索告诉你，你现在有一个问题需要解决。饥饿作为一种驱动式的扳机被启动了，于是你想吃东西。同时你也好几个月没有碰过女人了，因此当你在一块写着“维多利亚的秘密内衣”的巨大广告牌前，看到一个有诱惑力的半裸模特儿时，你知道自己又碰到了另外一个问题。情欲的扳机被扣动了，于是你想找一个伴侣。另外，你已经三天没睡觉了，而且一步没停地走了五个小时，这件事也在提醒你，你有一个问题。疲惫的扳机被扣动了，于是你想要一张床，倒头就睡。但是突然之间，你感到有人把枪口抵在了你的后脑勺上，对你说：“把钱包交出来，不然就要了你的命！”你的生命处于危险之中，于是你又有了新的问题。恐惧的扳机被扣动了，它让你想要不顾一切地逃跑。可是，一秒钟之前你非常想要的巨无霸汉堡包和法式炸鸡怎么办？“维多利亚的秘密内衣”的半裸模特儿怎么办？你想要睡觉的那张舒适的床怎么办？幸运的是，你害怕被杀死的恐惧压抑了你的饥饿、情欲和疲惫，这样就使得它们引发的行为算法跟你现在迫切需要用来保命的行为算法不再冲突。当有人用枪指着你的脑袋时，吃一份汉堡包套餐、找女人做爱或酣然入睡的念头都会被你忘得一干二净。相反，其他的认知过程被

① Tooby and Cosmides (1990); Cosmides and Tooby (2000).

激活了：你现在格外警觉，开始从环境和记忆中处理其他的信息。从枪口压着你脑袋的力度，你感知到这个强盗想要杀死你的意愿程度。从他的声音里，你判断着他的体格，他的情绪是愤怒还是害怕，以及他整体上的危险性。你会估算最近的街角离你有多远，如果你现在开始跑，大概需要多长时间才能逃到那里。最后，你竖起耳朵希望能在空气中听到警笛的声音，而这意味着有一辆警车就在附近。如果你知道强盗就是你最好的朋友，不过是用一把玩具枪在你身上搞了一回恶作剧，那么刚才描述的情形都不会发生。你会哈哈大笑，继续想你的汉堡包、你的女人和你的床。相反，假如危险是实实在在的，你体会到的恐惧，就会在你的感觉加工、记忆、认知评估以及目标和动机的转换方面，产生上述所有的效应。

用图比和科斯米迪的话来说，人类的大脑中"挤满了各种功能特异的程序"。除了行为程序之外，认知和生理程序同样能调节我们的心智功能和身体功能。根据图比和科斯米迪的观点，这些程序调节的过程包括：

> 知觉和注意；推断；学习；记忆；目标选择；动机优势；归类及概念框架；生理反应（比如心率、内分泌功能、免疫功能和生殖功能）；反射；行为决策法则；运动系统；沟通过程；能量水平和精力分配；事件和刺激的情感色彩；重新校正概率估计；情境评价；价值观及各种调节因素（比如自尊、令人畏惧的相对程度、不同目标状态的相对价值、效能折扣比率）。

用图比和科斯米迪的学术语言来说，"那些设计用以解决特定适应性问题的特定程序，如果同时激活的话，就会导致彼此冲突，干扰或消除彼此的功能性。为了避免这种后果，心智必须配置超级协调程序，使其能够在某些程序激活的时候掩蔽或关闭其他的程序”。这些超级协调程序就是我们的情绪。它们的功能是指导和协调所有其他行为、生理和认知的下位程序的活动，以及它们之间的交互影响。

这些可能听起来有点儿复杂。情绪真的是这样工作的吗？情绪真的能在每一种情境下指导我们做正确的事情吗？设想当你被持枪抢劫时，恐惧启动了你的逃跑反应，但就在你想要逃跑的时候，强盗开枪杀了你。这种情绪错了吗？或者情绪启动的这种反应错了吗？自然选择把事情搞砸了吗？答案是否定的。设想自然选择在每一次都能把事情做对是不公平的。发生于数百万年之前的自然选择不能对未来所有情境下的突发事件和结果做出预测。每一种被选择而来的用以激活下位程序的情绪，只有在不同个体或不同世代的平均水平上，才会导致最佳的行动方案。要知道，每一个情境都是独特的，而环境的突发事件总是涉及某种程度的不确定性。用图比和科斯米迪的话来说，“情绪就是一种置于不确定情境下的赌注。恐惧之下的逃离，因为恶心而呕吐，或愤怒导致的攻击都是被投下的赌注，因为在给定的激发条件下，这些反应对我们的祖先来说通常都能带来最高的回报”。

在某些情况下，被人用枪口指着脑袋可能会命丧黄泉，但这不是因为正确的行为反应不起作用，而是因为错误的情绪被启动了，或者因为当需要某种情绪的时候这种情绪没被激活。我们常常会置身于陌生的进化环境里，而自然选择还没有为我们准备好适当的反应。在这种情况下，我们常常会面临麻烦，进而做出不适应的行为。进化心理学家把这种情况称为“错误匹配”，即进化而来的情绪反应与它们恰好被激活的陌生环境搭配错误了。一个典型的例子是，人们在穿过马路的时候好像不害怕被汽车撞到。汽车撞死行人的事不时发生，但因为汽车是一种新近的发明，我们因而还不会以适当的恐惧和焦虑来处理与汽车有关的危险情境。相反，我们的确拥有这样一种倾向，即我们会害怕存在于人类进化史上的古老危险：黑暗、高度、大型的猎食者、蛇和蜘蛛。

不过，即使在陌生的情境下，依然存在某些线索在人类进化史上反复发生了数百万次，甚至上亿次的古老问题。有的人类祖先把这些问题处理得很好，有的则处理得很糟；因此，有的能生存和繁衍，有的就不能。我们是那些成功解决问题者的后代。多亏了自然选择，我们对于这些反复发生的问题以及它们产生的情境拥有内在的知识，我们拥有解决这些问题的反应，我们还拥有帮助激活和指导这些反应的心智程序。每一种情绪都是针对进化史上反复发生的某种情境类型演变而来的。当某种熟悉的危险线索被个体觉察到了——这可以是一种无意识过程，某种特定的情绪扳机就会被立刻扣动。

让我们回到第一章与陌生人一起搭乘电梯的场景。就像穿过熙熙攘攘的十字路口一样，这是一种进化上的陌生情境。自然选择并没有为我们做好准备，告诉我们该如何搭乘电梯，当然它也没有为我们配备一种与搭乘电梯有关的特定情绪或特定行为算法。虽然搭乘电梯的情境是新颖的，但它依然充满了各种并不那么新颖的危险线索。第一，你发现自己与一个陌生人靠得很近，这个距离就是一种可能遭受攻击危险的明确线索。第二，你发现你自己被锁在了一个狭小空间里，因此，如果那个陌生人攻击你，你会无处可逃，没有办法从你的家人或盟友那里得到帮助。在这样狭小的空间里，如果那个陌生人发起攻击而你奋力反抗的话，你的受伤几乎是毫无悬念的。排除这些因素之外，如果那个陌生人与你进行目光接触，盛气凌人地瞪着你，那么这种明显的线索，相信你一辈子都忘不了。

这种线索的组合可能已经在我们的进化史上反复发生了无数次，而自然选择或许也为我们准备好了对付这种情境的行为反应，也给了我们驱动和引发这些适当反应的某种情绪。然而，这种情绪并不是恐惧。当你被人用枪指着脑袋实施抢劫时，威胁是明确的，危险性很高，你可能在几秒钟之内就会横尸街头。鉴于这种情境的严重性，强盗的意图并没有任何不确定性，因此恐惧的确是一种适当的情绪。恐惧的存在，是为了应对紧急情况。然而，在电梯里存在着许多不确定性，既包括陌生人的意图——他是冷漠的、充满敌意的，还是友善的，也包括可能的行动过程——毫不在意、息事宁人，或先发制人进行威胁。这种情形下的适当情绪是焦虑。中等程度的焦虑将会抑制你的运动行为，让你不敢与陌生人进行目光接触。

与恐惧类似，焦虑会激活某些动机、认知和行为过程，但却抑制其他的过程。在避免与人进行目光接触的当下，你可能会偷偷地瞥一眼站在你身边的陌生人，无意识地评估这个家伙作为一个潜在对手的令人生畏的程度。他很高很壮吗？他看起来像是个脾气暴躁的家伙吗？他是否举止自信，举手投足之间显示出自己是个上层人士？有多少社会焦虑从这个陌生人身上溜了出来？当你做这些评估的时候，可能会无意识地想起曾经与一个轮廓相似的陌生人发生遭遇的相关情形，进而做出比较，评估各种可能的结果。高度的社会焦虑可能会让你做出先发制人的举动，以便减少被人攻击的危险，比如发出求和的信号——微笑或者微笑着与陌生人搭讪。

当一个低地位的个体遭遇到一个熟悉的高地位的个体时，类似的社会焦虑以及伴随的认知和行为过程就可能发生在他们身上。比如，当你身处老板办公室与老板谈话。在这种情形下，你的焦虑更直接地建立在这些因素之上：地位差异的觉察、过去交往的记忆，以及这些对现在和未来的影响。老板曾经发脾气骂了你，他这次会继续这么做，还是会有改变？你可不能发脾气，因为这样的选择将会给你的职业生涯带来毁灭性的后果。就像在电梯里与陌生人在一起一样，为了寻找潜在的敌意线索，你会无意识地通过评估老板的脸色和非言语行为——比如他看你的方式或跟你说话的音调，综合过去和现在的信息后，为未来做出预测。你的焦虑不只会压抑那些可能被错误理解为敌意的行为，比如你大胆地看着老板的眼睛，也会使你表现出明确的顺从行为，比如避开他的目光，俯首帖耳，保持微笑，以一种柔和的声调说话。

恐惧和焦虑的另一面是愤怒，这一情绪同样出现在带有社会性危险或竞争性的情境中。在和没有与你建立起明确支配关系的个体进行对抗时，愤怒能激发你的竞争性和自信心。这一个体可以是你所熟悉的任何人，比如你的父母或配偶，也可以是一个你刚刚碰到的陌生人，或者是一个不相识的外群体成员，比如另一支足球队的球迷或另一个政党的党员。正如我们在第二章讨论过的那样，如果两个人之间的支配关系没有明确地建立起来，他们之间伴随着愤怒爆发的冲突将会非常频繁。如果你被卷入一场严重的车祸，而对方开始对你大呼小叫、声称错误在你的时候，你最好针锋相对地反击，坚持和捍卫你的立场，因为这种冲突的结果将会影响随后的谈判中你和对方各自承担的责任和代价。最后，与外群体成员发生的冲突，不管涉及体育事件还是政治联盟，都会伴随着愤怒以及对其他群体成员的憎恨。在与外群体成员发生冲突的某些情形下，恐惧也会被引发。恐惧让我们推断危险，推断其他人的攻击性。与愤怒一样，恐惧也会引发针对外群体成员的竞争性和攻击性反应。通常来说，愤怒导致武断的威胁性行为，而有时候表现得自信或具有威胁性能够帮助你解决一场对抗。一条愤怒的狗会对它在公园里碰到的另一条狗大声咆哮，恐吓对方；如果这种表现很有效，它就在不必进行身体攻击的情况下夺得了支配地位。如果战斗打响，无论是人还是狗，愤怒都会给他（它）们提供动机燃料，让他（它）们奋力厮杀，坚持不懈，或至少坚持到赢得战斗的那一刻。与恐惧和社会焦虑一样，当愤怒被启动时，某些知觉的、认知的、动机的和行为的下位程序将被激活，而另一些则被抑制。

消极情绪如恐惧、焦虑和愤怒能保护我们远离危险，或者增加我们的竞争性；另外一类情绪能够保证我们与富有生育力的异性产生性吸引，与她们形成长期的配偶结合关系，进而一起养育孩子。性欲与爱情就像消极情绪一样，也可以被一些特定的个人或情境线索激活，而这些线索在数百万年的进化史上已经反复发生过无数次。我们也拥有用来保护配偶结合专一性和防止对方不忠的情绪，比如性嫉妒。在复杂的人类社会中，获取社会成功离不开来自家庭的支持和投资。鉴于双亲投资的重要性，父母对孩子爱的情绪一直非常活跃、非常强烈。即使当他们的孩子已经长大成人，这种爱通常也会扩展到他们孩子的孩子身上。

最后，在建立和协调与他人建立的合作关系中，情绪扮演着不容忽视的角色，而这种合作关系在人类社会中对于个体的生存和繁衍非常重要。自然选择青睐这样的情绪过程，它们能激发和提高某一个体参与合作事业的能力，同样也能激发或提高他们从这些事业上获取收益的能力。正如进化心理学家丹尼尔·费斯勒和凯文·黑利在2003年的一篇论文中写的那样，不同的情绪（以及其他的心理特征，可能符合或不符合情绪的定义）以不同的方式影响合作行为。诸如信任、不信任、妒忌和内疚这样的情绪，在合作策略的实施过程中具有重要作用。[①] 一个人需要在某一时刻信任其他人，才能与他们合作。科斯米迪和图比也曾经提到过，我们的心智之中包含着一种“欺骗检测”算法，这种算法从特定的合作情境中进化而来。[②] 害怕遭受欺骗的焦虑和恐惧会启动这种认知的下位程序，进而监控同伴的行为。当人们感觉自己被欺骗时，愤怒会导致他们做出强烈的反应。友好和慷慨同样在合作行为中扮演着重要的角色。面对自发的慷慨行为，人们会报之以感激，感到自己需要以同样的方式做出回报。这也许有助于说明为什么许多个体在行为经济学博弈中的表现，会与传统的理性模型假设不一致：他们宁愿付出代价，也要回报那些对他们做出合作或利他行为的同伴。妒忌则在第八章中谈到的市场谈判中扮演着一定角色：当参与者发现，不同的个体在拥有某些有价值的物品或机会方面存在显著的差距时，拥有较少的人就希望得到更多。除了想要获得其他人所拥有之物，妒忌也包括了对更幸运一方的敌意。显然，在合作情境下运作的情绪，同样也在其他的社会性或非社会性的情境下存在。当同样的情绪在不同的领域中启动时，它们的效应就受到了这种情绪所在的环境的制约，受到了其中环境特征的调节。

---

① Fessler and Haley (2003).

② Cosmides and Tooby (2005).

认知和行为算法

直到最近，许多经济学家都认为，经济或其他方面的决策都是理性认知的结果，是对不同选项理性地进行利弊权衡之后的产物。然而，情绪可以改变成本与收益的主观重要性，因此有时候会导致人们以“非理性”的方式行事。在一些情况下，情绪导致非理性决策主要是因为情绪和情境之间的不匹配。根据进化的观点，当下的情境设置越是远离原始的环境，由进化相关线索激活的情绪所引发的行为就越不可能是理性的。在另外一些情况下，人们做出了看似不理性的决策，并不是因为情绪干扰了他们的理性决策过程，而是因为情绪激活了认知下位程序，导致了与理性模型预测不同的行为决策。

心理学家和经济学家过去常常以为，当人们面临不同的选项需要做出决定时，会把所有的因素都考虑进去，以个人利益最大化的方式采取行动。然而，事实显示，在许多情况下，人们决策时并不会考虑和理性评估手边的所有信息。相反，他们倾向于使用简单的经验法则对某些线索做出快速的反应。德国认知心理学家格尔德·吉仁泽（Gerd Gigerenzer）和其他一些心理学家的研究都表明，人们拥有很多“快速简约”的算法或启发式（heuristics），这些算法常常用在那些经济学理论预测人们会依靠复杂理性认知进行决策的场合。研究发现，以快速简约算法做出的决策，在特定情境下比理性认知过程做出的决策更有效率，得到的结果也更好。在格尔德·吉仁泽和彼得·托德（Peter Todd）1999 年的《简单启发式让我们变得更聪明》一书中，他们给出了人们使用快速简约节俭启发式的诸多案例，从我们如何买股票到我们如何择偶或如何给孩子们分配资源。[①]巧合的是，动物也会使用启发式。比如，动物研究和人类研究都发现，当需要在许多潜在配偶中选择一个伴侣时，个体不会使用自己所能得到的所有信息，一个一个地评估对方的质量，相反，他们会简单地追随大多数其他个体的选择。认知算法可能是自然选择的产物，它们配备在我们的头脑中，能让我们在面临某些问题的时候迅速有效地做出决策，而这些问题已经在我们的进化史上反复出现过无数次。

进化心理学家非常惬意地研究人类心智的情绪和认知程序，即人们如何感觉和思考，但他们并不怎么乐意研究人类的行为程序，即实际上人们如何行事。进化心理学家认为，自然选择塑造了人们针对某种刺激或线索做出反应的心智偏好、偏差和倾向；最好是在严格控制的实验室情境下，对同质性的被试群体，比如大学生，进行情绪和认知算法方面的研究。在实验室里，研究者通常观察大学生对某些视觉刺激（比如人们的面孔和身体的照片）如何反应，或者他们如何用纸笔来解决简单的认知任务，或者他们如何参与电脑设计的经济学博弈。

进化心理学家很少走到真实的世界中，观察普通人在日常生活中是如何交往的。他们认为人们的行为受到周围环境的太多影响，而这种环境与人们心智进化的环境是非常不同的，因而他们很难从这种环境中得到任何有意义的信息。简而言之，他们认为，无论是认识还是记录自然选择对现代工业社会中人们行为的影响都是困难的，或者是不可能的。他们可能会承认，研究原住民，比如美洲的雅诺马马印第安人（Yanomamo Indians）或卡拉哈里沙漠的昆人（!Kung）能够告诉我们一

① Gigerenzer, Todd, and ABC Research Group (1999).

些有关人性的有趣信息，而且这样的认识状态已经能令他们满意了。

很明显，我难以苟同这种观点。包括搭乘电梯和用电子邮件沟通在内，我们在日常生活中面临的社会问题和困境，与那些发生于进化史上大多数时间里的社会问题和困境具有很多相似性。我们在每天的社会情境中读取和再认的线索，并不只是简单地引发适应性的情绪和认知过程，它们也会启动适应性的行为算法。我们搭电梯时对待陌生人的方式，是个体处于高风险性攻击行为的情境中，行为算法被激活之后的结果。我们在会议中对待老板的方式，是我们在遭遇一个对自身生活有着巨大影响力的高地位个体时，行为算法被激活之后的结果。世界各地的人们在相似的情境中表现出相似的行为，这样的事实说明相当多的社会行为是基因控制的。当然，行为是一个变量，受环境的影响，但是这种变化不是无限的，也不是随意的、不可预料的，或不适应的。我们可能无法预测每一个个体在特定情境下的行为，但是可以预测人们在特写情境下的平均行为，即他们通常会如何做。

年轻时，远在我决定专门研究猴子和人类行为之前，我花了大量的时间观察自己的宠物——碰巧它们都是猫。猫是一种有趣的动物，行为复杂。如果你不相信我说的，可以观察一下一只母猫如何教它的孩子捕食。它会把猎物衔到窝边，然后让自己的孩子跟它玩耍。在观察过我自己的猫之后，我还观察了街道上、广场里以及罗马城古代废墟中的猫，这些观察让我大吃一惊，因为它们的行为是如此相同、毫无二致。当然，每一只猫都有自己的个性。不过，它们的行为也都具有非常明显的一致性：存在着一种很明确的“猫性”，与狗或其他动物的本性是不同的。所有的苹果也是不同的，它们的大小、颜色、质地和味道都各有特点。不过，作为一个整体，苹果与橘子是不一样的。

猫是猫，苹果是苹果，而人也是人。不同物种的动物具有不同的行为，是基因方面的差异所导致的，而不是因为它们处于不同的环境中。猫和狗处于相同的环境中，但它们依然表现得像猫，而不像狗。

那些对我的观察还半信半疑的宠物爱好者，可以考虑一下不同家系的狗之间的行为区别。显然，不同家系的狗存在明确的差异：有的狗很容易就能学会求助，或帮助牧羊人把他的羊赶在一起。不同家系的狗在其他方面也存在差异，比如：它们对其他狗或人类的攻击性或友善程度，它们的温顺和可爱程度，它们的活泼兴奋性和悠闲安详的性情。这些差异在很大程度上来自基因，是选择性配种导致的。要培育出富有攻击性的多伯曼犬，一个家犬配种人会选择他能找到的最富有攻击性的雄性和雌性多伯曼犬，让它们交配，而不会选择两只温顺的多伯曼犬。经过许多代的这种选择性配种过程，整体而言，多伯曼犬就会成为富有攻击性的犬类。在《物种起源》一书中，达尔文大量使用这种基于行为的选择性配种案例来说明这样的观点：行为是可以遗传的，自然选择会青睐某些性状而不是另一些性状，而动物配种也是以这种方式进行选择的。不同遗传品系的实验室老鼠会表现出明显而一致的情绪性和社会行为差异，这种差异是研究者系统地进行选择性配种导致的。最后，最近对人类和所有种类的动物进行的数千次研究表明，个体所表现出的某种行为性状与它们的基因具有对应性。这些性状也包括复杂的社会行为。当然，人类行为依然带有变异性，也依然受到早期经验和环境的影响。不过，到底人类行为具有多大程度的变异性或同质性，则取决于人们的立场。对于一个来自火星的人类学家来说，所有的人类看起来都以相仿的方式进行交往，与木星的居民表现出的行为模式迥然不同。

人类社会行为的适应性与其他动物的协同进化

在某种程度上，社会行为受基因的控制，通过自然选择进化而来。尽管我们中有许多人生活在技术化的工业社会，我们大多数的社会行为依然适合于解决那些在过去几百万年的进化史上，自然选择一直试图解决也能够顺利解决的问题。对于一个高度社会性和竞争性的物种（比如智人）来说，问题的主要来源，即生存和繁衍的主要挑战，不是捕食者，不是食物匮乏，不是天气恶劣，而是他人。为了应对合作与竞争的压力，我们不惜以伤害他人为代价，以裙带主义的方式帮助我们自己和亲人。我们为了获取支配地位，与敌人、朋友、家人斗来斗去，而且会根据自己的相对位置，表现出强硬或顺从的行为。我们为了配偶或钱财而建立了社会联盟和政治联盟。我们与不相识的人合作是为了能从中获利，不管是通过互惠直接获利，还是通过名声或其他效应间接获利。当资源有限而竞争激烈时，我们试图以邻为壑，伤害对手。在需要时，我们与他人建立联系，使用各种策略测试联系的强度，而且对这种伙伴关系中成本收益比率的改变非常敏感。在个体和他们的资源价值随着供求波动而发生变化的生物市场上，我们通过复杂的谈判过程选择配偶、政治盟友和生意伙伴。在这些交易和关系中，我们的行为都符合根据博弈论以及其他经济学和进化生物学分支模型所做的预测。当然，人类行为存在许多个体差异和文化差异。但是，人们在许多社会情境中的平均行为都是适应的，具有高度的可预测性。在许多情况下，个体之间的行为变异也是适应的，能予以准确地预测。

许多现代人类所面临的社会问题，其他有机体也会遭遇到，而且它们解决这些问题的适应性方式与我们的方式是相似的。袒护亲属的行为广泛地存在于蜜蜂和蚂蚁中，鱼类会以一报还一报的方式进行合作，鸟类会配对结合一起抚养它们的后代，支配结构和等级在许多鸟类和哺乳动物中都存在，而政治结盟的复杂策略可以在灵长类、鬣狗和海豚中看到。在许多情况下，不同物种的动物在面临相似的环境问题时，会各自独立形成相似的解决方案，这种现象被叫作协同进化（convergent evolution）。当解决某个特定问题的方案数量格外有限时，自然选择有时候会在不同的物种身上反复使用这种方案，哪怕它们具有较远的亲缘关系，比如鱼类和人类。在某些情况下，不同的解决方法只具有表面上的相似性：鱼类和人类在进行合作时都会采取一报还一报的策略，但用来执行这些策略的认知机制在两个物种中可能大相径庭。人类能思考未来以及他们行动的结果，他们还可以预测他人对于自己行为的反应。鱼类则可能使用一些固有的脑机制来帮助它们做出正确的决定。在某些情况下，这些固有的机制运作得如此之好，甚至都没有必要用一些更复杂的认知机制来取代它们。进化必须克服相当大的阻力才能把一种"固有的"行为策略转变成一种"认知的"行为策略。[①] 即使在包括人类在内的具有大脑袋的动物中，如果一种简单的经验法则很有效的话，使用那些既耗时间又耗认知资源的复杂策略就不会受到自然选择的青睐。

---

① Noë (2006).

人类社会行为的种系史

这个星球上的所有有机体包括人类，都代表着一种新的具有物种独特性的性状与旧的性状的结合。前者最近才进化而来，后者则从祖先那里遗传而来。对某些有机体来说，如果一种特定的行为方案能有效地解决它们在环境中面临的问题，这些解决方案将在很长一段进化时间里都会存在。当物种进化过程导致了新物种的出现，后代遗传的不仅仅是它们祖先的解剖适应物和生理适应物，也包括行为适应物。人类用来解决特定社会问题的行为程序，与其他灵长类使用的程序是相似的，不是因为我们独立地想出了解决某一问题的相同方法，而是因为我们和其他灵长类一起从共同的祖先那里遗传了这些程序。人类的某些情绪，比如恐惧，拥有一段相当漫长的进化史。在恐惧这件事情上，我们人类并没有发明任何新的东西：我们从自己的祖先那里遗传了整个包裹——恐惧情绪，它的生理机制，它的行为效应。某些情绪程序具有一段漫长的进化史，这样的观点没什么争议。然而，对于另外一些程序，它们的历史问题是存在争议的。在我谈到争议之前，让我停下来，对与进化有关的一些基本信息进行一次简单的回顾。

宏观进化是物种随时间而变化的过程，包括新物种的诞生和已有物种的灭绝。进化可以被视觉化地理解成一种树枝分叉的过程，在这种过程中，某些树枝生长并产生新的树枝，而其他的树枝则走向了穷途末路。地球上的所有有机体都是某个微型有机体祖先的后代，因此它们在进化上是相互关联的。这可以被可视化地理解为一棵种系发生树（详见后文生命图谱）。种系发生树是一种表明不同物种或不同分类群体之间进化关系的分支系统。这些关系来自它们在身体或基因特征方面的相似性和差异性。种系发生树上挤在一起的分类群体被认为具有一个共同祖先。后代之间的节点代表着离这些后代最近的共同祖先，边缘长度则可以理解成物种之间预期的时间跨度。后代物种从它们的祖先那里遗传了大部分的DNA，以及由这些基因编码的大部分性状。于是，我们可以通过树的映射，确定某种性状在哪些祖先物种中第一次出现，进而重构某些性状的种系发生史，比如乳腺的出现。在这种情况下，它是从脊椎动物分支上出现的第一个哺乳动物分支。某些性状可以首先出现在某一物种中，因此没有可以追查的种系发生史，或者它们看起来像是第一次出现于某一物种中，因为这种性状在该物种祖先中的进化信息已经丢失。比如，语言看起来对现代人类来说具有独一无二的特殊性。然而，很可能语言的基础首次出现于我们某些最近的祖先身上，比如南方古猿或其他的智人物种，而他们早已灭绝。因此，语言可能拥有自己的种系发生史，但我们很难知道语言到底是什么，因为我们最近的祖先已经不复存在。

许多进化心理学家相信，现代人类起源于更新世（Pleistocene），这一段时期的跨度为250万年前到约12000年前。这时候，我们的人类祖先已经与黑猩猩的祖先分道扬镳，而且它们中有许多已经灭绝。智人第一次出现在更新世，而且这一时期所有出土的化石都属于直立人和智人。他们在大概55000年前拥有了现代人类的解剖结构。因此，许多进化心理学家认为，现代人类的心智是在他们获得现有解剖结构的过程中进化而来的。这个过程被称为“进化适应器的发生环境”。因为这种信念，许多进化心理学家并不认为建构人类心智和行为的种系发生史的尝试是有用的，无论这种尝试是通过研究其他的灵长类来进行，还是通过研究其他一般的动物来进行。他们认为，当智人发展出了其新的大脑袋之后，所有的预测都失效了，人类在彼此之间开始以全新的规则玩一种新游戏。比如，被许多人认为是进化心理学奠基者的图比和科斯米迪多次提到，通过比较人类和动物行为来研究人类行为的种系发生史没有什么用，甚至不可能。[①] 但其他人持有不同观点。

我将使用身体结构和行为之间的对比，来说明为什么我认为这种观点是错误的。智人的体形可能在更新世进行过调整，从而使得他们拥有了现在的解剖特征。不过，即使如此，我们依然可以很清楚地看到两点。第一，现代智人与大猿和其他的灵长类之间依然在解剖结构方面具有明显的相似性。第二，从现代人类的身体上，我们依然可以发现非常古老的人类解剖进化史的元素。在《你是怎么来的：35 亿年的人体之旅》一书中，古生物学家尼尔·舒宾（Neil Shubin）对这一点做出了很好的说明，即人类的解剖结构可以追溯到原始鱼类身上。[②] 同样的原则可以应用于大脑和行为。智人的心智在某些重要方面也许在更新世经历了自然选择的修改，从而获得了现代人类心智的所有特征。正如我们后面将要看到的那样，新的认知能力可能就出现在这一时期，比如言语表达、猜测他人的心理，以及做出道德判断。然而，智人在更新世所面临的社会问题，可能与它的祖先和其他的灵长类在几百万年里所面临的问题是一样的。当然，早期人类可能在吃晚餐的时候讨论这些问题，有如一部进化小说的插曲，但我不认为这样的晚餐交谈会导致全新的解决方案。我们在今天依然要面对这些问题，而

---

① Tooby and Cosmides (1989, 1992).

② Shubin (2008).

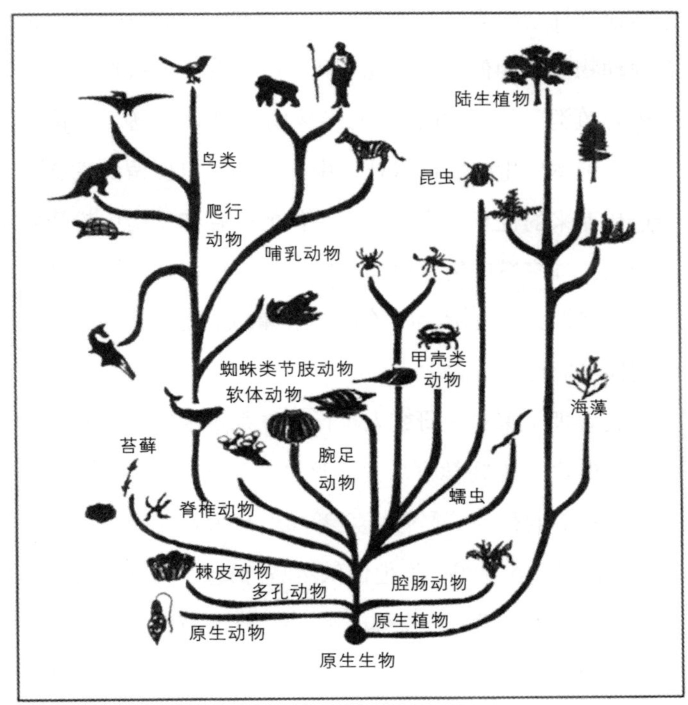

生命图谱［改编自奥东（1968）的《简化的生命图谱》（*A Simplified Family Tree of Life*），描述所有生命有机体之间的进化关系］

且我们依然要使用从我们祖先那里遗传的同样的行为解决方案。

行为具有种系发生史，这意味着，无论是简单的行为类型还是复杂的行为策略都是从祖先物种那里遗传而来的。这些行为保持在新物种中，有时候也会做出些微的修改。后代物种保留与它们最近的祖先物种所具有的特征，进化生物学家把这种倾向称为种系惯性。不同的物种都是某一共同祖先物种的后代，因而它们在形态、生理、行为或心理方面的性状具有相似性，这些性状就被认为具有同源性。事实表明，当谈到社会行为时，人类不仅依然与大猿和其他灵长类相似，也与其他动物具有相似性，因此在我们的行为中，我们依然可以看到自己“内心鱼类”甚至“内心昆虫”种系发生的轨迹。无论是解剖还是行为，在种系发生树的许多枝丫中最可能得以保留的性状是经由自然选择进化而来的性状，它们在有机体的生存和繁衍中扮演着重要的角色。因此，许多适应物（比如恐惧情绪）可能在不同物种中是同源性的。种系惯性并不必然会阻挡自然选择的活动，某些具有高度惯性的性状同样可能是适应的。

进化心理学家对于研究人类行为种系发生史的某些质疑，同样也存在于某些进化生物学家那里。这种怀疑主义不仅适用于人类行为，也适用于一般的行为。尽管怀疑者知道行为就像身体一样，也是通过自然选择而进化出来的，但他们依然坚持我们不能研究行为的进化史，因为行为很“特殊”，与身体不一样。行为特殊性的一种表现就是，行为太易变了，变化太多，太容易受到环境的影响，使得它不适合作为种系发生学分析的对象。我们的身体也受到自己所处环境的影响，但不像行为受的影响这么大。骨骼（或身体的其他任何部分）与行为之间的另一处差异在于，骨骼被认为是一种“结构”，而行为则被认为是某一结构的一种“功能”，这一结构就是大脑。换句话说，大脑是一种等同于骨骼的结构，而行为则是大脑做的事情，可以等同于骨骼移动的方式。

在结构和功能之间做出区分很重要，因为根据某些进化生物学家的观点，我们能研究同源性的结构特征，但不能研究同源性的功能特征。比如，我们可以看不同物种的动物在腿和大脑方面的同源性，但不能看它们在行走方式或行为方式方面的同源性。一种相关但不是极端的反对意见是，两种功能如果是由同一结构产生的，那么它们可以被认为是同源性的。比如，猕猴的睡眠和人类的睡眠可以被认为是同源性的，不过唯一的前提是，睡眠是由这两种动物大脑的同一区域导致的。

两位美国灵长类学家德鲁·伦德尔（Drew Rendall）和安东尼·迪·菲奥里（Anthony Di Fiore）对这些质疑做出了反击。他们令人信服地论证说，行为并非太易变太不稳定，因而不适合进行种系发生学的分析；功能特征和结构特征都可以具有同源性；即使行为特征由不同的大脑区域负责，它们依然可以具有同源性。[①] 他们因此得出结论，认为从进化的立场来看，行为一点儿也不“特殊”。此外，这种结论也得到了数据的支持：研究发现，与形态特征一样，不同物种表现出的具有相似性的适应性行为特征也具有同源性。比如，在20世纪90年代早期，生物学家艾伦·德·奎罗斯（Alan de Queiroz）和彼得·温伯格（Peter Wimberger）对很多动物的形态和行为特征进行了种系发生学的分析，这些动物包括昆虫、鱼类、青蛙、爬行类和鸟类。[②] 形态特征包括身体大小、骨骼的尺寸和形状，以及这些动物的其他身体特征。行为特征则从简单的刻板行为到复杂的社会行为都有涉及，比如择偶行为、领地性和亲代照料。他们得到的结论是，行为特征与形态特征一样，在不同的有机体中表现出了同源性。对于这一点，有的生物学家已经认同了很久，而有的则怀疑了很久。

对行为进行种系发生的研究始于20世纪上半叶，在20世纪中

① Rendall and Di Fiore (2006).

② de Queiroz and Wimberger (1993).

叶处于上升态势，随后这种研究取向就被人们抛弃了。现在，到了21世纪，它又卷土重来：在动物行为研究中，种系发生研究是发展最快的一个领域。欧洲生物学家康拉德·洛伦茨、尼克·廷伯根和卡尔·冯·弗里希获得了1973年的诺贝尔生理学和医学奖，因为他们为一门新的学科动物行为学的诞生做出的贡献，而动物行为学通常被描述为一门研究行为的生物基础的学科。早期动物行为学主要的关注点就是行为的种系发生史。

经过比较解剖学和系统论的训练，洛伦茨和其他欧洲的动物行为学家相信，使用动物的运动序列可以有效地鉴定物种之间或近或远的亲缘关系，这种方法与比较解剖学中使用形态特征的做法同样可靠。动物行为学家的两个先驱是生物学家查尔斯·惠特曼（Charles Whitman, 1842—1910）和奥斯卡·海因里希（Oscar Heinroth，1871—1945）。在早于洛伦茨和廷伯根半个世纪之前，他们两人就提出了相同的观点，即同源性这一概念同样适用于形态特征和行为特征。惠特曼和海因里希关注一种特定的行为方面：运动模式。比如，海因里希认为，打呵欠和自我抓挠涉及的运动可能在许多脊椎动物中具有同源性。洛伦茨和廷伯根后来把这种研究进行了扩展，他们发现，雄野鸭和雄海鸥对雌性进行求偶表演中涉及的动作也存在于一些相关物种中，这些物种可能是因为具有共同的祖先而遗传了这种行为。[①]

比较具有或远或近关系的物种，以便试图从它们的行为获得“基因从祖先物种传向后代物种”的证据。这样的方法不只可以用来研究运动模式，还可以用来研究复杂的社会行为，比如择偶、育幼、依恋、

① 关于动物行为学研究者的早期研究请参见 Burkhardt（2005）。

合作、攻击、顺从和防御。这些复杂的行为在任何物种身上都不可能以白手起家的方式建立起来。事实上，越来越多的研究正在不断发现，不同物种在一系列复杂社会行为方面具有种系发生的连续性，这些物种涵盖了昆虫、蜥蜴、蛙类、鸟类和哺乳动物。一项早期案例来自 20 世纪 60 年代美国生物学家约翰·艾森伯格（John Eisenberg）对啮齿动物进行的比较研究。[①] 艾森伯格研究了袋鼠、囊鼠和其他一些啮齿动物的社会系统。他发现，某一物种的社会系统能够更好地被该物种的种系发生史解释，即物种社会系统的类型由物种的祖先和最亲近的物种主宰。相比之下，该物种生活的环境特征对社会系统的解释力很低。对不同种类的鼠鳞蜥（iguana lizard）的社会组织进行的研究发现，这些蜥蜴的种系发生树相比形态特征（比如雄性跟雌性的身体尺寸差异），能够更好地解释它们的社会行为，比如雄性是否具有领地性，以及在雄性中是否存在支配等级。[②]

研究者在非人灵长类中也发现了类似的结果。在 20 世纪 70 年代中期，两名生物学家——约翰·施普勒（John Spuhler）和林恩·乔尔德（Lynn Jorde），根据 19 种不同的行为特征对 21 种不同的灵长类进行了归类。结果发现，有两个因素可以同等地解释不同的物种是否具有同样的行为：一个是它们生活的环境特征，一个是它们在灵长类种系发生树上的位置。换句话说，某一物种会从其祖先物种那里遗传某些特定行为。[③]20 年之后，迪·菲奥里和伦德尔进行了一项类似的研究：他们依据 34 项社会组织特征对 65 种灵长类进行了归类；这些

---

① Eisenberg (1963).

② Carothers (1984).

③ Spuhler and Jorde (1975).

社会组织特征包括迁徙倾向、理毛、沟通结构、择偶类型、性别内和性别间的社会关系，以及繁衍投资。[①] 他们发现，雌性的许多社会行为——形成支配性的等级结构或攻击性联盟，以及给自己雌性亲属理毛的倾向——与旧世界猴具有惊人的一致性。基本上，大多数种类的猕猴、狒狒、长尾猴和其他的旧世界猴具有相似的社会系统和普遍类型的社会行为，因为这些行为类型是以“打包”的方式从它们祖先那里遗传而来的。而在这些猴类随后的进化和分化过程中，这些行为类型以相对不变的方式保留了下来。这一发现表明，即使是与社会组织有关的非常普遍的行为类型，也可以在很长的进化时间跨度中得到保留。因为许多种类的旧世界猴现在已经大相径庭，比如它们的体型大小、身体长相以及其他的生物层面都存在区别。这些研究也意味着，在物种分化和对环境做出生态适应的过程中，行为特征相比形态特征可能更不容易受进化改变的影响。另外一个意义是，如果一个研究者缺乏对某一物种种系发生史的认识，他可能很难理解为什么该物种会具有特定的社会系统或表现出特定类型的复杂的社会行为。同样的道理，缺乏其他灵长类社会行为的知识，特别是与我们有密切关系的灵长类社会行为的知识，人们就很难理解人类社会行为的进化基础。

人类行为和认知的许多方面，可能都遗传自我们的哺乳动物祖先。在种系关系上，两个物种之间的关系越近，它们因为具有共同祖先而具有类似行为的可能性就越高。大猿、小猿和旧世界猴，是与人类在种系关系上最亲近的物种。因此，与其他的动物比起来，人类的行为更可能与这些灵长类具有同源性。让我们以微笑为例，这可是在全世

① Di Fiore and Rendall (1994).

界所有文化中都普遍存在的人类表情。在 1872 年发表的《人类与动物情绪的表达》一书中，达尔文认为许多人类表情都是从我们灵长类祖先的表情进化而来的。而灵长类学家长久以来就相信，灵长类“露齿展示”与人类的微笑是同源性的，这意味着在 2500 万年前，猕猴、黑猩猩和人类都从这三种物种的共同祖先那里遗传了这种行为类型。[①]

正如在第一章和第二章提到的那样，猕猴和黑猩猩中的露齿展示主要是用来作为顺从的信号。这种展示也被称作“恐惧的笑容”或“恐惧的鬼脸”，通常是由低地位的个体在受到攻击、威胁的情况下做出的，有时候甚至当高地位的个体走向它们时，它们也会做出这种反应。这一信号反映了恐惧和请求怜悯的结合——“请不要攻击我！”猕猴和其他种类的旧世界猴以及类人猿都会在友好交往的时候使用这种信号，比如当一只成年雄性走向一只雌性邀请对方交配，或者当一个母亲鼓励它的孩子跟着它走。人类使用微笑主要出于友好的目的，但微笑的顺从成分依然存在，就像我们会神经兮兮地对着老板微笑。灵长类的露齿展示和人类的微笑，在它们产生的过程中都会涉及某些相同面部肌肉的收缩，而且具有相似的表达顺从和友好的功能。尽管很难提供总结性的、毫无争议性的证据表明它们具有同源性，但这个解释看起来要比它的替代性解释更合理，更可能是正确的。而所谓的替代性解释认为，人类的微笑是一种进化上的新异行为，并不需要一个漫长的种系发生史就能产生。

微笑是一种相对简单的行为类型，也是一个容易被提及的案例，可以用来说明其他简单的行为类型，比如打呵欠，具有一段更为漫长

---

① Van Hooff (1972).

露齿行为［左图：恒河猴的“露齿展示”；中图：黑猩猩的“露齿展示”；右图：人的露齿微笑。左图和中图由丽莎·帕尔博士（Dr. Lisa Parr）提供］

的进化史；因为两者不只在灵长类中，也在所有的哺乳动物中普遍存在。一种程序更复杂的经典例子在本书第六章中已经被提及，它就是人类可能从他们的灵长类祖先那里遗传而来的婴儿依恋系统。这种系统具有复杂程序的一般特点，包括情绪的、认知的和行为的成分。许多灵长类幼崽依靠它们的母亲来获得营养、热量调节以及保护，于是，它们总是需要被母亲带在身边，或者与母亲处于很近的距离。这里的问题是，如果幼崽走散了，失去了它们的照料者，就可能被饿死、冻死，或被野兽吃掉。为了解决这个问题，自然选择给它们配备了婴儿依恋系统。正如在第六章中提及的那样，婴儿依恋系统具有一整套目标——与母亲保持接触或接近母亲，也具有特定的启动和终止条件。当幼崽与母亲分离时，这一依恋系统就会启动，而与母亲接触或接近的目标一旦达成，这一系统就会终止运作。婴儿依恋系统具有三种定义性特征，或进化心理学家所说的“设计特征”：分离焦虑和对陌生人的恐惧；把母亲作为“安全港湾”，从她那里寻求保护；把母亲作为“安全基地”，用以探索外部世界。

人类中存在的这种婴儿依恋系统，普遍地存在于旧世界猴和类人猿中。这些依恋系统具有同样的整套目标，具有同样的启动和终止条件，具有同样的设计特征，还具有很多同样的行为，比如婴儿的哭泣和追随。但是，这种系统在原猴亚目和新世界猴中很少或几乎不存在。这意味着婴儿依恋系统是一种古老的适应物，它的历史可以追溯到灵长目动物的进化。在调节依恋过程的生理机制和认知机制方面，尽管可能存在着物种间的细微差异，但是，有证据表明，依恋系统作为一个整体在灵长类动物中具有同源性。[①]

最近的过去

在我们的原始人祖先与其他的类人猿分离之后，人类大脑的体积就迅速变大，而大脑的复杂性也急剧增加，这一过程还伴随着许多新的“心智能力”的获得。我们发展出了思考自我的能力，思考未来事件的能力，以及思考诸如生命、死亡和宇宙无限性的能力。语言的进化对我们的思考能力和与他人沟通的能力产生了巨大的推动作用。许多新的心智能力进化而来，是为了解决与复杂的社会生活有关的问题。而这些新的能力，反过来又让我们的社会生活变得更加错综复杂。灵长类学家马克·豪瑟在他的《道德心智》一书中提到，我们的道德能力是由自然选择进化而来的，这些能力包括我们思考自身行为道德价值的能力，以及对我们自身行为以及他人行为做出道德判断的能力。如果这是对的话，这一过程可能发生于较为晚近的时期。[②]尽管道德

① Maestripieri (2003).

② Hauser (2006).

的社会契约观点是有效的，但复杂的新情绪也可能是因支撑道德进化而来。这些新情绪包括羞耻（对违反规范的主观惩罚）、内疚（对违反预期的主观惩罚）、骄傲（对坚守规范的主观报偿）、道德义愤（当其他人违反规范时的一种愤怒，就好像他们的行为是针对自己似的），以及轻蔑（对他人的一种持久的贬低，因为他们违反了规范或预期）。这些情绪在进化上较为晚近，看起来是人类所独有的。本书的第八章曾提及罗纳德·诺埃的观点，他认为团队活动在人类进化过程中扮演着重要角色。[①] 进化心理学家费斯勒和黑利与此一致，他们认为“团体”情绪可能是在人类种系发生上较晚才出现的。[②] 这些团体情绪包括钦佩和崇高，可以用来奖励团队成员，奖励那些做出利他行为的人，以及奖励那些行为对社会整体有利的人。而且，人类面临建立和维持异性之间的配偶结合，以便一起养育孩子，并在余生中继续为孩子投资的压力，使得他们极其青睐浪漫之爱和父母之爱，这在除了人类之外的其他动物中是不存在的。

我们认为，人类的心理活动是完全主观的一种经验。尽管我们不能直接了解他人的心理，但我们可以想象这些心理存在着，就像我们自己的一样，而且它们通过信念、欲望、知识或无知来指引他人的行为。这种思考他人心理的能力被心理学家称为“心理理论”，并伴随着从事复杂活动的模仿能力、教育能力和欺骗能力。我们同样能对他人未来的行为做出复杂的预测，对我们自身和他人行为的收益和代价进行复杂的计算，以及对他人的行为做出预期。就像在下棋比赛中，人们预

---

① Noë (2007).

② Fessler and Haley (2003).

期他们的对手会怎么走下一步，以及他们自己需要做出怎样的回应。

我们拥有许多新的心理机能，包括新的语言能力、新的道德思考和道德行动的能力，新的情绪和感受能力，以及新的认知能力。这些新的心理机能也许能让作为人类的我们在私事和公事的谈判方面发生革命性的变化，但实际上这种情况并没有发生。就好像包括电视、无线电和电脑在内的新技术并没有取代纸版书籍一样。我们新的心智能力并没有完全取代我们从自己的灵长类祖先那里遗传而来的心理倾向和行为倾向。相反，它们共存于我们的头脑中，就像纸版书籍和 iPad（平板电脑）在我们的桌上一齐摆放一样。我们依然在使用适应性的行为策略来应对许多社会性问题，这些行为策略与鱼类或鸟类中进化而来的行为策略是相似的。因为我们许多的社会性问题非常古老，于是我们就用古老的解决方案对付它们。学校教育给了我们很多机会，让我们可以在科学、艺术和学术上有所成就。道德和宗教教育以及我们的爱则促使我们参与种种美德行为，这些行为受到我们人类同胞的重视、夸奖和欣赏。而我们的爱则包括对家人的爱，对朋友的爱，对国人的爱，以及对我们所属的任何其他群体的爱——这些群体可能包括所有的人类，甚至所有的有机体。然而，不管我们在智力上如何超群，也不管我们在道德上如何高贵，在解决自己日常生活中遇到的社会性问题时，我们依然继续使用自己头脑中的古老算法。这些算法涉及情绪算法、认知算法和行为算法，它们挤在我们的大脑中，让大脑这位自动导航员帮助我们导航，从而安全通过那充满艰难险阻同时又精彩纷呈的“人类社会生活”的水域。

后记

2010年9月18日上午9点，星期六，我收到了一封来自陌生人的电子邮件，此人名叫米切尔·海斯曼（Mitchell Heisman）。这封邮件来自Hotmail邮箱，在发给我芝加哥大学邮箱的同时，也发给了好几百个其他的电子邮箱。这些邮箱中很多都以edu为后缀，表明邮箱地址是美国高校；其他的邮箱地址好像是属于报社记者或政府机关。邮件主题一栏中写着“自杀笔记”，附件中是一个很大的PDF文档。在我收到这封邮件大概一小时之后，一个年龄35岁、名叫米切尔·海斯曼的男人在通往哈佛大学纪念教堂的路上开枪自杀，而此时教堂里正在进行赎罪日活动。

我从来没有听说过米切尔·海斯曼，怀疑除了极少数例外，恐怕也没有多少人知道他。尽管我从来不看来自陌生人的电子邮件，但那天我却看了。文件中包括一部书稿，长达1905页，还包括20页的自传。我很快注意到书稿的一系列参考文献中居然也包括我的作品——

《马基雅维利式智力：猕猴和人类如何征服世界》。我接着注意到海斯曼非常详细地讨论了这本书，还在书稿中多处引用我书里的原话。我被震惊了，因为我写的东西也许在某种程度上帮助某人做出了结束自己生命的决定。于是，我开始从头阅读他的书稿。

我很快意识到，这本书对很多主题进行了学术探讨，包括人性，包括西方社会的哲学史和政治思想史，包括科学和客观性在理解现实方面的角色，最后当然也包括生命的意义。当然，这一探讨的结论并不令人振奋。

在我阅读书稿的几个小时后，一个名叫贾雷德·内桑森（Jared Nathanson）的人以“全部回复”的方式对米切尔·海斯曼的笔记进行了回应。他的电子邮件内容如下：

> 米切尔：
>
> 你不能在绝对意义上谈论生命品质或民主党有意义还是无意义。这种散漫解释的尝试会让人的心灵走向疯狂。因为你不能彻底了解意义，或因为你不能完成一篇精心制作的论文，你就认为任何事情都毫无意义，这种观点只存在于你自己的情境中。
>
> 生活就是我们存在。不管意义是什么，也不管什么是野蛮或什么是美丽，我们存在着。认为应该存在意义，或认为没有意义，这本身就是一个无意义的事情。我们存在着。相反的状态就是，我们不存在。对于任何有限的喜悦或悲伤，或我们所经历的奇闻逸事来说，我们绝不可能一劳永逸地解决这个问题。对于为什么一种哲学之旅具有内在的缺陷或没有这种缺陷，我们（在这种情况下指的是你）永远不能想出一个毫无争议的答案。像大多

数学者一样，你被困在了自己编织的语言城堡的修辞中。

我所知道的是，一旦生命结束了，无论是你在自己论文结尾提出的主张，还是你在讲演中的剧本，都无法让你的生命永恒持续。自我中心的天性导致了戛然而止的退出。自杀者的空虚将被他们怜悯过的和他们认为没有受过洗礼的人看透。

若想证明你的理论，让你的理论存在片刻，哪怕只是在电视上摘要性地呈现几秒钟，你唯一的办法就是活着。活着去主张，活着去讨论，活着去看你是对的还是错的。除非你通过工作承担自己的责任，否则你就是在抛弃婴儿，浪费心血，轻抛浪掷地创造了唯一的出版物。但你的作品会死掉，不是因为你想象中的巨大阴谋扼杀了它，而是因为你的行动剧本从你的作品中偷走了你的注意力。你可以做一项需要智力劳动的工作，把它做成《泽西海岸》这样的实景秀节目，但这对一个睿智之士来说是一件悲伤的事。

如果你决定留在这个世界上，我将很高兴从头到尾阅读你的作品，与你讨论。

谢谢。

贾雷德

我立刻用 Google（谷歌）搜索了一下贾雷德·内桑森，发现他是一个名为心袖子（Heartsleeves）的波士顿乐队的主唱。他们的网站是 www.heartsleeves.com；他们描述自己的音乐是：“新折中主义，灵魂的体现，真实生活的声音！”我决意给他发电子邮件，问他事情的进展。贾雷德给我回了信，并特地向我解释说：

> 我认识米切尔，但说实话，当我收到那封邮件的时候，还有在我回复邮件的时候，我都没有想起他的名字。我并不打算把自己的回复发送给所有人，那可不是一件好事。事实上，我当时不清楚这封邮件是不是一桩网络诈骗。我回复是因为我预感到我可能认识这个人，或者至少我理解他的困境，在一个没有简单的道德描述指引我们的世界上，他试图寻找意义。

过了几天，贾雷德又发给我一封电子邮件，里面有一篇关于米切尔·海斯曼的文章链接，这篇文章刚刚处于《波士顿环球报》的在线编辑状态。[①] 在这篇文章中，记者戴维·阿贝尔给出了米切尔家庭和他成长环境的一些信息，还谈到了米切尔在自杀之前的生活状况。家人和朋友都认为他从小就是一个合群的孩子，可是在他 12 岁那年，他父亲死于心脏病。之后，情况就发生了很大的变化。他曾在纽约的阿尔巴尼大学学习心理学，这一时期他常常避开人群，把大部分的时间都花在了阅读上。大学毕业之后，米切尔在一家书店工作，收藏了数千本书，拥有了属于自己的一个图书馆。接着他就辞掉工作，开始以全职身份从事自己的阅读事业。他一个人独处一室，靠微波炉做的饭菜、鸡翅以及能量棒这样的零食过活。为了更好地集中注意力进行写作，米切尔常常会听巴赫的《平均律钢琴曲集》，以及服用哌甲酯[②]。

① David Abel, "What He Left Behind: A 1905-Page Suicide Note,"《波士顿环球报》(*Boston Globe*) 2010 年 9 月 27 日，原文链接：www.boston.com/news/local/massachusetts/articles/2010/09/27/book_details_motives_for_suicide_at_harvard。

② 哌甲酯，即利他林，一种中枢兴奋药，可改善患者认知，促进注意力集中。临床上常用于治疗儿童多动症。该药有一定的副作用，长期服用还会成瘾。在美国常有滥用现象。——编者注

在赎罪日的那个早晨，米切尔淋浴、刮胡子，早餐吃了炸鸡柳和扁豆。他穿了一双白色的袜子和一双白鞋，在白色礼服外面套了一件风衣。接着他就去了哈佛大学，饮弹自尽。

米切尔不停地追问，试图理解自己，还有自身之外的这个世界。作为一个学者，他使用科学的逻辑推理检验和评价由生物学家、心理学家、历史学家、哲学家以及其他的研究者提出的理论和做出的发现。这些探索的结果是，他认为进化生物学为自我和人性提供了最直截了当的答案。在他的书中，米切尔认为，我们许多的情绪、感受和思想，反映了帮助我们生存和繁衍的生物倾向性。他还写道，许多类型的人类历史可以理解成两种过程的结果：一种是家庭或群体内部成员之间的裙带主义的合作，一种是针对其他群体成员之间的竞争。而且类似这样的过程也在其他灵长类中存在着。当讨论 1975 年爱德华·威尔逊因为出版《社会生物学：新的综合》一书引发的争议时，米切尔说道："问题不在于社会生物学没有道理，问题是社会生物学太有道理了。"

对于科学推理产生的知识和解释，米切尔很满意，因为这正是他所试图解开的谜题。接着，他想用同样的方法为知识寻求本身寻找理由，为他自己的存在寻找理由。他想尽办法试图保持绝对的客观性，除去所有可能会干扰他分析的偏差来源，特别是指向自我利益、生存繁衍和指向普遍生命的心理倾向性。但是经过苦苦寻找，在排除了所有这些主观偏差之后，他不能找到任何理性的理由为知识和生命辩护。因此，米切尔得出结论，极端点儿说，客观主义的努力最终会走向虚无主义和理性的自我毁灭。用他自己的话来说，"生命是一种偏见，以天才的方式追求自身的复制和不朽。试图取消这种偏差来源，就意味着开启了你的死亡念头。我不能完全地调和我对世界的理解和我自己在世界中的存在。在客观性的价值和我的生命现实之间存在冲突”。他以自杀的方式作为实验，以此证明在“真实”和“生命”之间存在不可调和的冲突。

我在读高中和大学的时候，都是一个内向的学生，会花大把的时间进行阅读和思考。就像米切尔一样，我产生过这样一种兴趣，即试图通过科学和哲学思考的方式来理解自我和身边的他人，也想通过这种方式回答一些终极问题：我们是谁，我们从哪里来，我们到哪里去。同样，我也得到了一个同样的结论，进化生物学对这些问题给出了最直接的回答。最后，我自己也成了这些进行“自我研究”的科学家中的一员。特别是人类的行为以及这些行为在动物中的表现形式把我深深地迷住了。如果米切尔能和我见面讨论这些想法，他对人性和人类历史的很多分析一定会让我有相见恨晚之感。我会接受他的结论，同样认为“生命是一种偏见，以天才的方式追求自身的复制和不朽”。然而，与米切尔不一样的是，我不认为这样会有什么问题。我发现这样的“偏见”很有趣、很优美，甚至也值得存在。

对于他的家人、朋友以及人类来说，米切尔的死是一个巨大的损失。不过归根结底，米切尔是唯一需要为他的死负责的人——不是他在自己的生活中遇到的那些人，不是写书给他读的人，当然也不是进化生物学家及他们对于生命和人性的解释。正如贾雷德·内桑森在他的电子邮件中试图给米切尔解释的那样，虽然这种解释没有及时地传到他那里——一个人生活的意义，不是来自生活是什么，而是来自生活本身。很可能，如果米切尔过着更好的生活，他将会选择继续生活下去。

生命起源和生命过程的进化解释，与创世论者提出的宗教性解释相比，被批评者认为是愤世嫉俗的、悲观主义的和令人压抑的，因为进化论者从本质上主张生命来自虚无。生命只是某种岩石、气体和水的幸运混合物。当然，生命也并不走向何处，因为进化没有一个最终的目标，比如变得更复杂或走向完美。进化生物学家理查德·道金斯提出和发表那个著名的观点时——自然选择是通过自私的基因进行的——也被批评为愤世嫉俗，因为这种观点意味着有机体仅仅是基因的载体，而基因则是为了自己利益而预制的一种程序，基因之间会为了自身的生存繁衍进行竞争。最后，人类行为的进化解释常常被贴上愤世嫉俗的标签，因为适应性行为被视作成本收益比率的产物，这一产物常常以损害他人的方式，给个体和他们的基因带来好处。

这些批评犯了和米切尔一样的错误。他们误解了科学是什么与科学能做什么之间的区别。科学提供知识和解释，但不提供哲学、道德或宗教领域的建议和证明。进化生物学是一门科学；它的工作是帮助我们理解生命是什么，它是如何运作的。进化生物学并不会告诉我们生活是否值得过，以及为什么。在我个人看来，生活是否值得过取决于一个人的生活质量，而这又反过来取决于一个人的心理健康和身体健康，取决于一个人是幸福还是不幸福。我倾向于认为生活质量存在一个阈限水平，低于该水平的生活就不值得过了，特别是提高生活质量的远景也不存在的情况下——这是一种少见的情况，但在某些不幸的时候依然会出现。

科学在很多方面都能提高我们的生活质量，比如通过开发有效的药品或推出有用的技术。科学研究带来的知识能够让我们更强大，增强我们控制自己生活、完成使命目标的能力，而对自然世界和现存所有有机体的了解则会让我们学会欣赏自然之美。然而，科学并不提供哲学证明，以证明为什么生活值得过或为什么知识值得追求，它也不能做到这些。

自然既不好也不坏，因此对于自然世界的解释也不能被认为是乐观的，或是悲观的，而人性也不是简单的好与坏的问题，于是进化生物学家和经济学家对人类行为提出的“理性”解释也不是乐观的或悲观的，令人兴奋的或令人压抑的，充满希望的或愤世嫉俗的。在他们的一生中，人们通过各种途径寻求幸福，而感到幸福可能包括自我感觉良好，拥有积极的人生观和世界观。尽管对于自我和世界的认识可以作为追求幸福的工具，但真相是知识和幸福之间并无必然的联系。对自身懵懵懂懂、对世界一无所知的人，可以生活得很幸福。理解自我，理解人生，理解我们所在的世界当然非常有用，也有很多乐趣，但我并不像米切尔·海斯曼所孜孜以求的那样，认为这种寻求知识的过程需要一个整体的理由，因为生命的“意义”也不存在一个整体的理由。

许多人没有意识到唯一能让自己变得更开心的方式是提高自身的生活质量，反而需要确保所有的故事都有一个大团圆的结局，确保所有的人在本质上都是好的，坏事不会发生在好人头上，或者有一个超自然的存在关照着我们，确保一切正常。如果一个科学家试图解释人性和自然，但又没有给出积极的信息，让人们对他们自己感觉良好的话，他们中有一些人就会攻击这些信息。经常与公众沟通的科学家了解到，公众预期从他们的科学研究中得到积极的信息，就像许多影迷期待电影会有一个皆大欢喜的结局一样。大团圆结局的电影可能要比悲剧结局或没有明确结局的电影更成功，而拥有“积极信息”的科普书也可能比没有这些信息的科普书卖得更多。

人类从灵长类祖先那里进化而来，他们的行为与现存的猴子和类人猿具有许多相似性。这样的观点本身并无所谓好坏。试图教育公众，告诉他们人类的进化史以及与其他灵长类具有亲密的遗传关系的科学家，也可以传递积极信息，因为他们可以坚持认为这些灵长类本性善良。相反，如果与我们相似的灵长类亲戚被描述为是自私的、狡猾的、具有杀戮性的一种动物，人们就会认为这是一个坏消息。显然，灵长类动物既不好也不坏，既不是本性善良也不是天生魔鬼。因此，认识和理解我们在进化上与其他灵长类具有亲缘关系，并不带有任何建立人性内在善良或内在邪恶的意味。这不是题中应有之意。《猿猴的把戏》提供给我们的知识是为了帮助我们理解人性的存在，解释这种存在是什么，以及了解人性是如何运作的。这些才是我们能够真正追问的问题。

英文版致谢

我要感谢我的经纪人埃斯蒙德·哈姆斯沃斯（Esmond Harmsworth），他鼓励我写这本书，给我建议，读完书稿之后又给我提供了建议。我还要感谢在基本读物出版社（Basic Books）工作的凯莱赫（T. J. Kelleher）和高木蒂塞（Tisse Takagi），他们为提高书稿质量贡献良多。需要感谢的还包括我的朋友和同事，他们阅读了本书的某些章节，给出了自己的建议。这些人中特别需要提到的是珍妮弗·贝希尔（Jennifer Beshel），她阅读并编辑了所有章节。最后，特别的感谢需要给予沙恩（Sian）。在我写作期间，她不断地给我支持和鼓励；同时，她阅读我写下的一切，让它们变得更好。

参考文献

Adam, T. C. 2010. "Competition Encourages Cooperation: Client Fish Receive Higher-Quality Service When Cleaner Fish Compete." *Animal Behaviour* 79: 1183–1189.

Alexander, R. D. 1987. *The Biology of Moral Systems*. New York: Aldine de Gruyter.

Altmann, S. A. 1981. "Dominance Relationships: The Cheshire Cat's Grin?" *Behavioral and Brain Sciences* 4: 430–431.

Andreoni, J., and R. Petrie. 2004. "Public Goods Experiments Without Confidentiality: A Glimpse into Fundraising." *Journal of Public Economics* 88: 1605–1623.

Aureli, F., and A. Whiten. 2003. "Emotions and Behavioral Flexibility." In *Primate Psychology*, edited by D. Maestripieri, pp. 289–323. Cambridge, MA: Harvard University Press.

Axelrod, R. 1984. *The Evolution of Cooperation*. New York: Basic Books.

Bateson, M., D. Nettle, and G. Roberts. 2006. "Cues of Being Watched Enhance Cooperation in a Real-World Setting." *Biology Letters* 2: 412–414.

Becker, G. 1981. *A Treatise on the Family*. Cambridge, MA: Harvard University Press.

Bellow, A. 2003. *In Praise of Nepotism: A Natural History*. New York: Anchor Books.

Berne, E. 1964. *Games People Play: The Psychology of Human Relationships*.

New York: Ballantine Books.

Bernstein, I. S. 1981. "Dominance: The Baby and the Bathwater." *Behavioral and Brain Sciences* 4: 419–429.

Betzig, L. 1986. *Despotism and Differential Reproduction: A Darwinian View of History*. Hawthorne, NY: Aldine de Gruyter.

Bowlby, J. 1969. *Attachment and Loss*. New York: Basic Books.

Bowles, S., and P. Hammerstein. 2003. "Does Market Theory Apply to Biology?" In *Genetic and Cultural Evolution of Cooperation*, edited by P. Hammerstein, pp. 153–165. Cambridge, MA: MIT Press.

Bshary, R. 2001. "The Cleaner Fish Market." In *Economics in Nature*, edited by R. Noë, J.A.R.A.M. van Hooff, and P. Hammerstein, pp. 146–172. Cambridge: Cambridge University Press.

Bshary, R., and I. M. Côté. 2008. "New Perspectives on Marine Cleaning Mutualism." In *Fish Behaviour*, edited by C. Magnhagen, V. A. Braithwaite, E. Forsgren, and B. G. Kapoor, pp. 563–592. Enfield, NH: Science Publishers.

Bshary, R., and A. S. Grutter. 2006. "Image Scoring and Cooperation in a Cleaner Fish Mutualism." *Nature* 441: 975–978.

Bshary, R., and R. Noë. 2003. "Biological Markets: The Ubiquitous Influence of Partner Choice on the Dynamics of Cleaner Fish–Client Reef Fish Interactions." In *Genetic and Cultural Evolution of Cooperation*, edited by P. Hammerstein, pp. 167–184. Cambridge, MA: MIT Press.

Budden, A. E., T. Tregenza, L. W. Aarssen, J. Koricheva, R. Leimu, and C. J. Lortie. 2008. "Double-Blind Review Favours Increased Representation of Female Authors." *Trends in Ecology and Evolution* 23: 4–6.

Burkhardt, R. W. 2005. *Patterns of Behavior: Konrad Lorenz, Niko Tinbergen, and the Founding of Ethology*. Chicago: University of Chicago Press.

Burnham, T. C., and B. Hare. 2007. "Engineering Human Cooperation: Does Involuntary Neural Activation Increase Public Goods Contributions?" *Human Nature* 18: 88–108.

Buss, D. M. 1994. *The Evolution of Desire: Strategies of Human Mating*. New York: Basic Books.

———. 2000. *The Dangerous Passion: Why Jealousy Is as Necessary as Love and Sex*. New York: Free Press.

Cacioppo, J. T., and W. Patrick. 2009. *Loneliness: Human Nature and the Need for Social Connection*. New York: Norton.

Campanario, J. M. 1998. "Have Referees Rejected Some of the Most Cited Articles of All Times?" *Journal of the American Society for Information Science and Technology* 47: 302–310.

Canetti, E. 1984. *Auto-da-Fé*. New York: Farrar, Straus & Giroux.

Carothers, J. H. 1984. "Sexual Selection and Sexual Dimorphism in Some Herbivorous Lizards." *American Naturalist* 124: 244–254.

Ceci, S. J., and W. M. Williams. 2011. "Understanding Current Causes of Women's Underrepresentation in Science." *Proceedings of the National Academy of Sciences USA* 108: 3157–3162.

Chiang, Y. S. 2010. "Self-interested Partner Selection Can Lead to the Emergence of Fairness." *Evolution and Human Behavior* 31: 265–270.

Chikazawa, D., T. P. Gordon, C. A. Bean, and I. S. Bernstein. 1979. "Mother-Daughter Dominance Reversals in Rhesus Monkeys (*Macaca mulatta*)." *Primates* 20: 301–305.

Chomsky, N. 1959. Review of B. F. Skinner's *Verbal Behavior*. *Language* 35: 26–58.

Conniff, R. 2003. *The Natural History of the Rich: A Field Guide*. New York: Norton.

———. 2005. *The Ape in the Corner Office: How to Make Friends, Win Fights, and Work Smarter by Understanding Human Nature*. New York: Three Rivers Press.

Cosmides, L., and J. Tooby. 2000. "Evolutionary Psychology and the Emotions." In *Handbook of Emotions*, edited by M. Lewis and J. M. Haviland-Jones, 2nd ed., pp. 91–115. New York: Guilford Press.

———. 2005. "Neurocognitive Adaptations Designed for Social Exchange." In *The Handbook of Evolutionary Psychology*, edited by D. M. Buss, pp. 584–627. Hoboken, NJ: Wiley & Sons.

Creel, S. 1997. "Cooperative Hunting and Group Size: Assumptions and Currencies." *Animal Behaviour* 54: 1319–1324.

Cummins, D. 2005. "Dominance, Status, and Social Hierarchies." In *The Handbook of Evolutionary Psychology*, edited by D. M. Buss, pp. 676–697. Hoboken, NJ: John Wiley & Sons.

Dawkins, R. 2009. *The Greatest Show on Earth: The Evidence for Evolution*. New York: Free Press.

De Waal, F.B.M. 1986. "The Integration of Dominance and Social Bonding in Primates." *Quarterly Review of Biology* 61: 459–479.

De Queiroz, A., and P. H. Wimberger. 1993. "The Usefulness of Behavior for Phylogeny Estimation: Levels of Homoplasy in Behavioral and Morphological Characters." *Evolution* 47: 46–60.

Di Fiore, A., and D. Rendall. 1994. "Evolution of Social Organization: A Reappraisal for Primates by Using Phylogenetic Methods." *Proceedings of the National Academy of Sciences USA* 91: 9941–9945.

Dubuc, C., L. Muniz, M. Heistermann, A. Engelhardt, and A. Widdig. 2011. "Testing the Priority-of-Access Model in a Seasonally Breeding Primate Species." *Behavioral Ecology and Sociobiology* 65: 1615–1627.

Dugatkin, L. A. 1997. *Cooperation Among Animals: An Evolutionary Perspective*. Oxford: Oxford University Press.

Dunbar, R.I.M. 1998. *Grooming, Gossip, and the Evolution of Language*. Cambridge, MA: Harvard University Press.

Eastwick, P. W. 2009. "Beyond the Pleistocene: Using Phylogeny and Constraint to Inform the Evolutionary Psychology of Human Mating." *Psychological Bulletin* 135: 794–821.

Egas, M., and A. Riedl. 2008. "The Economics of Altruistic Punishment and the Maintenance of Cooperation." *Proceedings of the Royal Society of London B* 275: 871–878.

Eisenberg, J. F. 1963. *The Behavior of Heteromyid Rodents*. Berkeley: University of California Press.

Ellison, P. T., and P. B. Gray, eds. 2009. *The Endocrinology of Social Relationships*. Cambridge, MA: Harvard University Press.

Emery, N. J. 2000. "The Eyes Have It: The Neuroethology, Function, and Evolution of Social Gaze." *Neuroscience and Biobehavioral Reviews* 24: 581–604.

Fehr, E., and U. Fischbacher. 2004. "Social Norms and Human Cooperation." *Trends in Cognitive Sciences* 8: 185–190.

Fessler, D.M.T., and K. J. Haley. 2003. "The Strategy of Affect: Emotions in Human Cooperation." In *The Genetic and Cultural Evolution of Cooperation*, edited by P. Hammerstein, pp. 7–36. Cambridge, MA: MIT Press.

Fisher, H. 1989. "Evolution of Serial Pairbonding." *American Journal of Physical Anthropology* 78: 331–354.

———. 2004. *Why We Love: The Nature and Chemistry of Romantic Love*. New York: Holt.

Fisher, H., A. Aron, and L. L. Brown. 2005. "Romantic Love: An fMRI Study of a Neural Mechanism for Mate Choice." *Journal of Comparative Neurology* 493: 58–62.

Fraley, R. C., C. C. Brumbaugh, and M. J. Marks. 2005. "The Evolution and Function of Adult Attachment: A Comparative and Phylogenetic Analysis." *Journal of Personality and Social Psychology* 89: 731–746.

Fraley, R. C., and P. R. Shaver. 1998. "Airport Separations: A Naturalistic Study of Adult Attachment Dynamics in Separating Couples." *Journal of Personality and Social Psychology* 75: 1198–1212.

Frank, R. H. 1988. *Passions Within Reason: The Strategic Role of the Emotions*. New York: Norton.

———. 1996. *The Winner-Take-All Society: Why the Few at the Top Get So Much More Than the Rest of Us*. New York: Penguin.

Fromhage, L., and J. M. Schneider. 2005. "Safer Sex with Feeding Females: Sexual Conflict in a Cannibalistic Spider." *Behavioral Ecology* 16: 377–382.

Fruteau, C., B. Voelkl, E. van Damme, and R. Noë. 2009. "Supply and Demand Determine the Market Value of Food Providers in Wild Vervet Monkeys." *Proceedings of the National Academy of Sciences USA* 106: 12007–12012.

Gangestad, S. W., and R. Thornhill. 1997. "The Evolutionary Psychology of Extra-Pair Sex: The Role of Fluctuating Asymmetry." *Evolution and Human Behavior* 18: 69–88.

Gettler, L. T., T. W. McDade, A. B. Feranil, and C. W. Kuzawa. 2011. "Longitudinal Evidence That Fatherhood Decreases Testosterone in Human Males." *Proceedings of the National Academy of Sciences USA*, 108: 16194–16199.

Gigerenzer, G., P. M. Todd, and ABC Research Group. 1999. *Simple Heuristics That Make Us Smart*. Oxford: Oxford University Press.

Goodall, J. 1986. *The Chimpanzees of Gombe*. Cambridge, MA: Belknap Press of Harvard University.

Gould, S. J. 1990. *Wonderful Life: The Burgess Shale and the Nature of History*. New York: Norton.

Grossbard-Shechtman, S. 1993. *On the Economics of Marriage: A Theory of Marriage, Labor, and Divorce*. Boulder, CO: Westview Press.

Gumert, M. D. 2007. "Payment for Sex in a Macaque Mating Market." *Animal Behaviour* 74: 1655–1667.

Haley, K. J., and D. Fessler. 2005. "Nobody's Watching? Subtle Cues Affect Generosity in an Anonymous Economic Game." *Evolution and Human Behavior* 26: 245–256.

Hall, E. T. 1966. *The Hidden Dimension*. New York: Anchor Books.

Hamilton, W. D. 1964a. "The Genetical Evolution of Social Behaviour. I." *Journal of Theoretical Biology* 7: 1–16.

———. 1964b. "The Genetical Evolution of Social Behaviour. II." *Journal of Theoretical Biology* 7: 17–52.

Hardin, G. 1968. "The Tragedy of the Commons." *Science* 162: 1243–1248.

Hauk, E. 2001. "Leaving the Prison: Permitting Partner Choice and Refusal in Prisoner's Dilemma Games." *Computational Economics* 18: 65–87.

Hauser, M. D. 1992. "Costs of Deception: Cheaters Are Punished in Rhesus

Monkeys." *Proceedings of the National Academy of Sciences USA* 89: 12137–12139.

———. 2006. *Moral Minds: How Nature Designed Our Universal Sense of Right and Wrong*. New York: HarperCollins.

Hazan, C., and D. Zeifman. 1999. "Pair Bonds as Attachments: Evaluating the Evidence." *The Handbook of Attachment: Theory, Research, and Clinical Applications*, edited by J. Cassidy and P. R. Shaver, pp. 336–354. New York: Guilford Press.

Higham, J. P., and D. Maestripieri. 2010. "Revolutionary Coalitions in Male Rhesus Macaques." *Behaviour* 147: 1889–1908.

Higley, J. D. 2003. "Aggression." In *Primate Psychology*, edited by D. Maestripieri, pp. 15–40. Cambridge, MA: Harvard University Press.

Hinde, R. A. 1972. "Concepts of Emotion." In *Physiology, Emotion, and Psychosomatic Illness*, Ciba Foundation Symposium 8: pp. 3–13. Amsterdam: Associated Medical Publishing.

———, ed. 1983. *Primate Social Relationships: An Integrated Approach*. London: Psychology Press.

———. 1997. *Relationships: A Dialectical Perspective*. Oxford: Blackwell.

Hinde, R. A., and S. Datta. 1981. "Dominance: An Intervening Variable." *Behavioral and Brain Sciences* 4: 442.

Hitchens, C. 1997. *The Missionary Position: Mother Teresa in Theory and Practice*. New York: Verso.

Hotton, N., III. 1968. *The Evidence of Evolution*. Smithsonian Series. Washington, DC: American Heritage Publishing Co.

Jerison, H. J. 1973. *Evolution of the Brain and Intelligence*. New York: Academic Press.

Knott, C., and S. M. Kahlenberg. 2010. "Orangutans." In *Primates in Perspective*, edited by C. J. Campbell, A. Fuentes, K. C. MacKinnon, S. K. Bearder, and R. M. Stumpf, 2nd ed., pp. 313–339. Oxford: Oxford University Press.

Konner, M., and C. Worthman. 1980. "Nursing Frequency, Gonadal Function, and Birth Spacing Among !Kung Hunter-Gatherers." *Science* 207: 788–791.

Kurzban, R., and J. Weeden. 2005. "HurryDate: Mate Preferences in Action." *Evolution and Human Behavior* 26: 227–244.

———. 2007. "Do Advertised Preferences Predict the Behavior of Speed Daters?" *Personal Relationships* 14: 623–632.

Levine, A., and R.S.F. Heller. 2010. *Attached: The New Science of Adult Attachment and How It Can Help You Find—and Keep—Love*. New York:

Penguin.

Levitt, S. D., and S. J. Dubner. 2005. *Freakonomics: A Rogue Economist Explores the Hidden Side of Everything*. New York: Morrow.

Lewis, R. J. 2002. "Beyond Dominance: The Importance of Leverage." *Quarterly Review of Biology* 77: 149–164.

Link, A. M. 1998. "US and Non-US Submissions: An Analysis of Reviewer Bias." *Journal of the American Medical Association* 280: 246–247.

Lloyd, M. E. 1990. "Gender Factors in Reviewer Recommendations for Manuscript Publication." *Journal of Applied Behavioral Analysis* 23: 539–543.

Maestripieri, D. 1996. "Primate Cognition and the Bared-Teeth Display: A Reevaluation of the Concept of Formal Dominance." *Journal of Comparative Psychology* 110: 402–405.

———. 2003. "Attachment." In *Primate Psychology*, edited by D. Maestripieri, pp. 108–143. Cambridge, MA: Harvard University Press.

———. 2007. *Macachiavellian Intelligence: How Rhesus Macaques and Humans Have Conquered the World*. Chicago: University of Chicago Press.

Maestripieri, D., N. M. Baran, P. Sapienza, and L. Zingales. 2010. "Between- and Within-Sex Variation in Hormonal Responses to Psychological Stress in a Large Sample of College Students." *Stress* 13: 413–424.

Manson, J. H. 1998. "Evolved Psychology in a Novel Environment: Male Macaques and the "Seniority Rule." *Human Nature* 9: 97–117.

———. 1999. "Infant Handling in Wild *Cebus capucinus*: Testing Bonds Between Females?" *Animal Behaviour* 57: 911–921.

Maynard-Smith, J. 1982. *Evolution and the Theory of Games*. Cambridge: Cambridge University Press.

Maynard-Smith, J., and D.G.C. Harper. 2003. *Animal Signals*. Oxford: Oxford University Press.

Maynard-Smith, J., and G. A. Parker. 1976. "The Logic of Asymmetric Contests." *Animal Behaviour* 24: 159–175.

Maynard-Smith, J., and G. R. Price. 1973. "The Logic of Animal Conflict." *Nature* 246: 15–18.

Metz, M., G. M. Klump, and T.W.P. Friedl. 2007. "Temporal Changes in Demand for and Supply of Nests in Red Bishops (*Euplectes orix*): Dynamics of a Biological Market." *Behavioral Ecology and Sociobiology* 61: 1369–1381.

Milinski, M., D. Semmann, and H. J. Krambeck. 2002a. "Reputation Helps Solve the 'Tragedy of the Commons.'" *Nature* 415: 424–426.

———. 2002b. "Donors to Charity Gain in Both Indirect Reciprocity and Political Reputation." *Proceedings of the Royal Society of London B* 269:

881–883.
Miller, G. F. 2009. *Spent: Sex, Evolution, and Consumer Behavior*. New York: Viking.
Mock, D. W. 2004. *More Than Kin and Less Than Kind: The Evolution of Family Conflict*. Cambridge, MA: Belknap Press of Harvard University.
Morris, R. 1996. *Partners in Power: The Clintons and Their America*. New York: Holt.
Noë, R. 2001. "Biological Markets: Partner Choice as the Driving Force Behind the Evolution of Mutualisms.: In *Economics in Nature*, edited by R. Noë, J.A.R.A.M. van Hooff, and P. Hammerstein, pp. 93–118. Cambridge: Cambridge University Press.
———. 2006. "Digging for the Roots of Trading." In *Cooperation in Primates and Humans: Mechanisms and Evolution*, edited by P. M. Kappeler and C. P. van Schaik, pp. 233–261. Cambridge: Cambridge University Press.
———. 2007. "Selection of Human Prosocial Behavior Through Partner Choice by Powerful Individuals and Institutions." *Behavioral and Brain Sciences* 30: 37–38.
Noë, R., and P. Hammerstein. 1994. "Biological Markets: Supply and Demand Determine the Effect of Partner Choice in Cooperation, Mutualism, and Mating." *Behavioral Ecology and Sociobiology* 35: 1–11.
———. 1995. "Biological Markets." *Trends in Ecology and Evolution* 10: 336–339.
Noë, R., J.A.R.A.M. van Hooff, and P. Hammerstein, eds. 2001. *Economics in Nature: Social Dilemmas, Mate Choice, and Biological Markets*. Cambridge: Cambridge University Press.
Nowak, M. A., and K. Sigmund. 1998. "Evolution of Indirect Reciprocity by Image Scoring." *Nature* 393: 573–577.
O'Brian, P. 1994. *Picasso: A Biography*. New York: Norton.
Packer, C. 1977. "Reciprocal Altruism in *Papio anubis*." *Nature* 265: 441–443.
Pawlowski, B., and R.I.M. Dunbar. 1999. "Impact of Market Value on Human Mate Choice Decisions." *Proceedings of the Royal Society of London B* 266: 281–285.
Perry, S., M. Baker, M. Fedigan, J. Gros-Louis, K. Jack, J. H. Manson, K. Pyle, and L. Rose. 2003. "Social Conventions in Wild White-Faced Capuchin Monkeys." *Current Anthropology* 44: 241–268.
Pettit, G. S., A. Bakshi, K. A. Dodge, and J. D. Coie. 1990. "The Emergence of Social Dominance in Young Boys' Play Groups: Developmental Differences and Behavior Correlates." *Developmental Psychology*

26: 1017–1025.
Piazza, J., and J. M. Bering. 2008. "Concerns About Reputation via Gossip Promote Generous Allocations in an Economic Game." *Evolution and Human Behavior* 29: 172–178.
Rege, M., and K. Telle. 2004. "The Impact of Social Approval and Framing on Cooperation in Public Goods Situations." *Journal of Public Economics* 88: 1625–1644.
Rendall, D., and A. Di Fiore. 2006. "Homoplasy, Homology, and the Perceived Special Status of Behavior in Evolution." *Journal of Human Evolution* 52: 504–521.
Rostand, E. 2003. *Cyrano de Bergerac*. New York: Penguin.
Rothwell, P. M., and C. N. Martyn. 2000. "Reproducibility of Peer Review in Clinical Neuroscience: Is Agreement Between Reviewers Any Greater Than Would Be Expected by Chance Alone?" *Brain* 123: 1964–1969.
Rowell, T. E. 1974. "The Concept of Social Dominance." *Behavioral Biology* 11: 131–154.
Sapolsky, R. M. 1992. "Cortisol Concentrations and the Social Significance of Rank Instability Among Wild Baboons." *Psychoneuroendocrinology* 17: 701–709.
Schino, G., D. Maestripieri, S. Scucchi, and P. G. Turillazzi. 1990. "Social Tension in Familiar and Unfamiliar Pairs of Long-Tailed Macaques." *Behaviour* 113: 264–272.
Schino, G., S. Scucchi, D. Maestripieri, and P. G. Turillazzi. 1988. "Allogrooming as a Tension-Reduction Mechanism: A Behavioral Approach." *American Journal of Primatology* 16: 43–50.
Semmann, D., H. J. Krambeck, and M. Milinski. 2004. "Strategic Investment in Reputation." *Behavioral Ecology and Sociobiology* 56: 248–252.
Servátka, M. 2010. "Does Generosity Generate Generosity? An Experimental Study of Reputation Effects in a Dictator Game." *Journal of Socio-Economics* 39: 11–17.
Seyfarth, R. M. 1976. "Social Relationships Among Adult Female Baboons." *Animal Behaviour* 24: 917–938.
———. 1977. "A Model of Social Grooming Among Adult Female Monkeys." *Journal of Theoretical Biology* 65: 671–698.
Shubin, N. 2008. *Your Inner Fish: A Journey into the 3.5-Billion-Year History of the Human Body*. New York: Pantheon.
Simpson, M.J.A. 1973. "The Social Grooming of Male Chimpanzees." In *The Comparative Ecology and Behavior of Primates*, edited by R. P. Michael and J. H. Crook, pp. 411–505. London: Academic Press.

Skinner, B. F. 1957. *Verbal Behavior*. New York: Appleton-Century-Crofts.

Smith, J. E., S. K. Memenis, and K. E. Holekamp. 2007. "Rank-Related Partner Choice in the Fission-Fusion Society of the Spotted Hyena (*Crocuta crocuta*)." *Behavioral Ecology and Sociobiology* 61: 753–765.

Smith, J. E., K. S. Powning, S. E. Dawes, J. R. Estrada, A. L. Hopper, S. L. Piotrowski, and K. E. Holekamp. 2011. "Greetings Promote Cooperation and Reinforce Social Bonds Among Spotted Hyaenas." *Animal Behaviour* 81: 401–415.

Smuts, B. B. 2002. "Gestural Communication in Olive Baboons and Domestic Dogs." In *The Cognitive Animal*, edited by M. Bekoff, C. Allen, and G. Burghardt, pp. 301–306. Cambridge, MA: MIT Press.

Smuts, B. B., and J. M. Watanabe. 1990. "Social Relationships and Ritualized Greetings in Adult Male Baboons (*Papio cynocephalus anubis*)." *International Journal of Primatology* 11: 147–172.

Spuhler, J. N., and L. B. Jorde. 1975. "Primate Phylogeny, Ecology, and Social Behavior." *Journal of Anthropological Research* 31: 376–405.

Stein, D. M. 1984. *The Sociobiology of Infant and Adult Male Baboons*. Norwood, NJ: Ablex.

Tardif, S. D., R. L. Carson, and B. L. Gangaware. 1990. "Infant-Care Behavior of Mothers and Fathers in a Communal-Care Primate, the Cotton-Top Tamarin (*Saguinus oedipus*)." *American Journal of Primatology* 22: 73–85.

Taylor, S. E. 2002. *The Tending Instinct: How Nurturing Is Essential to Who We Are and How We Live*. New York: Holt.

Tomasello, M., M. Carpenter, J. Call, T. Behne, and H. Moll. 2005. "Understanding and Sharing Intentions: The Origins of Cultural Cognition." *Behavioral and Brain Sciences* 28: 675–691.

Tooby, J., and L. Cosmides. 1989. "Adaptation versus Phylogeny: The Role of Animal Psychology in the Study of Human Behavior." *International Journal of Comparative Psychology* 2: 175–188.

———. 1990. "The Past Explains the Present: Emotional Adaptations and the Structure of Ancestral Environments." *Ethology and Sociobiology* 11: 375–424.

———. 1992. "The Psychological Foundations of Culture." In *The Adapted Mind*, edited by J. H. Barkow, L. Cosmides, and J. Tooby, pp. 19–136. Oxford: Oxford University Press.

Trivers, R. L. 1971. "The Evolution of Reciprocal Altruism." *Quarterly Review of Biology* 46: 35–57.

———. 1985. *Social Evolution*. Menlo Park, CA: Benjamin/Cummings.

Vahed, K. 1998. "The Function of Nuptial Feeding in Insects: A Review of Empirical Studies." *Biological Reviews* 73: 43–78.

Van Hooff, J.A.R.A.M. 1972. "A Comparative Approach to the Phylogeny of Laughter and Smiling." In *Non-verbal Communication*, edited by R. A. Hinde, pp. 209–241. Cambridge: Cambridge University Press.

Van Noordwijk, M. A., and C. P. van Schaik. 1985. "Male Migration and Rank Acquisition in Wild Long-Tailed Macaques (*Macaca fascicularis*)." *Animal Behaviour* 33: 849–861.

———. 1988. "Male Careers in Sumatran Long-Tailed Macaques (*Macaca fascicularis*)." *Behaviour* 107: 24–43.

Van Schaik, C. P., S. A. Pandit, and E. R. Vogel. 2006. "Toward a General Model for Male-Male Coalitions in Primate Groups." In *Cooperation in Primates and Humans: Mechanisms and Evolution*, edited by P. M. Kappeler and C. P. van Schaik, pp. 151–172. Cambridge: Cambridge University Press.

Wegner, D. M. 2002. *The Illusion of Conscious Will*. Cambridge, MA: MIT Press.

Wenneras, C., and A. Wold. 1997. "Nepotism and Sexism in Peer-Review." *Nature* 387: 341–343.

Wheatley, B. P. 1982. "Adult Male Replacement in *Macaca fascicularis* of East Kalimantan, Indonesia." *International Journal of Primatology* 3: 203–212.

Whitham, J. C., and D. Maestripieri. 2003. "Primate Rituals: The Function of Greetings Between Male Guinea Baboons." *Ethology* 109: 847–859.

Wilson, E. O. 1975. *Sociobiology: The New Synthesis*. Cambridge, MA: Belknap Press of Harvard University.

Wrangham, R. W., and D. Peterson. 1996. *Demonic Males: Apes and the Origins of Human Violence*. Boston: Houghton Mifflin.

Zahavi, A. 1977. "The Testing of a Bond." *Animal Behavior* 25: 246–247.

———. 2003. "Indirect Selection and Individual Selection in Sociobiology: My Personal Views on Theories of Social Behaviour." *Animal Behaviour* 65: 859–863.

Zahavi, A., and A. Zahavi. 1997. *The Handicap Principle: A Missing Piece of Darwin's Puzzle*. Oxford: Oxford University Press.

Zingales, L. 2012. *A Capitalism for the People: Recapturing the Lost Genius of American Prosperity*. New York: Basic Books.

见识丛书

科学　历史　思想

01《时间地图：大历史，130亿年前至今》　［美］大卫·克里斯蒂安

02《太阳底下的新鲜事：20世纪人与环境的全球互动》

［美］约翰·R. 麦克尼尔

03《革命的年代：1789—1848》　［英］艾瑞克·霍布斯鲍姆

04《资本的年代：1848—1875》　［英］艾瑞克·霍布斯鲍姆

05《帝国的年代：1875—1914》　［英］艾瑞克·霍布斯鲍姆

06《极端的年代：1914—1991》　［英］艾瑞克·霍布斯鲍姆

07《守夜人的钟声：我们时代的危机和出路》　［美］丽贝卡·D. 科斯塔

08《1913，一战前的世界》　［英］查尔斯·埃默森

09《文明史：人类五千年文明的传承与交流》　［法］费尔南·布罗代尔

10《基因传：众生之源》（平装+精装）　［美］悉达多·穆克吉

11《一万年的爆发：文明如何加速人类进化》

［美］格雷戈里·柯克伦　［美］亨利·哈本丁

12《审问欧洲：二战时期的合作、抵抗与报复》　［美］伊斯特万·迪克

13《哥伦布大交换：1492年以后的生物影响和文化冲击》

［美］艾尔弗雷德·W. 克罗斯比

14《从黎明到衰落：西方文化生活五百年，1500年至今》（平装+精装）

［美］雅克·巴尔赞

15《瘟疫与人》　［美］威廉·麦克尼尔

16《西方的兴起：人类共同体史》　［美］威廉·麦克尼尔

17《奥斯曼帝国的终结：战争、革命以及现代中东的诞生，1908—1923》

［美］西恩·麦克米金

18《科学的诞生：科学革命新史》（平装）　［美］戴维·伍顿

19《内战：观念中的历史》 [美]大卫·阿米蒂奇
20《第五次开始》 [美]罗伯特·L. 凯利
21《人类简史：从动物到上帝》（平装+精装） [以色列]尤瓦尔·赫拉利
22《黑暗大陆：20 世纪的欧洲》 [英]马克·马佐尔
23《现实主义者的乌托邦：如何建构一个理想世界》 [荷]鲁特格尔·布雷格曼
24《民粹主义大爆炸：经济大衰退如何改变美国和欧洲政治》 [美]约翰·朱迪斯
25《自私的基因（40 周年增订版）》（平装+精装） [英]理查德·道金斯
26《权力与文化：日美战争 1941—1945》 [美]入江昭
27《犹太文明：比较视野下的犹太历史》 [以]S. N. 艾森斯塔特
28《技术垄断：文化向技术投降》 [美]尼尔·波斯曼
29《从丹药到枪炮：世界史上的中国军事格局》 [美]欧阳泰
30《起源：万物大历史》 [美]大卫·克里斯蒂安
31《为什么不平等至关重要》 [美]托马斯·斯坎伦
32《认知工具：文化进化心理学》 [美]塞西莉亚·海斯
33《简明大历史》 [美]大卫·克里斯蒂安 [美]威廉·麦克尼尔 主编
34《专家之死：反智主义的盛行及其影响》 [美]托马斯·M. 尼科尔斯
35《大历史与人类的未来》 [荷]弗雷德·斯皮尔
36《人性中的善良天使》 [美]斯蒂芬·平克
37《历史性的体制：当下主义与时间经验》 [法]弗朗索瓦·阿赫托戈
38《希罗多德的镜子》 [法]弗朗索瓦·阿赫托戈
39《出发去希腊》 [法]弗朗索瓦·阿赫托戈
40《灯塔工的休息室》 [法]弗朗索瓦·阿赫托戈

见识城邦 出品